(a) へん平工程

(b) 曲げ成形工程

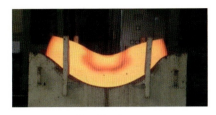
(c) 曲げ終了

(d) 絶対矯正工程

口絵1 熱間プレス（CD）曲げ加工工程（本文49ページ，図3.4）

口絵2 3倍の周長に拡管したアクスルハウジングの開発例（本文153ページ，図4.51）

口絵3 プレスによる端末加工製品例（本文178ページ，図5.20（b））

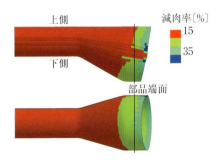

口絵4 偏心口広げ加工の不良変形の対策例（本文200ページ，図5.48（c））

口絵 5　偏心・傾斜スピニング成形例（自動車触媒ケース，提供：株式会社三五，本文 223 ページ，図 6.9）

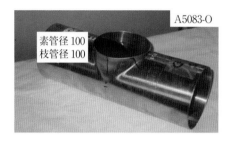

口絵 6　逐次バーリング加工例（本文 257 ページ，図 7.27）

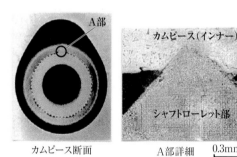

口絵 7　シェービング接合によるカムシャフト組立ての例（本文 286 ページ，図 8.35）

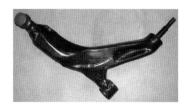

口絵 8　フロントロアーアームの製品写真（本文 309 ページ，図 9.29）

新塑性加工技術シリーズ　13

チューブフォーミング
—— 軽量化と高機能化の管材二次加工 ——

日本塑性加工学会　編

コロナ社

■ 新塑性加工技術シリーズ出版部会

部 会 長	浅 川 基 男	（早稲田大学名誉教授）
副部会長	石 川 孝 司	（名古屋大学名誉教授，中部大学）
副部会長	小 川 　 茂	（新日鉄住金エンジニアリング株式会社顧問）
幹 　 事	瀧 澤 英 男	（日本工業大学）
幹 　 事	鳥 塚 史 郎	（兵庫県立大学）
顧 　 問	真 鍋 健 一	（首都大学東京）
委 　 員	宇都宮 　 裕	（大阪大学）
委 　 員	髙 橋 　 進	（日本大学）
委 　 員	中 　 哲 夫	（徳島工業短期大学）
委 　 員	村 田 良 美	（明治大学）

（所属は 2016 年 5 月現在）

刊行のことば

　ものづくりの重要な基盤である塑性加工技術は，わが国ではいまや成熟し，新たな展開への時代を迎えている．

　当学会編の「塑性加工技術シリーズ」全19巻は1990年に刊行され，わが国で初めて塑性加工の全分野を網羅し体系立てられたシリーズの専門書として，好評を博してきた．しかし，塑性加工の基礎は変わらないまでも，この四半世紀の間，周辺技術の発展に伴い塑性加工技術も進歩を遂げ，内容の見直しが必要となってきた．そこで，当学会では2014年より新塑性加工技術シリーズ出版部会を立ち上げ，本学会の会員を中心とした各分野の専門家からなる専門出版部会で本シリーズの改編に取り組むことになった．改編にあたって，各巻とも基本的には旧シリーズの特長を引き継ぎ，その後の発展と最新データを盛り込む方針としている．

　新シリーズが，塑性加工とその関連分野に携わる技術者・研究者に，旧シリーズにも増して有益な技術書として活用されることを念じている．

2016年4月

　　　　　　　　　　　　　　日本塑性加工学会　第51期会長　真　鍋　健　一
　　　　　　　　　　　　　　　　　　　　　　　　　（首都大学東京教授　工博）

■「チューブフォーミング」専門部会

　部会長　栗山 幸久（元 東京大学）

■ 執筆者

　栗山 幸久（元 東京大学）　1章，2.1節，2.2.1〜2.2.3項，
　　　　　　　　　　　　　　2.3，2.4節，7章，9.3節
　水越 秀雄（株式会社UACJ R&Dセンター）　2.2.2項
　内海 能亜（埼玉大学）　3.1，3.5〜3.7節
　加藤 和明（元 株式会社三五）　3.2.1項，5.2，5.6節
　奥出 裕亮（東京都立産業技術研究センター）　3.2.2項
　長谷川 収（東京都立産業技術高等専門学校）　3.3，3.4節
　水村 正昭（新日鐵住金株式会社）　4章
　淵澤 定克（宇都宮大学名誉教授）　4章
　福村 卓巳（株式会社山本水圧工業所）　4章
　白寄 篤（宇都宮大学）　4章，8.1，8.4節
　久保木 孝（電気通信大学）　5.1，5.3〜5.5節
　陣内 雄士（株式会社三五）　5.2，5.6節
　北澤 君義（信州大学）　6章
　寺前 俊哉（株式会社日立製作所）　7章
　山内 浩行（株式会社スギノマシン）　8.2.1〜8.2.3項
　山藤 博文（株式会社ベンカン）　8.2.4項
　村上 碩哉（元 東京工業大学）　8.3節
　吉原 正一郎（芝浦工業大学）　9.1節
　古島 剛（東京大学）　9.2節

（2019年2月現在，執筆順）

男　三信尚克一彦豊男樹
明啓正定健智　　　二
橋橋村村澤鍋尾原川
　　　　　　　　　松茂
　　　　　　　　　　雄
宏　　　　　　　　　富
高高中西淵真丸三宮森
　　　　　　　　　　吉
夫和一男泉市郎明義夫二宏
浅尾　　　　　　　　　　
一之瀬　和順忠和信善秀君岳淳
遠藤　　　　　　　　　　信
大落合谷　　　　　　　　
小加蒲北北木　　　　　　
　納原澤脇田　　　　　　
　　　　村高　　　　　　

（五十音順）

まえがき

　チューブフォーミングはその名の通り管の成形加工であるが，ロール成形，ピアシング・圧延，板曲げなどの一次加工により成形された管を加工する「管に関する二次加工技術の総体」であり，切断，曲げ，拡管・縮管，口広げ・口絞り，穴あけ，接合といった複数の加工技術からなる．新塑性加工技術シリーズ『チューブフォーミング』は，この管の二次加工技術を体系化して記した書籍であり，旧版（1992年発刊）をほぼ25年ぶりに改訂したものである．

　旧版の発刊より25年遡った時点から旧版発刊までを見ると，日本は高度経済成長期にあり，種々の工業的な技術が進歩した時期であり，加工に耐える材料の開発がなされ，それと相まって加工技術も進歩した時期である．旧版から現在までを見ると，1995年には生産年齢人口が減少に転じ，経済成長が大きいとされる人口ボーナス期（生産年齢人口が従属年齢人口の2倍以上）も終わり，成熟期に入っている．

　この25年間を概括すると，チューブフォーミングの適用が配管主体から構造材へと拓けたことが大きな変化である．これは省エネルギー・省資源の観点から軽量化が重要な課題となり，中空なため軽量で剛性・強度を確保できる管がこの課題の解決に適していることによる．直管では構造を形成できないので管の加工が必要であり，チューブフォーミング技術が進化した．材料に関しては，銅管は大きな変化はないがチタン管の適用が拡大し，成形性のよい鋼管・アルミ管が開発され，その後，高強度化が進展した．加工技術は，計算機による複雑で正確な加工プロセス制御や，高精度なコンピュータシミュレーションによる加工条件や加工メカニズムの検討など，計算機の進歩に支えられて発展

してきた．チューブフォーミングの分野では，液圧成形がより複雑な一体成形が可能なチューブハイドロフォーミングへと進化したのが大きな発展の好例である．

　本書は，このような技術の進展を取り入れるとともに，つぎの 25 年でも古びないよう普遍的な記述を心掛けた．また，章構成を簡素化し，技術をより体系化して記述することに努めた．新塑性加工技術シリーズでは『曲げ加工』がなくなるため形材の曲げも含めた．さらに今回の改訂では，技術伝承を重要な課題と考え，熟練技術者の加工技術に関する知識を抽出し，アーカイブすることを行った．そのための手法を開発し，元チューブフォーミング社の中村正信氏，株式会社太洋の岡田正雄氏から貴重な知識を開示いただき，本書に残すことができた．両氏のご協力に深謝いたします．

　これから益々インターネット上への情報の蓄積が進み，また，それらへのアクセスも容易になると考えられるが，個々の項目の断片的な知識でなく，体系化された情報としての教科書は一定の価値をもつものと考える．今後，さらに人口減少が進み技術伝承が課題となっていく中で，本書が次世代の技術者の参考になれば幸甚である．

　本書は，塑性加工学会チューブフォーミング分科会のメンバーを中心に執筆したものであり，執筆者各位に感謝する．とりわけ執筆や担当章の取りまとめだけでなく，本書の全体の構成や記述について討議を重ね形にした，宇都宮大学 白寄篤先生，埼玉大学 内海能亜先生，新日鐵住金株式会社 水村正昭氏に感謝する．私は新日鐵で板・管の一次加工・二次加工の研究開発に携わっていたものの，大学に移ってからは塑性加工以外の研究をおもにしていたため，本書が完成し中継ぎの任をまっとうできたのは，これらの方々によるものである．最後に，全体を通して貴重なアドバイスをいただいた浅川基男先生，遠藤順一先生に感謝する．

　2019 年 3 月
　　　　　　「チューブフォーミング」専門部会長　　栗山　幸久

目　　　　次

1.　総　　　論

1.1　概　　　論 ……………………………………………………………… 1
1.2　加工法の分類 …………………………………………………………… 2
1.3　管材を用いた製品設計とチューブフォーミング工程設計 ………… 4
　1.3.1　管材の製品事例 …………………………………………………… 4
　1.3.2　管材の製品設計 …………………………………………………… 5
　1.3.3　チューブフォーミングの工程設計 ……………………………… 7
引用・参考文献 ……………………………………………………………… 7

2.　チューブフォーミング用材料

2.1　概　　　論 ……………………………………………………………… 8
2.2　各　種　管　材 ………………………………………………………… 9
　2.2.1　鋼　　　管 ………………………………………………………… 9
　2.2.2　アルミ管 …………………………………………………………… 14
　2.2.3　その他の管材 ……………………………………………………… 18
2.3　成 形 性 試 験 …………………………………………………………… 20
　2.3.1　材料特性試験 ……………………………………………………… 21
　2.3.2　材料成形限界試験 ………………………………………………… 25
　2.3.3　加工性試験 ………………………………………………………… 29

2.4 材料特性と二次成形性 ………………………………………………………… 33
　2.4.1 n 値—加工硬化特性— ……………………………………………… 34
　2.4.2 r 値—異方性— ………………………………………………………… 37
引用・参考文献 ……………………………………………………………………… 40

3. 曲げ加工

3.1 基　　　礎 …………………………………………………………………… 43
　3.1.1 概　　　論 ……………………………………………………………… 43
　3.1.2 理　　　論 ……………………………………………………………… 45
3.2 加　工　法 …………………………………………………………………… 45
　3.2.1 円 管 の 曲 げ …………………………………………………………… 45
　3.2.2 形 材 の 曲 げ …………………………………………………………… 66
3.3 加　工　力 …………………………………………………………………… 80
　3.3.1 剛完全塑性材料 ………………………………………………………… 81
　3.3.2 加工硬化する材料（へん平化無視） ………………………………… 81
　3.3.3 加工硬化する材料（へん平化考慮） ………………………………… 82
　3.3.4 回転引曲げにおける曲げモーメントの実験式 ……………………… 83
3.4 加工不良現象 ………………………………………………………………… 84
　3.4.1 横断面の変形 …………………………………………………………… 84
　3.4.2 加工不良の具体例 ……………………………………………………… 84
　3.4.3 スプリングバック（形状凍結性） …………………………………… 86
3.5 曲げ型とマンドレル・治工具類 …………………………………………… 89
　3.5.1 曲げ型とダイレス加工 ………………………………………………… 89
　3.5.2 マンドレル・治工具類 ………………………………………………… 90
3.6 加　工　限　界 ……………………………………………………………… 94
　3.6.1 断　面　変　形 ………………………………………………………… 94
　3.6.2 破　　　断 ……………………………………………………………… 97
　3.6.3 屈　　　服 ……………………………………………………………… 98
　3.6.4 し　　　わ ……………………………………………………………… 99

3.7 加工事例とその他……………………………………………………… 102

引用・参考文献 ………………………………………………………………… 103

4. ハイドロフォーミング

4.1 基　　　礎 ……………………………………………………………… 108
 4.1.1 概　　　論 ……………………………………………………… 108
 4.1.2 理　　　論 ……………………………………………………… 110
4.2 加　工　法 ……………………………………………………………… 114
 4.2.1 変形拘束による分類 …………………………………………… 115
 4.2.2 負荷条件による分類 …………………………………………… 116
 4.2.3 加工温度による分類 …………………………………………… 122
 4.2.4 圧力媒体による分類 …………………………………………… 124
4.3 加　工　条　件 ………………………………………………………… 125
 4.3.1 拡　管　率 ……………………………………………………… 125
 4.3.2 変形挙動と加工不良 …………………………………………… 125
 4.3.3 加工負荷経路の影響 …………………………………………… 130
 4.3.4 材料特性および金型潤滑の影響 ……………………………… 133
 4.3.5 特殊な管材の加工 ……………………………………………… 136
4.4 プリフォーミングとポストフォーミング …………………………… 139
 4.4.1 プリフォーミング ……………………………………………… 139
 4.4.2 ポストフォーミング …………………………………………… 141
4.5 型　設　計 ……………………………………………………………… 144
 4.5.1 上下金型 ………………………………………………………… 144
 4.5.2 軸押しパンチ …………………………………………………… 145
4.6 加　工　機　械 ………………………………………………………… 148
 4.6.1 加工システム …………………………………………………… 148
 4.6.2 装　置　構　成 ………………………………………………… 149
4.7 加　工　事　例 ………………………………………………………… 151
 4.7.1 自動車部品 ……………………………………………………… 151

4.7.2　その他の部品　…………………………………………………… 154
引用・参考文献 ………………………………………………………………… 157

5．管端加工

5.1　基　　　礎 ……………………………………………………………… 160
　5.1.1　大分類と概論 ……………………………………………………… 160
　5.1.2　口絞り加工の理論 ………………………………………………… 164
　5.1.3　口広げ加工の理論 ………………………………………………… 167
　5.1.4　カーリング・反転加工の理論 …………………………………… 168
5.2　加　　工　　法 …………………………………………………………… 171
　5.2.1　プレスによる口絞り加工 ………………………………………… 173
　5.2.2　プレスによる口広げ加工 ………………………………………… 175
　5.2.3　プレスによる口絞り・口広げ加工製品事例 …………………… 177
　5.2.4　プレスによるカーリング・反転加工 …………………………… 179
　5.2.5　アルミ飲料ボトル缶の製缶（管端）加工 ……………………… 180
5.3　加　　工　　力 …………………………………………………………… 183
　5.3.1　口絞り加工の加工力 ……………………………………………… 183
　5.3.2　口絞り加工の加工力に及ぼす諸因子の影響 …………………… 184
　5.3.3　口絞りの加工力の推定 …………………………………………… 186
　5.3.4　口広げの加工力 …………………………………………………… 189
　5.3.5　カーリング・反転加工の加工力 ………………………………… 189
5.4　加　工　限　界 …………………………………………………………… 190
　5.4.1　口絞り加工の加工限界と不良変形 ……………………………… 190
　5.4.2　口絞り加工の加工限界に及ぼす諸因子の影響 ………………… 191
　5.4.3　口広げ加工の加工限界と不良変形 ……………………………… 196
　5.4.4　カーリング・反転加工の加工限界と不良変形 ………………… 198
　5.4.5　加工限界の向上法 ………………………………………………… 199
5.5　加　工　精　度 …………………………………………………………… 202
　5.5.1　口絞り加工の精度 ………………………………………………… 202
　5.5.2　口広げ加工の精度 ………………………………………………… 205

目次

- 5.5.3 カーリング・反転加工の精度 …………………………… 206
- 5.6 工程設計・型設計 ……………………………………………… 207
  - 5.6.1 プレスによる口絞り加工用パンチ・ダイ設計 …………… 207
  - 5.6.2 プレスによる口広げ加工用パンチ・ダイの型設計 ……… 211
  - 5.6.3 型材料・コーティング ………………………………………… 212
- 引用・参考文献 ……………………………………………………… 214

6. スピニング，スエージング，回転成形

- 6.1 インクリメンタルフォーミングとしてのスピニング，スエージング，回転成形 …………………………………………………………… 217
- 6.2 スピニング ……………………………………………………… 218
  - 6.2.1 回転しごき加工 ………………………………………………… 218
  - 6.2.2 絞りスピニング ………………………………………………… 220
  - 6.2.3 偏心・傾斜スピニング ………………………………………… 222
  - 6.2.4 同期スピニング ………………………………………………… 223
- 6.3 ロータリースエージング ……………………………………… 224
  - 6.3.1 スピンドル回転方式 …………………………………………… 225
  - 6.3.2 スピンドル静止方式 …………………………………………… 226
  - 6.3.3 ダイクロージング方式 ………………………………………… 227
  - 6.3.4 ハウジング回転・スピンドル低速回転方式 ………………… 228
  - 6.3.5 マンドレルスエージング ……………………………………… 228
  - 6.3.6 ダイ穴のクリアランス ………………………………………… 229
- 6.4 回転成形 ………………………………………………………… 230
  - 6.4.1 回転広げ成形 …………………………………………………… 231
  - 6.4.2 回転口絞り成形 ………………………………………………… 232
  - 6.4.3 回転ビード成形 ………………………………………………… 235
  - 6.4.4 揺動回転成形 …………………………………………………… 236
  - 6.4.5 傾斜フランジ成形 ……………………………………………… 238
- 6.5 角管端末のインクリメンタルフランジ成形 ………………… 238

引用・参考文献 …………………………………………………………………… 239

7. 切断，輪郭・穴あけ，バーリング

7.1 概　　　論 …………………………………………………………………… 241
7.2 管の切断加工法 ………………………………………………………………… 241
　7.2.1 ロール押込み切断法 ……………………………………………………… 242
　7.2.2 突切り切断法 ……………………………………………………………… 244
　7.2.3 心金を用いた切断法 ……………………………………………………… 246
　7.2.4 切断加工事例 ……………………………………………………………… 247
7.3 管端の輪郭加工と穴あけ加工 ………………………………………………… 248
　7.3.1 輪　郭　加　工 …………………………………………………………… 248
　7.3.2 穴　あ　け　加　工 ……………………………………………………… 249
　7.3.3 輪郭・穴あけ加工事例 …………………………………………………… 251
7.4 バーリング加工 ………………………………………………………………… 251
　7.4.1 液圧バルジ方式 …………………………………………………………… 253
　7.4.2 剛体引抜き方式 …………………………………………………………… 253
　7.4.3 クロスピン方式 …………………………………………………………… 254
　7.4.4 逐次バーリング方式 ……………………………………………………… 255
　7.4.5 バーリングの加工事例 …………………………………………………… 257
引用・参考文献 …………………………………………………………………… 257

8. 接　　　　　合

8.1 概　　　要 …………………………………………………………………… 259
8.2 おもに配管で使われる塑性接合 ……………………………………………… 260
　8.2.1 ローラー拡管法 …………………………………………………………… 260
　8.2.2 液　圧　拡　管　法 ……………………………………………………… 265
　8.2.3 ローラー拡管法と液圧拡管法による加工事例 ………………………… 268
　8.2.4 メカニカル形管継手 ……………………………………………………… 268

8.3 おもに構造物の組立てで使われる塑性接合……………………………273
　8.3.1 薄肉材の結合……………………………………………………273
　8.3.2 塑性流動結合法…………………………………………………276
8.4 その他の接合法………………………………………………………283
引用・参考文献……………………………………………………………286

9. 特徴的な加工事例

9.1 その他の加工………………………………………………………288
　9.1.1 管　鍛　造………………………………………………………288
　9.1.2 つぶし加工………………………………………………………289
　9.1.3 異　形　加　工…………………………………………………290
　9.1.4 バテッド管………………………………………………………292
　9.1.5 レーザーによる管材肉厚増肉法………………………………294
　9.1.6 スパイラル溝付き管・テーパー管……………………………294
9.2 マイクロチューブフォーミング……………………………………296
　9.2.1 マイクロチューブの用途，マイクロスケールとの違い……296
　9.2.2 一　次　加　工…………………………………………………298
　9.2.3 二　次　加　工…………………………………………………300
9.3 工程設計事例…………………………………………………………305
　9.3.1 ねじりばね自動車サスペンション部品………………………305
　9.3.2 真空バルブボディ………………………………………………307
　9.3.3 フロントロアーアーム…………………………………………309
　9.3.4 工程設計のグラフ記述による技術伝承………………………311
引用・参考文献……………………………………………………………313

索　　引……………………………………………………………………316

1 総　　　論

1.1　概　　　論

管材の二次的成形をチューブフォーミングというが，広義には，成形に加え分離および接合などの加工技術も含めることが多い．管材の成形，分離，接合は図1.1に示すようにさまざまな加工技術があり，チューブフォーミングは一つの加工法ではなく，チューブを素材として製品に加工する総合的な加工技術である．また，チューブフォーミングは，管材と類似形状をもつ深絞り加工品などの後続加工工程にも適用されている．

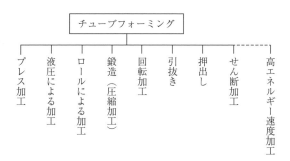

図1.1　加工様式によるチューブフォーミングの分類

管材は各種の流体輸送用に古くから多用され，それに伴い，配管のために必要な曲げ加工，接続部・支持部の加工，また継手類を管材から製造するチューブフォーミング技術が発達してきた．また，造管技術の進歩により高強度化，高寸法精度化が進んだことによって，管材は建築や自動車などの構造部材とし

て広く用いられるようになった．旧版からの変化としては，1990年代末にハイドロフォーミングが実用化され，自動車構造部品に管材が用いられるようになったこと，高張力管材の曲げなど加工技術が進展したことが挙げられる．このような技術的な進展は，制御技術や制御機器の能力の向上に支えられ実現したものであり，偏心・傾斜スピニングなどもこのような制御技術の進歩により実用化することができたと考えられる．また，センサーにより変形状態を把握し加工条件を制御することにより，破断を回避して板厚分布を適正化するインプロセス制御の研究開発も進んできた．

チューブフォーミングにおける加工力や変形を評価する手法として塑性力学に基づいた理論式や実験式が多く求められ，必要な加工力，成形に必要な力学物性，成形可否検討などに用いられてきた．FEM（有限要素法）技術の進展により，成形時の変形挙動の把握などが詳細に解析できるようになったが，チューブフォーミングは工具との接触や摩擦の問題などFEMで扱いにくい加工法であり，解析解などとの比較検証も重要である．FEMの入力としても重要な管材の変形特性の評価法に関してまとまった研究がなされ，軸方向のほかに周方向の特性を評価する標準的な手法が提案されている．このような精度のよい物性値を用いることにより，FEMを用いてチューブフォーミングでの管材の変形挙動が精度よく求められる．一方，成形限界，特に破断限界は材料の変形能に依存するものである．板材の成形では，くびれの発生後まもなく破断に至ることから，くびれの発生限界をもって成形限界とすることが実用上可能で，このくびれの発生限界は分岐論で求まる．管材でも，このような理論的な手法で成形限界を求める検討がされており，実験的に成形限界や成形余裕度を評価する手法が提案されており，それらをもとにした成形可否判断の高度化が期待できる．

1.2 加工法の分類

チューブフォーミングで用いる加工法を加工様式により分類すると，図1.1

に示すように,新塑性加工技術シリーズのほかの本のタイトルにある加工技術が並んでおり,管材に関する総合的な加工技術の体系であることがわかる.

チューブフォーミングを加工法によって分類すると,**図1.2**に示すように大きくは成形,接合および分離に分けられ,その分類のもとに個別の加工法がある.

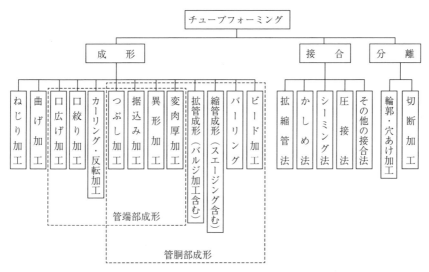

図1.2 加工法によるチューブフォーミングの分類

成形法は,管材全体の曲げ加工,ねじり加工のほか,管端部における各種形状の成形および鍛造のような肉厚変化を伴う据込み加工,カーリング成形などがあり,管胴部におけるバルジ成形,スエージングなどの縮管成形,しごきなどによる変肉厚加工などがある.

接合には,各種の溶接法,接着法が用いられるほか,かしめ継ぎ,ロータリーエキスパンダーによる接合,シーミングによる缶の口締め加工など塑性変形を活用した接合方法も適用されている.

分離には,専用の管切断機で代表されるバイト切断のほか,鋸・砥石などによる切断といった切削・研削による除去加工によるものが多い.切断面精度より生産効率を重視する場合は,プレス金型による切断,くさび形ロールの押込

みによる切断が利用されている．また，プレス金型による切断は，端面を複雑な形状に切断する場合，管胴部の穴あけ加工に有用である．

1.3 管材を用いた製品設計とチューブフォーミング工程設計

1.3.1 管材の製品事例

　管材は，4800年前のエジプトの神殿の給水管に銅管が，また，2000年前のローマの水道管に鉛管が用いられており，各種流体の輸送用配管材として長い歴史がある．水道管用の材料は，鉛，黄銅，銅，鉄，ステンレス鋼と変遷し，近年では樹脂ライニング鋼管も用いられている．また，用途も水道管から空調用配管，化学プラントや発電設備の配管，石油・ガスのパイプラインと分野が拡大しているが，これらは金属管であり，それらの接合方法，継手加工，曲げ加工の開発が行われてきた．また，管材は配管のほかに管端を閉じて容器として用いられている．家庭用のプロパンガスやタクシーのLPガスのボンベとしても広く用いられているほか，圧縮天然ガスボンベの金属ライナーや燃料電池車用の水素ボンベの金属ライナー，水素ガス輸送・貯蔵用のボンベとしての使用拡大が期待される．このような圧力容器としての用途では，管端のクロージング加工や接合がチューブフォーミングの主たる加工である．これらの配管，容器は耐圧設計がおもな要件であり，加工も複雑なものではない．

　これらの配管，容器とは異なる用途として構造材としての管材の利用がある．自動車のドアインパクトビーム，大型クレーンの桁材，大空間を覆うトラス構造の構造部材，動力伝達軸，ねじりばねといった機能構造部材として用いられる．これらは，管が中空閉断面であり，曲げやねじりの剛性が重量の割に高くとれることが利用される理由であるが，チューブフォーミングによりほかの部材に合わせた形状への加工や部材として望ましい寸法・形状への加工が可能となることにより，事務機器部材や自動車のエンジンクレードル，リアサスペンションのトーションビーム，ピラー補強材などに利用が拡大している．

1.3.2 管材の製品設計

管材を配管，圧力容器として用いる場合は，基本要件は耐圧性であり，熱交換器，ボイラーチューブ，一部のプラント配管では耐熱性が要求されるものもある．耐圧性は材料強度，肉厚，外径を適切に選定すればよい．一方，構造材として用いる場合には，部材の軽量化を要求されることが多い．管材は，板材や丸棒に比べて素材価格が高いため，使用素材量を少なくし，コストダウンを図る観点からも軽量化は重要である．

構造材として用いる場合，丸棒から管材への代替は以下に示す利点がある．

〔1〕 **中空化による軽量化**

丸棒を円管に置き換えると，中立軸から遠いところに材料を集めるため，同じ質量で剛性や断面係数を高くすることができる．強度設計（材料の降伏が始まる応力基準の設計）では，断面係数が部材の基本特性となる．剛性設計（たわみ変形量基準の設計）では，断面二次モーメントが部材の基本特性となる．**表1.1**に丸棒と薄肉管の曲げ剛性，断面係数を示す．ここで，丸棒の径をd_s，薄肉管の外径をD，肉厚をtとする．質量当りの剛性である比剛性，質量当りの断面係数である比断面係数は，いずれも薄肉管が丸棒の2倍であり，丸棒を管に置き換えることによる軽量化効果である．

厚肉管の式を用いた軽量化の詳細な検討も行われている[1),2)]†．ただし，こ

表1.1 丸棒と薄肉管の比剛性と比断面係数

	丸 棒	薄肉管
曲げ剛性 EI	$(EI)_{\mathrm{bar}} = E\dfrac{\pi}{64}d_s^4$	$(EI)_{\mathrm{tube}} = E\dfrac{\pi}{8}D^3 t$
断面係数 Z	$(Z)_{\mathrm{bar}} = \dfrac{\pi}{32}d_s^3$	$(Z)_{\mathrm{tube}} = \dfrac{\pi}{4}D^2 t$
断面積	$A_{\mathrm{bar}} = \dfrac{\pi}{4}d_s^2$	$A_{\mathrm{tube}} = \pi D t$
比剛性 （剛性÷断面積）	$\dfrac{(EI)_{\mathrm{bar}}}{A_{\mathrm{bar}}} = \dfrac{E}{16}d_s^2$	$\dfrac{(EI)_{\mathrm{tube}}}{A_{\mathrm{tube}}} = \dfrac{E}{8}D^2$
比断面係数 （断面係数÷断面積）	$\dfrac{(Z)_{\mathrm{bar}}}{A_{\mathrm{bar}}} = \dfrac{1}{8}d_s^2$	$\dfrac{(Z)_{\mathrm{tube}}}{A_{\mathrm{tube}}} = \dfrac{1}{4}D^2$

† 肩付き数字は，章末の引用・参考文献番号を表す．

れらの検討では軽量化の効果のみが示されているが，実際に丸棒を管に置き換える際には，曲げに伴う断面のへん平化，屈服が問題となるため，これらの目安となる管の肉厚/外径比を軽量化効果（質量比）とともに**図1.3**に示す．経験的に肉厚/外径比がおよそ0.03より小さくなると，断面へん平や屈服の考慮が重要となってくるので，中空材と中実材の外径比1.5以上では，中空化には注意が必要である．ここで，中実材（丸棒）の外径をd_s，同一強度ないし剛性の中空材（管）の外径をd_o，肉厚をt，中空材と中実材の質量比をαとする．

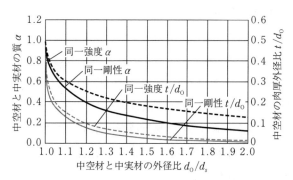

図1.3 中実材（丸棒）から中空材（管）への置換による質量比および肉厚外径比

〔2〕 **加工硬化による強度上昇**

チューブフォーミングでは，スエージングやハイドロフォーミングなど冷間での大きな加工により，材料を加工硬化させることができる．強度設計では加工後の降伏点が問題であるので，大きな加工硬化を得られるのは有利である．JISの機械構造用炭素鋼管STKM 13 Aでは，40％のひずみにより600 MPa程度までの強度上昇が見込まれる．

〔3〕 **最適な外径・肉厚への加工が容易**

丸棒では，断面全体を変更するため特性や質量の調整が難しいが，管材では，外径と肉厚を別々に変更することや部分的に断面形状を変更するような加工が容易であるため，部品設計の自由度が高く，部材に働く応力を全長にわたり低く抑えることができる．

1.3.3 チューブフォーミングの工程設計

チューブフォーミングは管を素材として，種々の成形技術を組み合わせることで，複雑な形状に加工することができる優れた加工技術であるが，一方で，所望の最終形状を得るための，中間加工形状の設計，それとともにそれぞれの中間加工形状・最終形状に成形する成形法，工具，加工機を選定する一連の工程設計が重要である．また，各種成形は，金型によるプレス成形，ロールやへらによる成形，液圧やゴムによる成形，加熱・冷却を利用するダイレス成形などさまざまな工具，媒体が用いられ，被加工材の寸法や強度，加工量，生産性などを考慮して，これらの工具と加工機を選定するのもチューブフォーミングの成否に関わる重要な事項である．

この工程設計は，熟練技術者の経験によるところが大きく，いわば暗黙知である．チューブフォーミング分科会では，今回の改訂にあたり，この暗黙知を引き出し構造化して記述し，技術伝承することを行った．9.3節に，経験の詰まった工程設計の事例を示す．

引用・参考文献

1) Manabe, K.,：Material-Saving and Weight-Reduction Effects of Tubular Hydroformed Components, Proc. Int. Workshop of Environment & Economic Issues in Metal Processing (ICEM-98), (1998), 119-125.
2) 日本塑性加工学会編：チューブハイドロフォーミング，(2015), 11-12, 森北出版．

2 チューブフォーミング用材料

2.1 概論

　チューブフォーミング用の材料は，円管形状をした塑性変形可能な材料である．この管材は，素材の材質と継目があるかないかで区分される．材質は，塑性変形させるため延性の高い金属材料がおもに用いられ，その中でも鋼（炭素鋼，ステンレス鋼），アルミニウム，銅が広く用いられている．近年では耐食性に優れ軽量であることからチタンの適用も進んでいる．また軽量素材としてマグネシウムが注目されているが，量産適用には至っていない．タングステン，ジルカロイなどもあるが，原子力発電用や炉材などの特殊な用途の使用にとどまる．

　チューブフォーミング用管材は，製造工程の違いから管軸方向の継目の有無がある．継目無管は，円柱状の素材を穿孔や押出しにより孔をあけ，これを延伸して製造される．継目のある管は，板状の素材を円周方向に曲げて，両縁部を接合して製造される．このように管軸方向に接合部（継目）が生じてしまうが，選択できる素材は多様である．また，周方向に成形する際にコイル状に巻かれた帯板をロール成形により成形し，接合した後定尺に切断する方法と，定尺に切断された矩形板をプレスや曲げ加工機で成形し，接合する方法がある．ロール成形方式は，連続成形のため生産性は高いが，外径ごとに多数のロールを準備しなくてはならず寸法の規格制約がある．一方，短形板曲げ方式は，バッチ製造となるため生産性は低いが，成形工具の準備が簡便なため種々の寸

法を少量でも生産できる．接合方法は，電気抵抗溶接，アーク溶接（おもにTIG溶接），レーザー溶接，鍛接がある．接合の適正速度と造管速度の関係から，電気抵抗溶接と鍛接はロール成形との組合せとなり，これらは生産性が高い．チューブフォーミング用材料の参考として，JISに定められている金属管の一覧を**表2.1**に示す．鋼管，チタン管は種類が多いので，チューブフォーミング用に比較的よく用いられるものを選んで掲載した．

表2.1 JISに見る金属管一覧（鋼管は抜粋）

分類	規格名称	材料記号	規格番号
鋼管	機械構造用炭素鋼管	STKM 11～20	JIS G 3445
	自動車構造用電気抵抗溶接炭素鋼管	STAM 200～500	JIS G 3472
	一般構造用炭素鋼管	STK 290～540	JIS G 3444
	配管用炭素鋼管	SGP	JIS G 3452
	機械構造用ステンレス鋼管	SUS**** TKA	JIS G 3446
	配管用ステンレス鋼管	SUS**** TPY	JIS G 3459
アルミニウム管	アルミニウムおよびアルミニウム合金継目無管	A**** TE, TES, TD, TDS	JIS H 4080
	アルミニウムおよびアルミニウム合金溶接無管	A**** TW, TWA, TWS など	JIS H 4090
	アルミニウムおよびアルミニウム合金押出し形材	A**** S, SS	JIS H 4100
銅管	銅および銅合金継目無管	C**** T, TS	JIS H 3300
	銅および銅合金溶接管	C**** TW, TWS	JIS H 3320
チタン管	配管用チタン管	TTP*** H, C, W, WC	JIS H 4630
	熱交換器用チタン管	TTH*** H, C, W, WC	JIS H 4631
	チタン合金管	TAT** L, F, W など	JIS H 4637
マグネシウム管	マグネシウム合金継目無管	MT*	JIS H 4202
	マグネシウム合金溶接管	MS*	JIS H 4204

2.2 各種管材

2.2.1 鋼管

鉄鋼材料は，強度が高いうえに延性も優れ，価格も非鉄金属材料に比べ安いため，チューブフォーミング用管材として広く用いられている．チューブ

フォーミング用に用いられる寸法の管材の製造方法は，ロール成形と電気抵抗溶接の組合せである電縫鋼管および丸ビレットをマンネスマン穿孔し，マンドレル圧延する継目無鋼管が代表的である．機械構造用炭素鋼管（STKM）が広く用いられているが，自動車部材には，自動車用鋼板の規格に対応した自動車構造用電気抵抗溶接炭素鋼管（STAM）も用いられている．

図2.1に一般的な小径継目無管の製造工程概略を示す．円柱状の素材をマンネスマン方式で穿孔し，マンドレルを中に入れて圧延した後，ストレッチレデューサー（SR）圧延し，所定の寸法に仕上げられる．これらはすべて熱間加工である．継目無管（通称シームレス管）は，長手方向の継目がないため，強度，靭性，耐食性などが周方向に均一であるという利点がある．一方，製造工程が熱間加工であり，穿孔や圧延の際に管の内外面の工具の同芯度が確保しにくいことから，電縫管に比べ偏肉率や真円度がよくない．また，材質も一般的な固溶強化型の炭素鋼管であり，加工性の高い材質が選択できない．

マンネスマン穿孔　　　　　　マンドレル圧延　　　　　　絞り圧延（SR）

図2.1 一般的な小径継目無管の製造概略図

図2.2に一般的な小径電縫管の製造工程概略を示す[1]．帯板をロール成形し，両縁部を高周波電気抵抗溶接で接合する．溶接部に生じたビードを切削し，所定の寸法に仕上げる．これらは通常すべて冷間加工である．電縫管は，溶接部があるため溶接部の信頼性が懸念されるが，電縫溶接のモニタや診断技術が発達し，現在では加工用管材として問題となることはない[2,3]．電縫溶接部は急冷されるため硬化し，ほかの部分と比べ変形能が異なってしまうが，溶接部を熱処理することにより母材と同じ硬さにすることができ[1]，厳しい加工を行うときには，このような溶接部熱処理した管材を用いるとよい．板圧延工程で肉厚精度が確保され，冷間でロール成形するため，肉厚や真円度の精度は

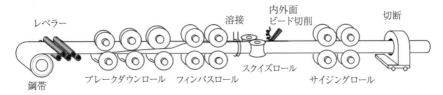

図 2.2 一般的な小径電縫管の製造概略図[1]

継目無管に比べて高い.

チューブフォーミング用鋼管は，STKM が広く用いられており，自動車部材用には STAM も用いられている．STKM は化学成分の炭素量に基づいた規格であり，STKM 11 から STKM 15 まで炭素量が増え，STKM 16 からはマンガン量が増えて強度が上昇する．STAM は引張強さに基づいた規格であり，呼称が引張強さを示している．**表 2.2**，**表 2.3** に STKM と STAM の JIS 規格の機械的特性を示す．これらは普通炭素鋼（plain carbon steel）であるが，STKM 20 および STAM G はニオブ（Nb）およびバナジウム（V）を 0.15％ まで複合添加してよいとなっている．

普通炭素鋼は，炭素，マンガン，ケイ素，リン，硫黄が含まれており，これらの固溶強化により強度を出しているが，引張強さで 550 MPa ほどの強度が限界である．より高強度化するために Nb や V を添加して，析出強化や細粒化により強度を上げている．これらの鋼では電縫溶接の熱影響部が軟化するためモリブデン（Mo）を添加して，熱影響部軟化を防止している[4]．さらに高強度化したり，伸びを確保しながら強度を上げるために，赤熱した状態でオーステナイトであったものを常温まで急速に冷却する過程で，マルテンサイトなどに低温で変態させる変態組織強化が適用されている．

代表的な変態組織強化鋼は，変形能の高いフェライト相に硬質のマルテンサイト相を分散させた二相（dual phase, DP）鋼，フェライト相中にオーステナイト相を残留させ，加工時のひずみによりマルテンサイトに変態させる変態誘起塑性（transformation-induced plasticity, TRIP）鋼といった複合組織鋼であり，板成形の分野では広く用いられ，チューブフォーミング分野でも適用が始

表 2.2 機械構造用炭素鋼管（STKM JIS G 3445）の機械的性質

種類	記号		引張強さ〔N/mm²〕	降伏点または耐力〔N/mm²〕	伸び管軸方向〔%〕	へん平性 平板間の距離 H	曲げ性 曲げ角度〔°〕	内側半径
11種	A	STKM 11 A	290 以上	—	35 以上	$(1/2)D$	180	$4D$
12種	A	STKM 12 A	340 以上	175 以上	35 以上	$(2/3)D$	90	$6D$
	B	STKM 12 B	390 以上	275 以上	35 以上	$(2/3)D$	90	$6D$
	C	STKM 12 C	470 以上	355 以上	25 以上	—	—	—
13種	A	STKM 13 A	370 以上	215 以上	30 以上	$(2/3)D$	90	$6D$
	B	STKM 13 B	440 以上	305 以上	20 以上	$(3/4)D$	90	$6D$
	C	STKM 13 C	510 以上	380 以上	15 以上	—	—	—
14種	A	STKM 14 A	410 以上	245 以上	25 以上	$(3/4)D$	90	$6D$
	B	STKM 14 B	500 以上	355 以上	15 以上	$(7/8)D$	90	$8D$
	C	STKM14 C	550 以上	410 以上	15 以上	—	—	—
15種	A	STKM 15 A	470 以上	275 以上	22 以上	$(3/4)D$	90	$6D$
	C	STKM 15 C	580 以上	430 以上	12 以上	—	—	—
16種	A	STKM 16 A	510 以上	325 以上	20 以上	$(7/8)D$	90	$8D$
	C	STKM 16 C	620 以上	460 以上	12 以上	—	—	—
17種	A	STKM 17 A	550 以上	345 以上	20 以上	$(7/8)D$	90	$8D$
	C	STKM 17 C	650 以上	480 以上	10 以上	—	—	—
18種	A	STKM 18 A	440 以上	275 以上	25 以上	$(7/8)D$	90	$6D$
	B	STKM 18 B	490 以上	315 以上	23 以上	$(7/8)D$	90	$8D$
	C	STKM 18 C	510 以上	380 以上	15 以上	—	—	—
19種	A	STKM 19 A	490 以上	315 以上	23 以上	$(7/8)D$	90	$6D$
	C	STKM 19 C	550 以上	410 以上	15 以上	—	—	—
20種	A	STKM 20 A	540 以上	390 以上	23 以上	$(7/8)D$	90	$6D$

* JIS G 3445：2010 による．
*表中の D は管外径を表す．

まっている．より速い冷却速度でマルテンサイト単相にした材料，通称焼入れ材は，自動車のドアインパクトビーム[5]として複合組織鋼より古くから実用化されている．これは管を高周波加熱し，直後に水で急冷して 1.5 GPa 程度に高強度化し，側面衝突時に乗員を保護するものである．

　また，電縫管を温間域で SR 圧延することにより，同じ伸びで強度を上げたり，大きなひずみにより集合組織を発達させ，r 値を向上させた温間縮径圧延

表2.3 自動車構造用電気抵抗溶接炭素鋼管（STAM JIS G 3472）の機械的性質

種類	記号	引張強さ〔N/mm²〕	降伏点または耐力〔N/mm²〕	伸び管軸方向〔％〕	押広げ性		摘要
					押広げの大きさ		
G種	STAM 290 GA	290 以上	175 以上	40 以上	1.25 D		自動車構造用一般部品に用いる管
	STAM 290 GB	290 以上	175 以上	35 以上	1.20 D		
	STAM 340 G	340 以上	195 以上	35 以上	1.20 D		
	STAM 390 G	390 以上	235 以上	30 以上	1.20 D		
	STAM 440 G	440 以上	305 以上	25 以上	1.15 D		
	STAM 470 G	470 以上	325 以上	22 以上	1.15 D		
	STAM 500 G	500 以上	355 以上	18 以上	1.15 D		
H種	STAM 440 H	440 以上	355 以上	20 以上	1.15 D		自動車構造用のうち特に降伏強度を重視した部品に用いる管
	STAM 470 H	470 以上	410 以上	18 以上	1.10 D		
	STAM 500 H	500 以上	430 以上	16 以上	1.10 D		
	STAM 540 H	540 以上	480 以上	13 以上	1.05 D		

*JIS G 3472：2013による．
*表中の D は管外径を表す．

電縫鋼管[6]も開発されている．SR圧延では内面が多角形化して肉厚分布が不均一になる課題があるが，SR圧延ロールを角度をずらして配置し，熱間SR材の偏肉を低減する技術も開発され，自動車の足回り部品へ適用されている[7]．

図2.3に，これらの鋼種と強度および代表的な適用例を示す．DP鋼やTRIP鋼など複合組織鋼の適用は執筆時点では限定的であるが，強度が高く加工性が高いので，チューブフォーミングへの適用の展開が期待される．

図2.3 チューブフォーミング用鋼管の鋼種，強度と適用例

2.2.2 アルミ管

アルミニウムおよびアルミニウム合金管も継目無管と溶接管がある．JIS H 4080，アルミニウムおよびアルミニウム合金継目無管には，断面が丸形の管につき，化学成分で21種類，寸法許容差で2等級，さらに押出し管と引抜き管がある．引抜き管は押出し管と比べて寸法精度がよく，細径・薄肉側に位置する．管寸法の製造範囲は，押出し管と引抜き管または合金組成によっても異なる．

JIS H 4090アルミニウムおよびアルミニウム合金溶接管には，高周波誘導加熱溶接管9種類，イナートガスアーク溶接などのアーク溶接管9種類が規定されており，溶接管の標準寸法も幅広いものとなっている．

非鉄金属の中でチューブフォーミングに使用される代表的な金属はアルミニウム合金である．アルミニウム合金材料は，鉄鋼材料と比較すると価格が高いだけでなく，ヤング率が低いことやスプリングバックが大きく局部伸びが小さいなどの短所はあるが，密度が約1/3と小さいため，軽量化が要求される構造部材や自動車部品などに使用されている．アルミニウム合金には展伸材と鋳造材があり，それぞれに非熱処理型と熱処理型がある．チューブフォーミングには加工性の観点から展伸材が使用される．

表2.4に代表的なアルミニウム合金の成分および機械的性質[8)~10)]を示す．1000（純Al）系，3000（Al-Mn）系，4000（Al-Si）系，5000（Al-Mg）系が非熱処理型，2000（Al-Cu）系，6000（Al-Mg-Si）系および7000（Al-Zn-Mg[-Cu]）系が熱処理型である．自動車部材へのアルミニウム合金の適用は1000系から7000系まで幅広く調べられているが[10)]，なかでも6000系合金は国内外を問わず採用実績が多く，ついで5000系合金となる．アルミニウム合金は合金別に特徴が異なるため，合金ごとの特徴および適用部品事例を紹介する．

材料特性以外では，中空形状の押出し材を得るためにはポートホール押出しとマンドレル押出しの二つがあり，その概略を図2.4に示す．

材質や用途に応じてポートホール押出しの適用可否が判断されるので注意が必要である．ポートホール押出しでは，ダイ内で材料を分流し，溶着するため

表2.4 代表的なアルミニウム合金の組成と機械的性質

合金	成分							熱処理	耐力 [MPa]	引張強さ [MPa]	伸び [%]	n値	r値
	Si	Fe	Cu	Mn	Mg	Cr	Zn	Ti	ほか					
1050	0.25	0.4	0.05	0.05	–	–	0.05	0.03	V	O	30	80	40	0.27	0.69
1100	0.95 (Si+Fe)		0.05~0.2	0.05	–	–	0.1	–	–	H112	>20	>75	>25	–	–
2014	0.5~0.2	0.7	3.9~5.0	0.4~1.2	0.2~0.8	0.1	0.25	0.15	–	O	<125	<245	>12	–	–
2024	0.5	0.5	3.8~4.9	0.3~0.9	1.2~1.8	0.1	0.25	0.15	–	O	<125	<245	>12	–	–
										T4	>295	>390	>12	–	–
3003	0.6	0.7	0.05~0.2	1.0~1.5	–	–	0.1	–	–	O	40	110	30	0.24	0.65
										H112	>35	>95	>35	–	–
5052	0.25	0.4	0.1	0.1	2.2~2.8	0.15 0.35	0.1	–	–	O	90	195	25	0.28	0.63
5083	0.4	0.4	0.1	0.4~1.0	4.0~4.9	0.05 0.25	0.25	0.15	–	O	145	290	24	0.26	0.74
6063	0.2~0.6	0.35	0.1	0.1	0.45~0.9	0.1	0.1	0.1	–	O	40	100	35	0.22	–
										T5	200	240	17	0.14	–
6N01	0.4~0.9	0.35	0.35	0.5	0.4~0.8	0.3	0.25	0.1	–	O	50	100	25	–	–
										T5	250	280	12	–	–
6061	0.4~0.8	0.7	0.15~0.4	0.15	0.8~1.2	0.04 0.35	0.25	0.15	–	O	55	125	25	0.17	–
										T6	270	310	12	–	–
7003	0.3	0.35	0.2	0.3	0.5~1.0	0.2	0.5~6.5	0.2	–	T5	>245	>285	>10	–	–
7075	0.4	0.5	1.2~2.0	0.3	2.1~2.9	0.18 0.28	5.1~6.1	0.2	–	O	105	230	17	0.19	–
										T6	505	570	11	0.12	–
7N01	0.3	0.35	0.2	0.2~0.7	1.0~2.0	0.3	4.0~5.0	0.2	–	T5	>245	>325	>10	–	–

複雑な中空断面形状が製造できるが,溶着部の特性が母材と異なる.ポートホール押出しにより生成される溶着部が成形限界に及ぼす影響を調査した結果を図2.5に示す.ポートホール溶着部の影響により,明らかに成形限界が低下することが確認された[10].

〔1〕 1000系アルミニウム合金

変形抵抗が小さく成形性もよいことから,研究対象としてA1050-O材が用いられることが多い.入手のしやすさもあって,その他のアルミニウム合金の

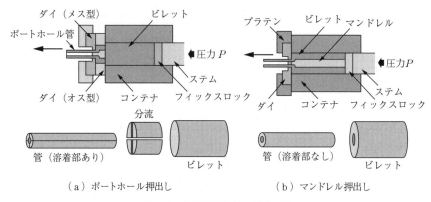

(a) ポートホール押出し　　　(b) マンドレル押出し

図 2.4　中空押出し材の製造方法

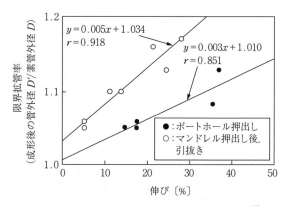

図 2.5　押出し材製造方法による成形限界の差異 [10]

成形限界を調べる際にも，比較材としてこの系の合金を用いることが多い [9]〜[12]．加工後も強度が低いために，強度部材として実用化された例はほとんどない．一方，耐食性や熱伝導性はアルミニウム合金の中で最も優れた特性を示すため，これらの特性が活かせる機能性部品の素材としては魅力的である．

〔2〕　**3000 系アルミニウム合金**

　1000 系と同様に，ほかの系のアルミニウム合金の比較材として用いられることが多く [9]〜[12]，中でも A3003-O 材が代表的である．非熱処理型合金であるため，成形後の熱処理によって寸法精度が悪くなることはないが，成形性は

それほど高くなく，加工後の強度も劣るために強度部材として実用化された例はほとんどない．エアコン用配管材として広く用いられている以外では，特に冷間加工後の表面性状に優れることから，意匠性が求められる建材や飲料缶，プリンタの感光ドラムの材料などとして用いられることがある．

〔3〕 **5000系アルミニウム合金**

5000系合金は同じ非熱処理型である3000系に比べると強度が高いので，自動車部品への適用を想定してA5052やA5154，A5083などについて基礎的なハイドロフォーミング性が調査されている[9)～16)]．欧州では板材が安く流通しているため，5000系の優れた溶接性を利用した電縫溶接管が普及しており，A5154がハイドロフォーミング用素材として，サスペンションサブフレームに適用されている[17),18)]．A5154は5000系の代表的な合金であるA5052より強度が約20%高く，成形性などの特性はほとんど同じためと考えられる．また，A5083は強度，溶接性に加えて耐食性も優れているため，自動車のフレームや足回り部品には適した材料である．国内では溶接管はほとんどなく，5000系の管材はほとんど押出しにより製造されている．

常温では成形性に劣るアルミニウム合金も高温では延性が改善され，大きな塑性変形を付与することができる．A5754合金管やA5182（AlMg3.5Mn）合金管を高温においてガスバルジ成形すると，常温時に比べて大きな拡管変形を示すことが報告されている[19),20)]．開発した5000系（Al-Mg-Fe系）材料を用い，熱間バルジ加工法（高温ハイドロフォーミング）によって複雑な断面形状を有するフロントサブフレームやリアサブフレームが製造，実用化されている[21)]．

〔4〕 **6000系アルミニウム合金**

自動車用構造材として使用実績が多いA6063を中心にA6061，A6N01（A6005C），A6082などが研究対象となり，実用化もされている．A6063は成形性および耐食性が良好なため，これまでも自動車ボディの骨格であるスペースフレームに適用されており，ルーフラックやドアフレーム，エンジンクレードルにも採用されている[22)]．また，スペースフレーム構造のオールアルミ車にAlMgSi0.5合金押出し材をハイドロフォーミングしたストラッドベアラー

（サスペンション部品）が使用されている[22]．A 6061 は 6000 系を代表する合金であり，強度および耐食性に優れるため，バンパー補強材や足回り部品などに適した合金である．

〔5〕 **7000系アルミニウム合金**

7000系はアルミニウム合金の中で最も強度が高く，代表的な A 7075 は主として航空機の切削用素材として使用されてきた．7000 系の中では A 7003，A 7N01（A 7204）は鉄道車両や船舶などに使用され，ポートホール押出しが可能で溶接性も良好な合金であり，比較的加工性も良好である．総じて高強度材ほど耐応力腐食割れ性が悪くなるため，合金の選定や熱処理，加工方法などに十分な注意が必要である．最近では高温加工で金型内冷却によるアルミ高強度材の適用も検討されている．

2.2.3 その他の管材
〔1〕 **銅管・黄銅管**

銅は，紀元前から使われている歴史の長い金属であり，電気および熱伝導性に優れ，耐食性もよく，加工性も優れていることから広く用いられている．銅は金，銀とともに周期表で第11族元素，いわゆる貴金属である．鉄やチタンなどは金属結合に関わる電子が隣接原子付近に局在しているのに対し，第11族元素では，電子配位から金属結合に関わる電子が結晶全体に広がるため展延性が非常によい．

銅および銅合金の継目無管および溶接管が JIS H 3300，JIS H 3320 に規定されている．脱酸方法により還元性雰囲気で溶解する無酸素銅，シャフト炉で酸素を低減し不純物を除去するタフピッチ銅，脱酸材としてりんを用いるりん脱酸銅がある．銅合金として黄銅（Zn 30～40％程度），丹銅（Zn ～15％程度），白銅（Ni 10～30％程度）が規定されている．

銅管の適用先は約7割が空調関連であり，そのほか給水・給湯用配管に多く使われている．空調でおもに用いられているのは内面溝付き管であるが，さらに伝熱面積を上げたコルゲートチューブやローフィンチューブが用いられてい

る．また，冷媒配管などに用いられるキャピラリーチューブは，外径4.0 mm/内径3.0 mmから外径1.8 mm/内径0.5 mmの細管であるが，銅の加工性を生かして原管部・縮径（1/2程度）部・細管部の一体成形品が生産されている．環境問題に起因する冷媒の変化，高圧化に対応するため，高強度・高耐食性銅合金管の開発が行われている[23]．

銅は加工性がよいため，新たな二次加工技術を開発しなくとも製品開発ができることから，伝熱面積を拡大した管や一体化した管の開発に重きが置かれている．黄銅に関しては，水栓（カラン）を黄銅管から一体成形する加工技術の開発が行われている[24]．

〔2〕 チタン管

チタンやチタン合金は軽量で，比強度が鉄鋼の約2倍，アルミニウムの約3倍と高いこと，耐食性に優れること，生体親和性が高いことから種々の分野に用いられている[25]．チタンは，1948年に工業生産が開始された比較的歴史の新しい金属である．アーク溶接ではガスシールドが必要だが，鉄鋼材料と同様に抵抗溶接は可能である．稠密六方格子であるため加工が難しいが，純チタン（JIS1種・2種）は深絞りなどの加工も可能である．チタン合金は常温での相（α相：稠密六方格子，β相：体心立方格子）の構成により大別され，α型，$\alpha + \beta$型，β型がある．塑性変形するためのすべり系が多いβ相が多いほど加工性が高い．常温でβ相を安定にするためにバナジウム，モリブデン，クロムなどを添加する．それぞれの代表的なチタン合金は，α型はTi-5Al-2.5Sn，$\alpha + \beta$型はTi-6Al-4V，β型はTi-15V-3Al-3Cr-3Snである．α型は耐食性，耐熱性，耐クリープ性に優れ，$\alpha + \beta$型は強度，延性に優れ，β型は加工性に優れ，溶体化時効処理により高強度化が可能である．

チタンやチタン合金は，軽量・高強度の特性を生かして航空機やスポーツ用具に用いられており，耐食性を生かして海洋構造物や橋脚に使用されている．また，生体親和性が高いことから，人工骨，人工関節，外科手術用クリップなどに用いられているほか，軽く耐食性が高いため，建築資材（屋根材）としても用いられるなど幅広く活用されている．管材としては，火力発電所や海水淡

水化プラントの配管や自動車・二輪車の排気管に用いられている．

〔3〕 マグネシウム管

マグネシウムは実用金属で最も軽く，比強度が最大である．体心立方格子の鉄や面心立方格子のアルミニウムと異なり，稠密六方格子であり，塑性変形するためのすべり系が少ないことから冷間加工は難しく，温間での加工となる[26]．接合は摩擦撹拌接合などにより可能である．マグネシウムの商業生産は1886年に始まり，アルミニウムとあまり変わらないが，精錬が難しかったため展開が遅れた．

展伸材のおもな合金は，Al 3%，Zn 1%を添加し，固溶強化と加工硬化で強度をもたせたAZ 31が板・管・棒・形材として最も多く用いられている．さらにAlを6%まで増やし，強度，耐食性を高めたAZ 61も展伸材として広く用いられている．ほかにAlの代わりにZnを6%加え，0.5%程度の微量のZrを添加して細粒化し，強度と展伸性を確保したZK 60も用いられている．これらのおよその強度はAZ 31が255 MPa，AZ 61が305 MPa，ZK 60が340 MPaである．

軽量性を生かして押出しでつくられた管材を用いて歩行補助具が作製されているが，これまでのところ展伸材の適用先は樹脂代替が多く，ノートパソコン，携帯電話，カメラの筐体に使用されている．自動車にも適用されているが，ステアリングホイールの芯材として用いられている程度である．これは自動車や鉄道車両で構造体に用いるためには難燃性をもたせる必要があり，カルシウムを添加した難燃性合金（AZ X611など）の開発が行われている．

2.3 成形性試験

管材の成形性試験は，表 2.5に示すように，材料の機械特性を評価する試験，材料の成形限界を評価する試験，チューブフォーミングの種々の加工の基本的な変形で加工性を評価する試験がある．摩擦も成形性に重要な因子であり，チューブフォーミングにおける摩擦係数の測定が検討されているが，確立

2.3 成形性試験

表2.5 管材の成形試験

区 分	試験法	概要・特記
材料特性試験	軸方向引張試験	切出し試験片，丸管試験片
	周方向引張試験	リング引張試験
	二軸バルジ試験	内圧と軸力の複合負荷試験
材料成形限界試験	軸方向引張試験	延性破壊条件
	二軸バルジ試験	成形限界線図
加工性試験	曲げ試験	溝付き型への巻付け
	へん平試験	へん平，圧壊
	拡管試験	管端押広げ，つば出し，リング拡管
	バルジ試験	自由バルジと型バルジ

した試験法はない．FEM 解析によるチューブフォーミング加工の検討が広く行われるようになり，入力データとなる管材の材料特性を正確に評価することの重要性が増し，管の機械特性や二次加工性を評価する試験法の検討が行われた[27]．

2.3.1 材料特性試験

〔1〕 引 張 試 験

　管材の特性を調べるための試験は，板材や棒材と同様に引張試験が代表的であり，JIS や ISO で定められている．規格に明記されているように，軸方向の力だけが加わるようにして引張るので，単軸応力状態での引張りとなる．得られる材料特性値は，塑性変形開始に対応する「降伏応力」，単軸引張りでの最大荷重に対応する「引張強さ」「破断伸び」などである．くびれ発生までの伸びを一様伸び，それ以降の破断までの伸びを局部伸びという．局部変形が始まるまでは均一な一軸応力下での変形であり，得られる応力-ひずみ特性は，そのまま相当応力-相当ひずみ特性となるので，材料特性評価の基本的な試験である．

　管材の引張試験片は，管そのままの管状試験片と，管から軸方向に切り出した板試験片に近い円弧状試験片がある．二つの形状の試験片で，降伏応力と引張強さは差がないが，破断伸びは管状試験片の方が円弧状試験片に比べかなり大きい．この違いは，円弧状試験片は板試験片と同じく幅方向に開いた形状で

あるが，管状試験片は閉じた形状であるため，両者でくびれの発生が異なるためである．管状，円弧状とも比例試験片と定形試験片があるが，円弧状試験片も板厚は元の厚さのままである．図 2.6 に管状・円弧状試験片を示す．標点距離 L は，定形試験片の場合，区分によらず 50 mm であり，比例試験片の場合も区分によらず試験片断面積 A の平方根の 5.65 倍である．試験片の幅 W は，定形試験片では元の管外形により 3 区分で幅が定められており，比例試験片では板厚 T の 8 倍以下と定められている．

外径 D [mm]	試験片形状	定 形	L [mm]	W [mm]	比 較	L [mm]	W [mm]
外径が小さいもの	管状	11 号	50	–	14 号 C	5.65$\sqrt{A}$	–
$D \leq 50$	円弧状	12 号 A	50	19			
$50 < D \leq 170$	円弧状	12 号 B	50	25	14 号 B	5.65$\sqrt{A}$	8T 以下
$170 < D$	円弧状	12 号 C	50	38			

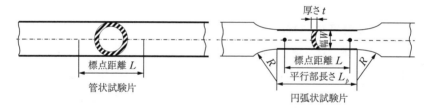

図 2.6 管材の管状・円弧状引張試験片（JIS Z2241：2011）

チューブフォーミングでは，押広げ，拡管など周方向の特性が重要な加工法もあり，周方向の特性を把握する方法が望まれる．そのため，管からリング状に切り出した試験片の引張りは ISO 8496 でも定められている．しかしながら，リング状試験片では引張変形に至るまでに曲げなどの余分な変形があるため，周方向の単軸引張特性を正確には測定できず周方向の強度の評価試験である．

〔2〕 **多軸応力下での試験**

多軸応力下での変形特性から，周方向の特性も含めて変形特性を求めることも考えられる．薄肉円管に引張りと内圧の組合せ[28),29)]や引張りとねじりの組合せ[30),31)]で外力を負荷し，降伏曲面を同定する実験が 1930 年前後および 1950 年代半ばに行われている．近年，引張りと内圧の組合せ負荷でバルジ成

形(二軸バルジ成形)を行い,軸力,内圧とともに負荷中の管の曲率を計測することにより応力を求め,また,ひずみゲージや画像計測(digital image correlation法)によりひずみを計測することによって,材料の変形特性を測定する手法が開発された.特殊な装置が必要ではあるが,この手法により軸方向,周方向の特性を含め,管材の機械特性が正確に計測できる.

二軸バルジ試験は,円管試験片に軸力 T と内圧 P を負荷することにより,試験片中央部に任意の二軸応力状態を発生させる試験方法である.負荷中に応力が計測できるため,T と P をフィードバック制御し,軸方向単軸引張りから周方向単軸引張りの間で所望の応力経路での応力-ひずみ曲線が得られる.また,破壊発生まで負荷することにより,成形限界ひずみ・応力が実測できる.

円管試験片中央部における管軸方向応力 σ_φ と管周方向応力 σ_θ は,軸方向および径方向の力の釣合いから,次式で決定できる.

$$\sigma_\varphi = \frac{P\pi(D/2-t)^2 + T}{\pi(D-t)t}, \quad \sigma_\theta = \frac{(R_\varphi - t)(D-2t)}{(2R_\varphi - t)t}P - \frac{D-t}{2R_\varphi - t}\sigma_\varphi \quad (2.1)$$

ここで,D は管外径,t は肉厚,R_φ は管軸方向曲率半径である.管の直径 (D),管軸方向の曲率半径 (R_φ) および板厚 t と外力である T と P から応力が定まる.

D は初期外径を D_0 とすると,表面の管周方向ひずみ ε_θ^S の計測値から,次式で求まる.

$$D = D_0 \exp(\varepsilon_\theta^S) \quad (2.2)$$

体積一定の条件を用いて,表面の管周方向ひずみ ε_θ^S の計測値から,t は初期肉厚を t_0 とすると,次式で求まる.

$$t = \frac{D}{2} - \left\{\left(\frac{D}{2}\right)^2 - \frac{(D_0 - t_0)t_0}{\exp(-\varepsilon_\theta^S)}\right\}^{1/2} \quad (2.3)$$

また,円管試験片中央部における肉厚中心の管軸方向ひずみ ε_φ と管周方向ひずみ ε_θ は,次式で求まる.

$$\varepsilon_\varphi = \varepsilon_\varphi^S - \ln\frac{R_\varphi}{R_\varphi - (t/2)}, \quad \varepsilon_\theta = \ln\frac{D_0 \exp(\varepsilon_\theta^S) - t}{D_0 - t_0} \quad (2.4)$$

このように表面の管軸方向ひずみ ε_φ^S, 表面の管周方向ひずみ ε_θ^S, 管軸方向曲率半径 R_φ および軸力 T, 内圧 P の計測により, 管軸方向, 管周方向それぞれの応力とひずみが求まり, 応力-ひずみ関係を実測することができる. 図 2.7 にサーボ制御二軸バルジ試験機の構成を示す.

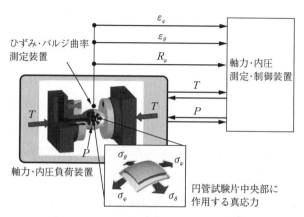

図 2.7　サーボ制御二軸バルジ試験機 [32]

この二軸バルジ試験により, アルミニウム管と鋼管の降伏曲面を実測した桑原らの結果を 図 2.8 に示す [33],[34]. アルミニウム管は A 5154-H112 の押出し材であり, 鋼管は電縫管を冷間引抜きにより肉厚を均一化したうえで焼ならし, 電縫溶接部も母材と同様にした管材である. いずれも応力比 $\sigma_\theta : \sigma_\varphi$ を一定に保った線形応力経路 (比例負荷) とし, 円管試験片が破断するまで負荷している. 管軸方向単軸引張りで基準のひずみに達するまでの累積塑性仕事量を基準とし, 各比例負荷において, この累積塑性仕事量となる点を連ねて等塑性仕事面としている. また, 鋼管の場合は, 管軸方向単軸引張応力で無次元化して示している.

図中には, Yld2000-2d 降伏関数による降伏曲面や Hosford による降伏曲面が合わせて示されており, 二軸バルジ試験で得られた降伏曲面と比較できる. 二軸バルジ成形試験での応力・ひずみ計測は, 軸対称変形を仮定しているので管材の溶接部などの肉厚や強度の不均一性に注意を払わねばならないが, 管材

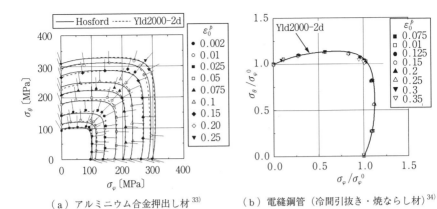

(a) アルミニウム合金押出し材[33]　　(b) 電縫鋼管（冷間引抜き・焼ならし材）[34]

図 2.8 二軸バルジ試験による円管材料の等塑性仕事面の測定値

の降伏曲面や加工硬化を実測できる有効な試験法である．

2.3.2 材料成形限界試験

板材成形では成形限界線図が広く用いられ，ISO の規定もある．板にひずみ測定用の格子や円を描いておき，プレス成形を行い破断箇所のひずみを計測することにより，簡便に成形品の成形限界を把握できる（ISO 12004-1）．また，異なったひずみ比の比例負荷試験を中島法などで行い，材料の成形限界線図（forming limit curve, FLC）をひずみ平面上で求めることができる（ISO 12004-2）．試験法も確立しており，評価もしやすいためプレスなどの板材成形では広く用いられている．

鍛造などの塊状材の成形では，延性破壊条件式による成形限界の評価が行われている．これは，応力・ひずみにより材料損傷（ダメージ値）が定まるとし，これを変形経路に沿って積分した値が臨界値に達すると破壊が発生するとするモデルである[35]．最大垂直応力 σ_{max} や平均垂直応力 σ_m を経路に沿って積分するモデルが多い．Cockloft & Latham のモデルは σ_{max} または相当応力 $\bar{\sigma}$ で正規化した $\sigma_{max}/\bar{\sigma}$ を用い，Ayada のモデルは σ_m を相当応力 $\bar{\sigma}$ で除した値，すなわち応力三軸度 $\sigma_m/\bar{\sigma}$ を用いている．それぞれの式を以下に示す．

$$\int_0^{\bar{\varepsilon}_f} \frac{\sigma_{\max}}{\bar{\sigma}} d\bar{\varepsilon} = C_{CL} \tag{2.5}$$

$$\int_0^{\bar{\varepsilon}_f} \frac{\sigma_m}{\bar{\sigma}} d\bar{\varepsilon} = C_A \tag{2.6}$$

延性破壊条件式のパラメータ（ダメージ値の臨界値，上式の C_{CL} や C_A）を同定する試験法の規定はないが，丸棒の引張試験では，くびれ発生後も Bridgman の式によりくびれ部の応力を求めることができるため，ひずみ計測をディジタル画像相関法などにより行えば，パラメータを同定できる．

管材でも，これらの成形限界や延性破壊パラメータを同定する試験法が提案されたので，以下に詳述する．

〔1〕 **延性破壊条件**

丸棒と同様に円管の引張試験により延性破壊条件のパラメータを同定する手法が提案されている[36]．管状引張試験を行い，試験の際に中央部の外径 D，くびれ曲率半径 R を画像解析により引張開始から破断まで計測し，同時に管表面に描いた格子を撮像して，ひずみを計測する手法である（図2.9）．これは丸棒引張りによる延性破壊パラメータと同様であるが，丸棒と異なり，くびれ部の板厚の情報がないと応力が求まらないため，別途，円弧状試験片で引張試験を行い，応力・ひずみ関係（構成式）を求め，FEM解析により応力を求めている．

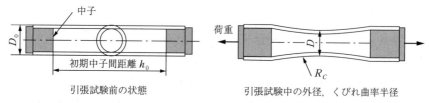

図2.9 管材の延性破壊条件パラメータ同定試験

延性破壊条件式は，経路依存を考慮しているので，チューブフォーミングのように複合工程の加工で有用であるが，そのパラメータは材料に固有の値ではなく，応力三軸度 $\sigma_m/\bar{\sigma}$ に依存することが知られている．そのため，チューブ

フォーミングに適用する場合には，対象とする加工と同程度の三軸応力状態で延性破壊パラメータを同定するなどの配慮が必要である．

〔2〕 成形限界線図

管材では成形限界線図（FLC）の計測は非常に難しかったが，二軸バルジ試験を用いて比例負荷で破断まで成形すればFLCを求めることができる．ただし，比例負荷でない場合にはFLCが変化することが板成形で知られており，管材の成形でもひずみ比を途中で変えた試験でFLCが変化することが示されている．図2.10にアルミニウム押出し管（A5154-H112）を用いて比例負荷経路で得たひずみFLC（図(a)）と途中で負荷経路を変えた複合経路のひずみFLC（図(b)）および((図(c)）を示す[37]．チューブフォーミングのよう

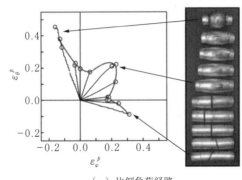

（a）比例負荷経路

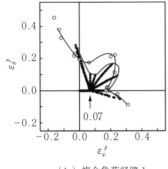

（b）複合負荷経路1

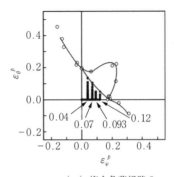

（c）複合負荷経路2

図2.10 比例負荷経路と複合負荷経路のひずみFLC[37]

に，複数の工程にわたり変形経路が変化する加工にひずみのFLCを適用するのは難しい．

一方，従来のひずみのFLCでなく，応力のFLCは経路に依存しないとの報告がある．二軸バルジ試験でアルミニウム押出し管および冷間引抜き・焼ならした電縫管で線形応力経路（比例負荷）と複合応力経路で応力FLCを求めた結果を図2.11に示す[37]．得られた線形応力経路と複合応力経路の破断限界がほぼ一致している．加工硬化が経路依存する場合はFLCにも経路依存性が現

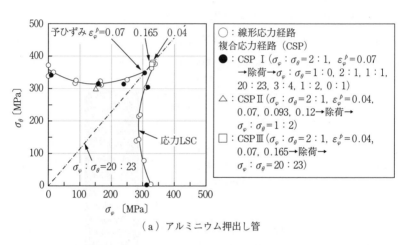

(a) アルミニウム押出し管

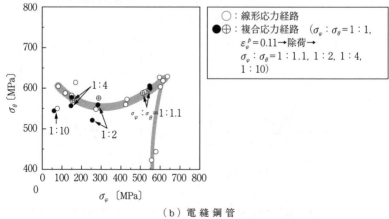

(b) 電縫鋼管

図2.11 線形応力経路と複合応力経路の応力FLC[37]

2.3 成形性試験

れる結果が示されているが，ひずみFLCでの経路依存に比べれば非常に小さい．

応力FLCは，応力での評価となるため，ひずみのように直接計測できずFEM解析が必要となるが，チューブフォーミングのような複合工程での成形可否検討に有望な手法である．

2.3.3 加工性試験
〔1〕 曲げ試験

曲げ試験は，へん平試験とともに管材に欠陥などがないかの検査がおもな目的である．機械構造用鋼管などのJISに規定されており，規定の曲げ半径まで曲げて傷，割れがないことと定められている．ISO 8491では，所定の曲げ半径，曲げ角まで曲げて検査する規定となっており，塑性変形可能なことを調べるとなっている．**図2.12**にISOで規定されている曲げ試験方法を示す．管径Dに合わせた溝をもつ型に曲げ半径rで所定の角度αまで巻き付けて，曲げ加工性を評価する．ここでtは肉厚を示す．JISでも同様の基準である．

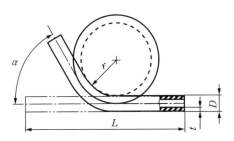

図2.12 曲げ試験方法 (ISO 8491)

実際の曲げ加工での加工性の評価は，回転引曲げ，押通し曲げ，プレス曲げなど種々の曲げ加工法があり，心金など拘束も異なるため，一般的に曲げ加工性を評価する試験法の規格はない．

〔2〕 へん平試験

へん平試験も，曲げ試験と同様に管材に欠陥がないかを調べる目的でJISや

ISO で規定されている．平らな工具で所定の高さ H まで，または密着するまで圧縮し，きず，割れの有無を確認する試験である．**図 2.13** に ISO 8492 のへん平試験方法を示す．図中の D は管径，t は肉厚である．密着曲げの場合は，密着部の長さが密着部内側距離 b の半分以上となるまでへん平化するようにとの規定である．溶接などの接合部がある管では，接合部の健全性を評価するために用いられ，その場合には，接合部は圧縮方向と直角の位置にしてへん平試験を行う．

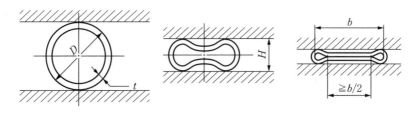

図 2.13 へん平試験 (ISO 8492)

〔3〕 **拡 管 試 験**

管端加工は，口広げ，つば出し，カーリングなどがあり，管材をほかの部材と接合する形状を形成するために広く用いられている．管端加工は，プレスで拡管工具を圧入する，回転成形で加工するなど種々の加工法があり，汎用的な管端拡管加工性の評価は難しい．しかしながら，ほかのチューブフォーミングと比べれば，拡管試験は実際の加工に近い変形であるため，管材の管端加工性を評価するのに用いられている．

図 2.14 に押広げ試験 (ISO 8493) を示す．押広げ試験は，所定の角度 β の円錐工具を管端に圧入して，所定の外径 D_u まで拡管し，割れなどの有無を評価するものである．さらに管端に亀裂が発生するまで押し広げれば，限界拡管量を評価することができる．これらの評価を行う際には，管端の切断を実際の切断と同じにすることが重要である．

押広げの際に破壊発生は端面から生ずるが，切断の際に端面にマイクロクラックが入っていたり大きく加工硬化していると破壊が生じやすくなるため，

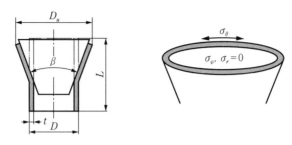

図 2.14 押広げ試験 (ISO 8493) と押広げ試験の管端の応力状態

切断方法，仕上げには注意を要する．これは下穴をあけて円錐工具を押し込んで穴を広げる板の穴広げ試験と同じである．押広げ試験の際の管端は図 2.14 に示すように軸方向応力 σ_φ も半径方向応力 σ_r も発生しないため，周方向応力 σ_θ のみの単軸引張状態となる．そのため，押広げ試験の管端の成形限界を管材の周方向引張下での変形能評価として，バルジなどで周方向の単軸引張りとなる場合の成形限界評価に用いることも考えられる．ただし，バルジの場合は変形部が切断による損傷を受けていないので，押広げで評価する際には管端を機械加工するなどして損傷を最低限に抑えることが必要である．

図 2.15 につば出し試験 (ISO 8494) を示す．まず角度 β（90°が一般的）の円錐工具で管端を押し広げ，つぎにガイド R 付きの平らな工具で所定の径 D_u までつばを形成し，その際の割れなどの有無を評価する．適用範囲は外径 D が 150 mm 以下，肉厚 t が 10 mm 以下と規定されている．実際の管のフランジ加工に近いので，加工性評価として使いやすい試験法である．

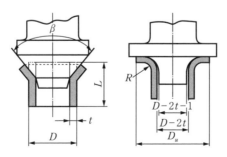

図 2.15 つば出し試験 (ISO 8494)

図 2.16 に管のリング押広げ試験（ISO 8495）を示す．管を高さ L のリングに切断し，これらのリングを積み重ねたところへ，テーパ工具で押し広げる試験である．管外径 D, 肉厚 t およびリング高さ L に関し，$18 \leq D \leq 150$ [mm], $2 \leq t \leq 16$ [mm], $L = 10 \sim 16$ [mm] とすることと規定されている．また，マンドレルのテーパは $(D_m\mathrm{max} - D_m\mathrm{min})/k = 1/5$ と規定され，管軸方向での応力分布を小さくすることへの配慮がなされている．管の押広げ（ISO 8492）では管端のみ単軸応力状態であり，軸方向に応力分布が生じるが，リング押広げ（ISO 8494）では全長にわたり一様な単軸応力状態に近くなるようにしている（図 2.16）．リング端面の仕上げと工具の潤滑は試験結果に影響するので重要である．

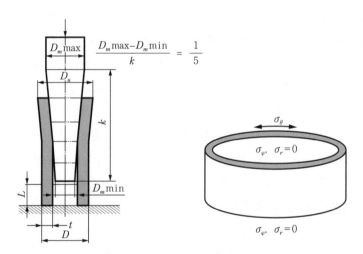

図 2.16　リング押広げ試験（ISO 8495）とリングの理想的な応力状態

板の穴広げでは，応力勾配による亀裂進展への影響も検討され，応力勾配が大きいと亀裂の発生は同じだが，亀裂の進展が遅れることが示されている[38]．リング押広げの方が管端押広げより応力勾配が小さいため，亀裂の発生から破断までが速く，限界ひずみの評価がしやすいため，周方向の単軸引張状態での成形限界の把握により適していると考えられる．

〔4〕 バ ル ジ 試 験

拡管を工具でなく液圧により行う試験をバルジ試験という．ハイドロフォー

ミングの実用化とともに，その加工性を評価する試験として重要性が増しているが，管材のバルジ試験法の規格はない．**表 2.6**に提案されている種々のバルジ試験を示す．

表 2.6 各種バルジ試験

型拘束の有無	負荷形式	備　考
自由バルジ	内圧のみ	管端移動/管端固定
	内圧＋軸力ないし軸押し	管端移動/管端固定
型バルジ	全断面変形	当該形状での加工性
	局部変形	特定部位の成形性

自由バルジ試験は，破裂限界に関して理論解があり，加工性の基礎的な検討が行える．二軸バルジ試験はこの区分に入るが，試験中に応力・ひずみを計測し，内圧，軸力をフィードバック制御することにより所望の負荷経路がとれる材料特性評価試験である．型バルジ試験は，ハイドロフォーミングの代表的な形状で加工性を評価したり，成形余裕を評価したりするのに用いられる．局部変形の型バルジ試験は，自由バルジ試験では肉厚や強度が均一でないと不均一部に変形が集中してしまうので，変形する箇所を限定して加工性を評価する試験法である．詳細は4章を参照されたい．

2.4　材料特性と二次成形性

管材の二次加工性は，板材のプレス成形性や塊状材の鍛造性と同様に，材料特性により大きく異なる．管材の二次加工において管端の据込み加工などは鍛造の変形に近いが，一般には代表寸法に比べ板厚が薄い加工が多く，このような加工は板成形に近い．また，チューブフォーミングに用いられる管材は板を管状に一次加工したものが多いため，この節では板材の成形性と比較しながら，管材の二次成形性の概要を示す．チューブフォーミングは種々の加工法があるため，詳細は個々の加工法の章で記述する．

2.4.1　n 値—加工硬化特性—

引張試験で得られる材料の応力-ひずみ曲線は，σ を真応力，ε を真ひずみとすると，金属材料の場合

$$\sigma = C\varepsilon^n \tag{2.7}$$

で表せることが多い．このひずみのべき乗の係数を n 値と呼ぶ．塑性加工を行うようなひずみの大きい領域では，弾性ひずみは塑性ひずみに比べ十分小さいので無視しうる．その場合，ε を塑性ひずみとみなすことができる．内圧を受ける薄肉円管や薄肉球殻などの場合は，単軸応力状態ではないが，相当応力を $\bar{\sigma}$，相当ひずみを $\bar{\varepsilon}$ とすると，応力・ひずみ関係（構成式）は単軸応力と同様に $\bar{\sigma} = C\bar{\varepsilon}^n$ となる．図 2.17 に引張試験の応力-ひずみ線図を示す．最大荷重点以降は変形が一様でなくなるため，n 値の同定には最大荷重点以前のデータを用いる．

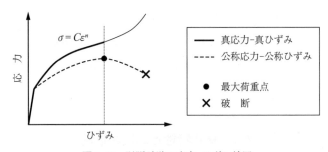

図 2.17　引張試験の応力-ひずみ線図

n 値は，式（2.7）から加工（変形）してひずみが大きくなる際の応力（変形抵抗）の増加の程度に対応するので，加工硬化特性を表す．塑性変形が始まると，弾性変形に比べ小さな応力上昇で大きなひずみが発生するため，塑性変形が始まった箇所にひずみ（変形）が集中するが，n 値が大きいと変形部の変形抵抗が大きくなるため，周囲の変形が促進されることにより変形が伝播する．このように n 値は変形の伝播特性を表す．図 2.18 に板材の球頭張出し変形の n 値による違いを示す．これは模式図であるが，実際の加工でも n 値が大きいと変形の集中が緩和され，より広い範囲に変形が伝播することが確認できる．

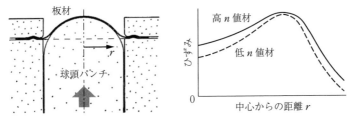

図 2.18 球頭パンチによる張出しの際のひずみ分布の模式図

また，以下に記述する**図 2.19**の〔1〕単軸引張りの最大荷重点のひずみ，〔2〕内圧を受ける薄肉球殻の最大圧力点のひずみ，〔3〕内圧を受ける薄肉円管の最大圧力点のひずみは n 値で表される．

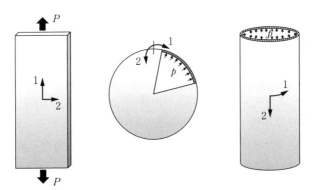

第1軸：おもな変形方向，第2軸：それと直行する方向

図 2.19 板の単軸引張り，内圧を受ける球殻，内圧を受ける円管とその座標軸

〔1〕 単軸引張りの最大荷重点

単軸引張りでは，引張変形に伴い材料は加工硬化するので荷重が増加するが，軸方向の引張りにより板幅が狭くなり板厚は薄くなるので，ある荷重で最大荷重となり，その後は荷重が減少する．単軸引張りの試験片の断面積を A，長さを l，引張荷重を P とすると

最大荷重条件：$dP=0$, $dP=\sigma dA+Ad\sigma=0$

体積一定条件：$d(Al)=0$, $d(Al)=ldA+Adl=0$

$d\varepsilon=dl/l$ であるから，最大荷重条件は，$d\sigma/d\varepsilon=\sigma$

ここで，Z を $(d\bar{\sigma}/d\bar{\varepsilon})/\bar{\sigma}=1/Z$ と定義すると，単軸引張りの場合 Z が 1 になるのが最大荷重条件となる．応力・ひずみ関係が $\sigma=C\varepsilon^n$ で表されるとすると，最大荷重点のひずみ ε_{cr} は，$\varepsilon_{cr}=n$ となる．ここでは，最大荷重点として式を展開したが，断面積の減少が加工硬化を上回る塑性不安定の条件として式を展開しても同じ結果となる．

〔2〕 **内圧を受ける薄肉球殻の最大圧力点**

枝管をカウンターパンチなしでハイドロフォーミング成形すると，枝管の頂きはこの条件に近い変形となる．薄肉球殻の半径を r，板厚を t，内圧を p とする．薄肉球殻が均一に拡大するので，$\varepsilon_1=\varepsilon_2=-(1/2)\varepsilon_3$ となり，$\bar{\varepsilon}=-\varepsilon_3$ となる．応力は，$\sigma_1=\sigma_2=pr/2t$ である．最大内圧での相当ひずみは，$\bar{\varepsilon}_{cr}=(2/3)n$ となる．

〔3〕 **内圧を受ける薄肉円管の最大圧力点**

管を均一にバルジ成形するとこの条件となる．薄肉円管の半径を r，板厚を t，内圧を p とする．管端が閉じている場合，$\sigma_1=pr/t$，$\sigma_2/\sigma_1=1/2$ であり，$\varepsilon_2=0$ となるので体積一定から $\varepsilon_1=-\varepsilon_3$，$\bar{\varepsilon}=(2/\sqrt{3})\varepsilon_1$ となり，最大内圧での相当ひずみは，$\bar{\varepsilon}_{cr}=(1/\sqrt{3})n$ となる．管端が開いている場合，$\sigma_1=pr/t$，$\sigma_2=0$ であり，同様に最大内圧での相当ひずみは，$\bar{\varepsilon}_{cr}=(2/\sqrt{3})n$ となる．

薄板の単軸引張り，内圧を受ける薄肉球殻，薄肉円管における応力・ひずみ状態，最大荷重での相当ひずみ $\bar{\varepsilon}_{cr}$ およびおもな変形方向のひずみ ε_{1cr} と n の比をまとめて**表2.7**に示す[39]．いずれの場合も，最大荷重点ないし最大圧力

表2.7 板材，管材の最大荷重での負荷方向のひずみ

	応 力	ひずみ	$Z=\bar{\varepsilon}_{cr}/n$	ε_{1cr}/n
板の単軸引張り	$\sigma_L=P/Wt$ $\sigma_W=\sigma_t=0$	$\varepsilon_W=\varepsilon_t=-(1/2)\varepsilon_L$ $\bar{\varepsilon}=\varepsilon_L$	1	1
内圧を受ける球殻	$\sigma_\theta=\sigma_\varphi=pr/2t$ $\sigma_t\approx 0$	$\varepsilon_t=-2\varepsilon_\theta=-2\varepsilon_\varphi$ $\bar{\varepsilon}=\varepsilon_t$	2/3	1/3
内圧を受ける円管 （管端閉じ）	$\sigma_\theta=pr/t$ $\sigma_\varphi=(1/2)\sigma_\theta,\ \sigma_t\approx 0$	$\varepsilon_\varphi=0,\ \varepsilon_\theta=-\varepsilon_t$ $\bar{\varepsilon}=(2/\sqrt{3})\varepsilon_\theta$	$1/\sqrt{3}$	1/2
内圧を受ける円管 （管端開き）	$\sigma_\theta=pr/t$ $\sigma_\varphi=0,\ \sigma_t\approx 0$	$\varepsilon_\varphi=\varepsilon_t=-(1/2)\varepsilon_\theta$ $\bar{\varepsilon}=\varepsilon_\theta$	2/3	2/3

点のひずみは，n 値の定数倍で表されることから，n 値は塑性不安定を抑制する値と解釈することができる．

2.4.2　r 値―異方性―

薄板の引張試験（**図2.20**）をもとに，軸方向ひずみを ε_l，板幅方向ひずみを ε_W，板厚方向ひずみを ε_t とすると，r 値は次式で定義される．

$$r = \frac{\varepsilon_W}{\varepsilon_t} \tag{2.8}$$

図2.20　薄板の引張りおよび r 値の定義

r 値は Lankford 値とも呼ばれ，板の異方性を表す指標である．薄板を引張ると引張方向に伸び，幅方向に縮み板厚も減少する．弾性ひずみを無視すると，塑性変形では体積一定 $\varepsilon_l + \varepsilon_W + \varepsilon_t = 0$ である．等方性材料の場合 $\varepsilon_W = \varepsilon_t$ であり，$\varepsilon_W = \varepsilon_t = -(1/2)\varepsilon_l$ となる．この場合 r 値は1である．異方性材料では $r \neq 1$，$\varepsilon_W \neq \varepsilon_t$ であり，引張方向ひずみの配分が板幅方向と板厚方向で異なる．r 値は定義式から，板厚方向のひずみを基準として，変形の主方向（引張方向）に直交する方向（幅方向）のひずみの大きさを表しており，主変形方向と直交する方向への変形のしやすさを表している指標と考えることができる．

薄板のプレス成形では，変形様式を深絞り，張出し，伸びフランジ，曲げの基本的な四つの変形様式（**図2.21**）に分類して変形特性が議論されている[40]が，r 値は深絞り性を表す指標とされている．

深絞り成形では，フランジで材料が周方向に縮みながら縦壁へと流入していく．このフランジでの変形を縮みフランジ変形と呼ぶ．r 値が大きい材料では，縦壁への流入という主変形方向に直交するフランジでの縮み変形が容易であり，絞り成形性が高い．より正確には，r 値が大きくなると降伏曲面の形が等二軸方向に長く純粋せん断方向には狭い形状となり，フランジの強度が低下

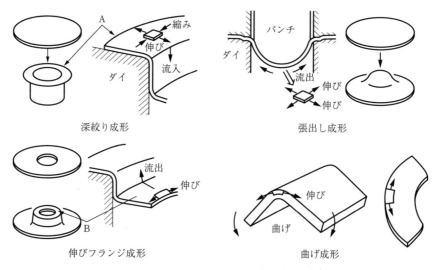

図 2.21 プレス成形の四つの基本変形様式 [40]

し，パンチ肩部の強度が大きくなり，成形しやすくなると説明することができる．しかし，その説明のためには，異方性には変形の異方性と強度の異方性があることを示して説明しなくてはならないため，ここでは変形異方性のみを用いて説明した．

チューブフォーミングでは，管の曲げ成形時の減肉が r 値によって変化する．**図 2.22** に，曲げ成形で異方性を考慮した初等解析結果を示す [41]．断面は円形を保ち，中立軸からの距離により，曲げひずみが定まるとした解析である． r 値を板材の場合と同様に周方向ひずみ ε_θ の板厚方向ひずみ ε_t に対する比 $r = \varepsilon_\theta / \varepsilon_t$ で定義すると， r 値が大きいほど周方向の板厚分布が抑制される結果を得ている．これは，曲げ変形では主変形方向が軸方向であり， r 値が大きい材料では，これに直交する周方向の変形が容易で，板厚方向の変形が比較的小さくなるためと考えられる．

また，ハイドロフォーミングの T 成形，すなわち，母管から枝管を成形する場合，枝管の成形限界高さが r 値により変化することが FEM 解析結果で示されている [42]．管軸方向（ φ 軸），管周方向（ θ 軸）の r 値を 1.0 から 2.0 ま

2.4 材料特性と二次成形性

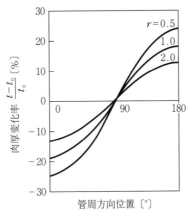

図2.22 曲げ成形による肉厚変化への r 値の影響[41]

で変化させ，最小肉厚 t_{min} が設定肉厚（この場合，初期板厚 t_0 の80％）に達することで成形限界とし，枝管部の限界拡管率 R_e の r 値による影響を検討している（**図2.23**）．図中の△は軸方向，周方向とも r 値を上げた場合，○は周方向の r 値が1.0で軸方向の r 値のみ1.5，2.0と上げた場合，□は軸方向の r 値が1.0で周方向の r 値のみ1.5，2.0と上げた場合である．

軸方向の r 値を上げた場合は成形限界が上昇しているが，周方向の r 値を単独で上げた場合には成形限界が上昇しない．これは，T成形は軸押しによる材

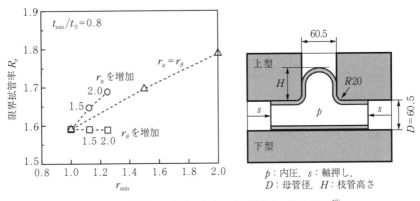

図2.23 鋼管のT成形における成形限界と r 値の関係[42]

料流入がおもな変形で,それと直交する枝管への変形のしやすさと考えれば説明できる.プレスの深絞りと同様に,T成形では軸方向の流入変形に対し,それと直交する方向の変形のしやすさは r 値,特に軸方向の r 値に依存するためと考えることができる. r 値の変化によって降伏曲面の形状が変化することによる厳密な説明は,4章を参照されたい.

引用・参考文献

1) 井口貴朗:塑性と加工, **53**-614 (2012), 188-192.
2) 長谷川昇・濱谷秀樹・深見俊介・中治智博・武田祐輔・本吉卓・谷本道俊・大沢隆:新日鉄住金技報, 397 (2013), 18-124.
3) Inoue, T., Suzuki, M., Okabe, T. & Matsui, Y.:JFE Technical Report, 18 (2013), 18-22.
4) 田邉弘人・穴井功・山崎一正・友清寿雅:まてりあ, **38**-3 (1999), 242-244.
5) 田邉弘人・宮坂明博・山崎一正・岩崎利男・赤田英雄:新日鉄技報, 354 (1994), 48-53.
6) 豊岡高明・依藤章・河端良和・西森正徳・小山康衛:まてりあ, **41**-1 (2002), 51-53.
7) 日本鉄鋼協会編:第5版鉄鋼便覧, 2 (2014), 512, 日本鉄鋼協会.
8) 軽金属協会編:自動車のアルミ化技術ガイド材料編, (1996), 33.
9) 水越秀雄:第205回塑性加工シンポジウムテキスト, (2001), 65-70.
10) 水越秀雄:アルミニウム, **8**-45 (2001), 246-250.
11) 杉山敬一・坂木修次:塑性と加工, **39**-453 (1998), 23-27.
12) 水越秀雄・岡田英人・若林広行:軽金属学会秋期大会講演概要, 99 (2000), 221-222.
13) 宇野照生:アルミニウム, **9**-50 (2002), 186-196.
14) 桑原利彦・吉田健吾・成原浩二・高橋進:塑性と加工, **44**-506 (2003), 281-286.
15) 淵澤定克・田中幸一・白寄篤・奈良崎道治:第53回塑性加工連合講演会講演論文集, (2002), 221-222.
16) 桑原利彦:塑性と加工, **44**-506 (2003), 234-239.
17) 軽金属学会編:自動車軽量化のための生産技術, (2003), 33, 日刊工業新聞社.

18) 近藤清人：プレス技術, **41**-7 (2003), 34-38, 日刊工業新聞社.
19) Altan, T., Aue-U-Lan, Y., Palaniswamy, H. & Kaya, S.：Proc. 8th Int. Conf. Technol. Plast., (2005), Keynote Paper.
20) Keihler, M., Bauer, H., Harrison, D. & De Silva, A.K.M.：Mater. Process. Technol., 167 (2005), 363-370.
21) 福地文亮・林　登・小川努・横山鎮・堀　出：軽金属, **55**-3 (2005), 147-152.
22) Dick, P., Nagler, M. & Zengen, K. H.：塑性と加工, **39**-453 (1998), 1014-1018.
23) 渡辺雅人・細木哲郎・白井崇・石橋明彦：神戸製鋼技報, **58**-3 (2008), 74-77.
24) 中村正信・丸山清美・久保田昌之・中村友信・大木康豊：パイプ加工法第2版, (1982), 312-314, 日刊工業新聞社.
25) 日本塑性加工学会編：チタンの基礎と加工, (2008), コロナ社.
26) 日本塑性加工学会編：マグネシウム加工技術, (2004), コロナ社.
27) 日本鉄鋼協会創形創質部会管工学フォーラム：鋼管二次加工性評価試験方法の標準化研究会最終報告, (2012).
28) Lode, W.: Zeitschrift für Physik, 36 (1926), 913-939
29) Sautter, W., Kochendörfer, A. & Dehlinger, U.：Z. Metallk., 44 (1953), 442-553.
30) Taylor, G.I. & Quinney H.,：Philosophical Transactions of the Royal Society A, 230 (1932), 323-362.
31) Marin, J. & Hu, L. W.：Trans. ASME, 75 (1953), 1181-1190.
32) 桑原利彦・成原浩二・吉田健吾・高橋進：塑性と加工, **44**-506 (2003), 281-286.
33) 吉田健吾・桑原利彦・成原浩二・高橋進：塑性と加工, **45**-517 (2004), 123-128.
34) 吉田健吾・桑原利彦：鉄と鋼, **92**-1 (2006), 36-45.
35) 吉田佳典：塑性と加工, **57**-669 (2016), 940-944.
36) 吉田佳典・久米聡・湯川伸樹・石川孝司・真鍋健一：材料とプロセス, 17 (2004), 1054.
37) 桑原利彦：塑性と加工, **54**-624 (2013), 18-24.
38) 伊藤泰弘・中澤嘉明・栗山幸久・鈴木克幸・鈴木規之：塑性と加工, **57**-660 (2016), 53-59.
39) バッコーフェン著・戸沢康寿訳：金属塑性と加工, (1980), コロナ社.

40) 薄鋼板成形技術研究会編：プレス成形難易ハンドブック第4版，(2017), 79, 日刊工業新聞社.
41) 佐藤一雄・髙橋壮治：塑性と加工, **23**-252 (1982), 17-22.
42) 吉田亨・栗山幸久：第50回塑性加工連合講演会講演論文集，(1999), 447-448.

3 曲げ加工

3.1 基　　　礎

　本章では円管などの管材だけでなく，形材の曲げ加工についても言及する．これらの断面を分類すると円管や方形管などの閉断面，チャンネル材やH形材などの開断面，対象軸をもたない非対称断面などに分けることができる．一般的に円形断面以外の断面形状，例えば，方形管は形材に分類される．

3.1.1 概　　　論

　円管や形材の曲げ加工法は，素材に曲げモーメントを負荷する方法と素材の軸方向の伸びひずみに傾斜を付け，結果として曲がる方法に大別される．円管や形材の曲げ加工の大部分は，曲げモーメントを負荷する加工法である．この負荷方式による曲げでは，加工開始と同時に横断面の変形（へん平変形）や肉厚変化（偏肉）が生じる．例えば，円管では楕円形状に変形し，曲げの外側の引張の領域では減肉し，内側の圧縮の領域では増肉するなど，曲げ加工後の断面形状精度に悪影響を及ぼす恐れがある．また，形材の曲げでは，断面が対称形であっても，曲げ方向から非対称断面の曲げとなる場合には，断面がゆがむなど形材の曲げ固有の断面変形を考慮しなければならない．このほか，へん平変形が局部的に生じ，素材が折れる屈服や曲げの内側で発生するしわなどの座屈現象，曲げ外側で発生するくびれや割れ，曲げモーメントの除荷後に発生するスプリングバックなどの不良現象が発生する．

このような不良現象は製品断面の形状精度だけでなく，曲げ半径と円管外径の比（r/d_0）や管の肉厚と円管外径の比（t_0/d_0）などの関数で表される加工限度を低下させ，生産性や製品コストにも大きく影響を及ぼすことになる．円管や形材の曲げ加工法は多数あり，その用途によって得手不得手がある．はじめに，円管や形材の曲げ加工を行う場合には，それぞれの加工法の特徴を押えて，目的に合った加工法を選択することが重要なポイントとなる．このような各加工法の特徴を表した図，例えば，図3.1に示すように，各種加工法が可能な曲げ加工条件の範囲を示す指標などを利用し，加工法を選択することできる．

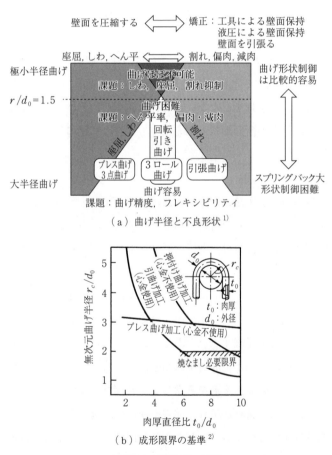

(a) 曲げ半径と不良形状[1]

(b) 成形限界の基準[2]

図3.1 加工条件の範囲

3.1.2 理論

　加工法の選択と同様に，素材の選択や金型，治工具などの形状寸法の目処付けをすることも重要である．また，試作などによる試行錯誤を削減するために，これまでさまざまな理論解析が試みられてきた．

　初等理論は，主として円管の曲げモーメントの計算に用いられ[3]，また，へん平変形がないものと仮定し，円管の r 値（異方性）を考慮した肉厚の変化を予測した数値解析[4]や導波管のような方形管の肉厚変化を幾何学的に評価した計算例[5]もある．このほかに，エネルギー法により円管の曲げによるしわの発生曲率[6]や塑性屈服の解析[7]も試みられてきた．近年では，曲げ加工による各種不良現象はもちろんのこと，断面の形状や肉厚分布の予測および治工具類の形状寸法の設計のために，有限要素法によるシミュレーションを適用した事例が多くなっている．三次元的に材料を運搬（マテリアルハンドリング）する場合の干渉や曲げ工程のチェックが可能なソフトウエアも開発されている[†]．

3.2 加工法

3.2.1 円管の曲げ

　曲げ加工法は，素管の形状寸法である直径，肉厚により，また曲げの仕様である曲げ半径により適用する加工法が異なる．各種曲げ加工法は**表 3.1** に示すように三つの加工方法に大別され，また，加工温度や軸力付加などで分類することができる．それぞれの工法には，加工の原理，型の構成から，最小曲げ半径（r/d_0），限界曲げ角度がある．小さな曲げ半径が得られる工法として，せん断曲げ，配管部品のエルボの曲げ成形加工がある．また，回転引曲げ加工は，工法，機械，型の改良工夫により，$r/d_0 = 1$ の曲げも可能となってきている．限界曲げ角度は，工法の特性から 360°（らせん形状）が可能なものもある．

　このほかに，CNC 制御を加え連続曲げが可能となる代表的な工法として，

[†] 千代田工業株式会社：http://www.chiyoda-kogyo.co.jp/index.html （2019 年 2 月現在）

表 3.1 加工法の分類と比較

分類	要件	代表的な加工法
加工方法	曲げモーメントを与える方法	プレス曲げ，回転引曲げ，押付け曲げ，引張曲げ
	曲げ部の外側と内側にひずみの差を与える方法	ハンブルグ曲げ，偏心プラグ曲げ
	曲げ部にせん断ひずみを与える方法	せん断曲げ
加工温度	冷間加工	回転引曲げ，引張曲げ，自在押通し曲げ
	熱間加工	ハンブルグ曲げ，高周波誘導加熱曲げ，熱間曲げ焼入れ
軸力付加	引張力	プレス曲げ・回転引曲げ・引張曲げ
	圧縮力	ロール曲げ，自在押通し曲げ，ハンブルグ曲げ，熱間曲げ焼入れ

	加工の結果	代表的な加工法
最小曲げ半径 (r/d_0)	大 ($r/d_0>6$ 見込み)	ロール曲げ，熱間曲げ焼入れ
	中	プレス曲げ，回転引曲げ，押付け曲げ，引張曲げ，押通し曲げ
	小 ($r/d_0<1$：可)	せん断曲げ，熱間プレス（エルボ）曲げ，押通し（エルボ）曲げ
限界曲げ角度	90°以下	せん断曲げ，高周波誘導加熱曲げ
	360°以上	自在押通し曲げ，ロール曲げ

回転引曲げ，自在押通し曲げがある．曲げ型が不要という特性があるロール曲げ，自在押通し曲げ，高周波誘導加熱曲げは，曲げ加工中に曲げ半径が可変できる．

曲げ加工法は，素管（円管）の形状寸法である直径，肉厚により，また曲げの仕様である曲げ半径，要求される品質，生産性および歩留まりなどを考慮することによって選択される．工業的に重要な材料歩留まりの点では，材料端部のつかみ，チャック代が歩留まりを悪化させる回転引曲げ，押付け曲げ，引張曲げなどがこれに当たる．対して自在押通し曲げ，ロール曲げ，せん断曲げは加工後の端部まで使用可能な工法といえる．

さらに，曲げ製品の高精度・高性能化，配管の省スペース配置対応など加工限界の向上を図った新しい加工法開発にも取組みがなされている．

以下に代表的な円管の各曲げ加工法の特徴について述べる．

3.2 加工法

〔1〕 プレス曲げ

(a) 概　　要　図3.2に示すように，2個の支持ローラーまたは支持型により素管を固定し，その中央に位置する曲げ型をプレスなどの加工機で押し込んで素管を曲げる，いわゆる三点曲げ方式の加工法である．素管には，おもに曲げモーメントが負荷されるが，素管の支持条件によっては，軸方向に引張力が加わる場合がある．

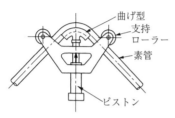

（a）支持ローラー方式（現地作業用）

（b）支持ローラー方式パイプベンダー[†]

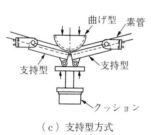

（c）支持型方式

（d）プレス式パイプベンダー[8)]

図3.2　プレス曲げ

(b) 適用指針　設備は安価であり，生産性も高く量産に適した工法であるが，精度の高い加工，また連続曲げは困難である．特に薄肉管では，へん平化が大きく形状精度は悪い．限界曲げ角度は160〜165°であり，最小曲げ半径は，$r_{min} \fallingdotseq 2d_0$ である．図3.2(a)の支持ローラー方式は，ガス管，電線管などの現場での曲げとしてよく利用されている．図(c)の支持型方式は，

---

† 大洋エンジニアリング株式会社：http://taiyo-e-bender.com/（2019年2月現在）

クッションの効果により，比較的小さな半径の曲げにも対応できるため，自動車部品の曲げ加工に多く採用されている．

（**c**）**加工機械と加工製品事例**　図3.2（b）は支持ローラー方式ベンダーを示す．ガス管材料2インチ管を最大曲げ角度90°加工できる．油圧式かつ持ち運び可能で現場の電源で加工が可能である[†]．図（d）は支持型方式のプレス式パイプベンダー[8)]を示す．油圧式立て型であり，設備の構成は，下型（支持型）を支えるクッションと上型（曲げ型）を押す油圧シリンダーからなる．設備は簡素で安価である．生産数，曲げ工程数に応じた2連，3連の複数連の設備もある．製品の加工仕様に合った専用設備となることが多い．生産性は高く，スペースが小さくてすむため，端末加工，組付け溶接加工などと連結したラインの曲げ設備として使われることも多い．加工製品としては，短管の一曲げ製品加工に適する．

（**d**）**熱間プレス曲げによるエルボ加工**　熱間プレス曲げによる厚肉エルボ成形技術であり，管継手の製造に広く用いられている．図3.3のように2個の支持ローラーの上に加熱した管を置いて上型を押し下げて曲げる．CD（concentric die あるいは，compression die）曲げともいう．素材は，管の肉厚と円管外径の比 t_0/d_0 が8％以上の厚肉で，これ未満の素材の加工は困難である．素材外径寸法は，製品外径より約10％大きなパイプを使用する．図3.4に加工工程を示す．加熱された材料をへん平につぶす（図（a））．へん平にした素管を縦方向にしてプレス成形を行う（図（b））．通常は，2回程度プレス成形を行うが，このとき製品の圧縮側が座屈しないように大きな曲げ半径で曲げ，曲げ終わりは側面が膨らんだ楕円形となる（図（c））．わざと側面を座屈するように曲げるときに横に膨らませて成形する．最後に，全体を矯正して形

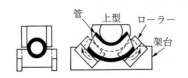

図3.3　熱間プレス曲げによるエルボ加工

[†]　大洋エンジニアリング株式会社：http://taiyo-e-bender.com/（2019年2月現在）

3.2 加　　工　　法　　　　49

　　（a）へん平工程　　　　　　（b）曲げ成形工程

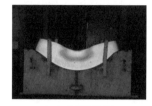 

　　（c）曲げ終了　　　　　　（d）絶対矯正工程

図3.4　熱間プレス（CD）曲げ加工工程[9]

を整える（図（d））[9].

〔2〕　回　転　引　曲　げ

（a）概　　要　　回転引曲げ加工は，図3.5に示すように型（締付けダイ）に素管の一端を固定し，回転曲げ型を回転させながら管に引張力を付与させ，回転曲げ型とプレッシャーダイの間で横断面の変形を防止し，曲げる加工法である．図中に示すように①マンドレルによるへん平化の抑制，②ワイパーダイによるしわの抑制，③プレッシャーダイまたは後方に設けたブースターダイによる軸力制御で減肉抑制などが実現できる高精度な曲げ加工法である．

（b）適用指針　　限界曲げ角度は180°で，ブースターダイによる軸力制御で最小曲げ半径は$r_{\min} \fallingdotseq 1.0\,d_0$である．設備のCNC制御化により連続曲

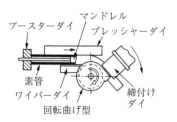

図3.5　回転引曲げ

げが可能となり,作業能率は高く,量産性に優れ,最も多く使用されている加工法といえる.

（c）**加工機械と加工製品事例**　回転引曲げ方式を用いた機械は,曲げ角度を制御する曲げ軸,パイプ送り量を制御する送り軸,曲げのひねり角度を制御する傾転軸をサーボモータ,油圧サーボバルブでCNC駆動制御することにより三次元の連続曲げを可能とした.さらに自動供給,取出し装置を追加すれば全自動無人化が可能となる.また,小さな曲げ半径を得るために,チャックブースターおよびプレッシャーブースターの圧力制御を加えた5軸制御のベンダー[10]も生産されており,その装置を図 3.6,加工事例を図 3.7[10]に示す.

 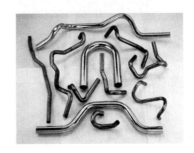

図 3.6　CNC パイプベンダー[10]　　　図 3.7　CNC パイプベンダーによる加工例[10]

（d）　**特徴的な適用例（二重管の曲げ）**　自動車の排気管には,排気ガス浄化,燃費向上（熱の利用）のため,図 3.8 に示すような二重管が採用されている†.二重管の曲げ加工工程例を図 3.9 に示す.外管の端部を絞り,内管

図 3.8　二重管製品例†

---

†　株式会社三五：http://www.sango.jp/（2019 年 2 月現在）

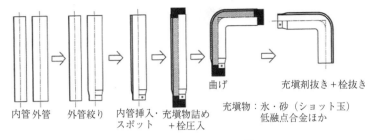

図 3.9　二重管曲げ工程例[11]

と外管を嵌合させ，端部を接合し，内管および内管と外管の間に充填物を入れて曲げ，その後充填物を除き製品が完成する．充填物としては，水（冷凍した氷），砂（ショット玉），低融点合金などがある[11]．

（e）　**回転引曲げ工法の改良・開発例**　　回転引曲げは広く採用されてきたため，改良・開発事例も多くある．図 3.10 に示すプッシュロータリー曲げ（PRB 法）は圧力型で外径を絞りながら回転引曲げを行う方法で，ワイパーダイや心金なしでもしわ防止が可能という特長がある．高強度材の曲げにも適し，多少断面のへん平化が大きいものの偏肉が小さい特性を生かし，780 MPa 級高強度薄肉鋼管を本工法により曲げ加工した後，ハイドロフォーミングで成形した実部品への適用例を図 3.11 に示す[12]．

そのほか，補助ダイ付与（側面圧縮追加）によるへん平抑制[13]や心金に超音波振動を与え，摩擦低減効果により曲げ精度向上を図った事例[14]がある．また図 3.12 のハイドロベンド工法のように液圧を負荷し，心金を用いず摩擦抵抗を減らし，薄肉 SUS パイプの曲げを可能とした開発事例[15]がある．

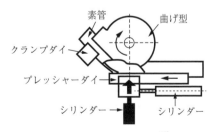

図 3.10　PRB 法の概要図[12]

780 MPa 級鋼管ロアアーム　　590 MPa 級鋼管トレーリングアーム

図 3.11　PRB 法加工事例[12]

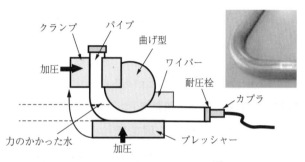

図 3.12　ハイドロベンド工法[15]

〔3〕押付け曲げ（圧縮曲げ）

（a）概　　要　　固定型に素管の一端を固定し，型の周囲に移動可能な押付け型により素管を型に押し付けながら成形する方法である．図 3.13 に

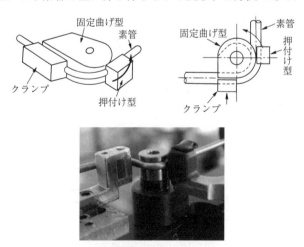

図 3.13　押付け曲げ

概略図と加工写真[16]を示す．へん平化を抑制するためにマンドレルを使用する場合は，押付け型とともにマンドレル自体を回転させなければならない．

（**b**）**適用指針**　限界曲げ角度は180°で，最小曲げ半径はマンドレルを使用した場合で$r_{min} \fallingdotseq 2.0\,d_0$である．曲げ半径の小さい領域では，しわの発生の恐れがある．作業能率は比較的高く，安価に加工でき，量産性に優れる．

〔4〕**ロール曲げ**

（**a**）**概　要**　3個の駆動ロールを用いて曲げる方法で，概略を図3.14に示す．ロールの配置により，①ピラミッド式（図（a））と②ピンチ式（図（b））に分けられる．ロール間隔を変えることにより曲率を変えることができ，また出口側に別の一組のロールを設置し面外曲げを実施することにより，らせん状に連続で曲げることができる．

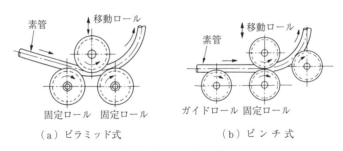

図3.14　ロール曲げ

（**b**）**適用指針**　限界曲げ角度は360°（らせん状）連続曲げが可能であるが，小さな曲げ半径の加工は困難で，最小曲げ半径は，ロール径の2倍である．加工中にロール間隔をCNC制御により動かすことで曲げ半径の徐変が可能である．

〔5〕**引張曲げ**

（**a**）**概　要**　素管を軸方向に引張りながら，型に沿わせて成形する方法であり，図3.15に示すようにチャックと型の固定，回転の組合せにより数種類の方法がある．基本的には，板材のストレッチフォーミングと同じ考えであり，曲げ半径が比較的大きいものに適している．また，これはスプリ

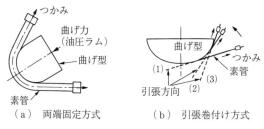

図3.15 引張曲げ

グバックを抑制する効果があるため,曲率の修正などの目的にも利用される.図(a)はチャックの位置を固定して型を押し出していく両端固定方式であり,図(b)は型を固定してチャックが移動する引張巻付け方式である.

(b) 適用指針 限界曲げ角度は180°であり,曲げ半径はあまり小さくすることはできない.素管には曲げモーメントと軸方向の引張力が負荷される.楕円,放物線などの曲率が変化する形に曲げることが可能という長所をもっている.固定部が必要なために,歩留まりが悪く,また軸力による変形で断面形状精度が得にくい.

〔6〕押通し曲げ

(a) 概 要 所望の曲管の外径寸法に相当するキャビティを有する型に素管を押し込んで成形する方法で,概略を**図3.16**に示す.図(a)は基本形を示し,図(b)は,外型(曲げ型)を割り型とし,マンドレルを用い

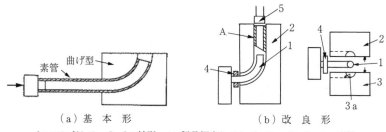

1:マンドレル,2,3:外型,4:製品押出しリング,5:パンチ,A:素管

図3.16 押通し曲げ

3.2 加 工 法

てへん平化を抑制し，さらに小さな曲げ半径が得られる．素管には曲げモーメントと軸方向の圧縮力が負荷される．

（b）**適用指針**　限界曲げ角度は90°程度であり，曲げ形状は型形状で決まる．短い寸法のエルボなどの製造に用いられており，長い管の一部を曲げる加工には適さない．

（c）**加工機械と加工製品事例**　加工機械は加工製品の使用に合わせた専用のプレスを使用することが多い．自動車排気管部品に適用され，絞りと同時曲げ加工も行われている．

（d）**エルボ曲げ**　継手業界では薄肉ステンレス鋼製エルボ加工に適用されている．図3.17に示すように端部を斜めに切断した管を，外側は金型とローラー，内面側はマンドレルにより拘束した状態で押し込み，曲げ加工する．本技術の特長は材料素管の端部を斜めに切断することにより，曲げ外側の減肉を抑制している．また，型形状しては曲げ開始点と曲げ終了点，曲げの中心部それぞれの心金と外型の曲がり部の形状，心金と外型のクリアランスなどに工夫があり，しわの発生を抑え，曲げ形状を確保している．また潤滑性も加工可否に大きな影響がある．図3.18に素管径d_0と曲げ半径rの値を同じにした（$r=1.0d_0$）エルボ製品例[17]を示す．

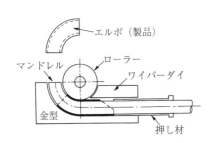 

図3.17　押通し曲げによるエルボ加工　　図3.18　エルボ曲げ加工製品例[17]

〔7〕**自在押通し曲げ**

（a）**概　要**　円管を自由自在の形状に曲げることは，「曲げ半径」「曲げ角」「曲げ方向」を設定された値でつぎつぎと連続的に曲げつなげること

である．自在押通し曲げは，円管をダイに押し通し，曲げ半径に応じた位置にダイを移動することにより，自在な曲げ半径で管を三次元曲げできる．加工原理[18]を図3.19に示す．この工法は，3名の開発者の名前からMOS曲げとも呼ばれる．本工法ではダイによって管外周が拘束されているため，管のへん平化が防止できる．また，軸圧縮力を加えて曲げ加工を行うため，曲げ外側の肉厚減少は少ないが，曲げ内側の肉厚は厚くなる傾向がある[19]．

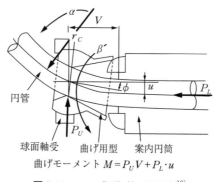

曲げモーメント $M = P_U V + P_L \cdot u$

図3.19 MOS曲げ（加工原理）[18]

（b）**適用指針** 曲げ角度は，360°（らせん状）連続曲げや曲げ半径を変化させることが可能なので，三次元的に自由自在な形状が得られる．また，ダイを通すため表面のきれいな加工品が得られる．最小曲げ半径は，$r_{min} \fallingdotseq 3.0\,d_0$ 程度である．

（c）**加工機械と加工製品事例** 図3.20は本工法を実現する加工機の概要を示す．円管送りの z 軸，ダイの位置の x 軸と y 軸および角度軸の α 軸，β 軸をCNC制御することにより自由な曲げ管が得られる．図3.21は，加工製品例を示す[20]．

〔8〕**ハンブルグ曲げ**（開発元の地名から命名された加工法）

（a）**概　　要**　図3.22に示すように，製品寸法に対して肉厚が大きく，内径が小さい素管に曲がり円錐状のマンドレルを押し込み，拡管しながら曲げる方法で，一般的には熱間で成形する．マンドレルは図に示す素管案内部，拡管部，製品案内部に分けられ，拡管部は所望の曲げ半径より大きい曲率

3.2 加 工 法

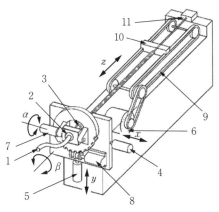

1：素管
2：曲げダイ
3：ガイドシリンダー
4：x 軸用 AC サーボモータ
5：y 軸用 AC サーボモータ
6：素管移動用モータ
7：α 軸回転用 AC サーボモータ
8：β 軸回転用 AC サーボモータ
9：素管移動用チェーン
10：素管押出し板
11：マンドレル用ベース

図 3.20 MOS 曲げ（加工機の主要要素）[20]

図 3.21 加工製品例[20]

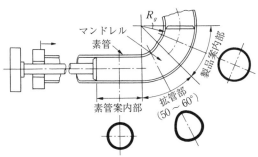

図 3.22 ハンブルグ曲げ

半径で，その長手軸に垂直な横断面は内側の R を頂点とした三角形をベースにした偏楕円体（卵形）としている．また，拡管部後半に向けて楕円形状に徐変させている．これは拡管部で変形が曲げ内側に集中して起こり，曲げ内側は軸方向に縮み変形，周方向に伸び変形させる加工法である[21]．このことにより偏肉の小さい曲がり管が得られる．熱間で行われることが多いため熱間マンドレル曲げともいわれる．

（b）**適用指針**　限界曲げ角度は180°で，最小曲げ半径は $r_{min} ≒ 1.0 d_0$ である．本加工法の特長は，①どの断面をとっても偏肉が少ないこと，②断面のへん平が生じないこと，③小さい曲げ半径の加工が可能なこと，である．熱間加工では，製品サイズ（外径）として小径（1/2インチ）～大口径（48インチ）まで加工情報がある[†]．熱間での最大拡管率は50％程度．$t_0/d_0 = 3～15$ ％となっている．熱間での大口径製品加工は，曲げ形状はマンドレルのみで決まり，素材管押込み荷重は熱間加工のため小さく，ほかの工法と比較して大口径の曲げ成形加工に適した工法といえる[9]．大口径エルボ製品は化学プラント，発電施設，石油精製施設，タンカーなど船舶，建築物などの配管部品として採用されている．

（c）**冷間ハンブルグ曲げ**　熱間ハンブルグ曲げの課題である加熱に要する費用，加熱温度や加熱部位の条件管理のわずらわしさを解決する冷間でのハンブルグ曲げによるエルボの成形法が考案されている．**図3.23**に冷間ハンブルグ曲げを示す．図（a）は加工方法の概要で，材料の素管はマンドレル，心金ざおに連続して環装され，プッシャーにより素管に押抜き力を加えることで，素管はマンドレルで拡管されながら，エルボごとに押し抜かれて成形される．図（b）はマンドレル形状を示し，素管案内部（円形状），拡管部（楕円形状），製品案内部（円形状）に区分され，それぞれの位置における断面形状を図（c）に示す．素管案内部および製品案内部出口は円形であるが，拡管部は楕円形ないし異形である[22]．本工法は冷間加工のため，熱間加工に比べ加

[†] TK Corporation：http://tkbend.co.kr/（2019年2月現在）

3.2 加 工 法

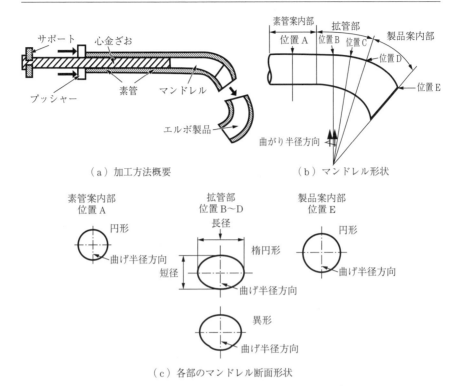

図 3.23 冷間ハンブルグ曲げによるエルボ成形[22]

工限界が低く，加工力も大きくなり，優れた潤滑剤の適用が必要である．そのため，大口径は不向きで拡管率は 20% 程度までとなる．曲げ半径も $1.5\,d_0$ 以上となるが，成形能率および加工歩留まりが大幅に向上する．

〔9〕 偏心プラグ曲げ

（a）概　　要　　図 3.24 に示すように円管に偏心した球状のプラグを挿入して，管を押し出しながら，局部的に拡管する曲げ加工法である．プラグ先端の球の偏心量により加工曲率が定まり，球の径で加工管径が限定される．球を浮動式にして拡管直後に曲げ力を負荷する方法（浮動拡管プラグ曲げ）も考案されている[23]．

（b）適用指針　　ハンブルグ曲げと同等である．冷間加工で行う場合

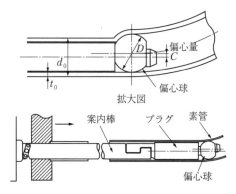

図 3.24 偏心プラグ曲げ

は,ハンブルク曲げと比較して変形量は小さいが,へん平,偏肉等が小さく断面形状が良好で,さらに拡管プラグ形状を楕円など異形形状にすることにより,異形断面形状のパイプの加工も可能となる.特長としては,球の偏心量で加工曲率が変えられるため型数を減らすことができる[24)~26)].

(c) **加工機械** 図 3.25 は,浮動拡管プラグ曲げにマグネシウム合金管適用のため温間加工を可能とする加熱・冷却機構を組み込んだ装置である[27)].通常の浮動拡管プラグ曲げ装置に,スリーブの入口側はヒーターを,出口側は水冷機構を付加している.なお,円管の最小曲げ半径は $1.7\,d_0$ である.

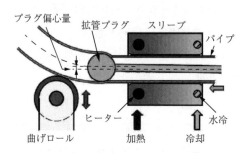

図 3.25 温間浮動拡管プラグ曲げ[27)]

〔10〕 **せん断曲げ**

(a) **概 要** 曲げ変形による曲げ加工法は,その変形メカニズムにより曲げ半径をゼロとすることは困難である.せん断曲げは管にせん断変形

を加え，結果として小さな曲げ半径の曲げ形状を得る加工法である．加工法の原理は**図3.26**に示すように，パイプの外周を拘束した割り型を用いて，管を送り込みながら連続的にせん断変形させる．従来は，管内に高圧の液圧を作用させて，座屈を防止していた[28]．この方法は，設備費が高く，加工時間が長いという課題があった．この課題を解決する液圧の代わりに心金を挿入する新しい方法が開発[29]され，設備・型の小型化，加工時間の短縮がなされた．**図3.27**にその概要[30]を示す．素管の両端から挿入した心金を型の境界面で近接対峙するように配置して，この位置を相対的に維持しておく．右側の型を固定し，管を送り込みながら左側の型を押し下げてせん断曲げを行う．この分割心金により，曲げ時パイプの断面変形を防ぐことができる．

（**b**）　**適 用 指 針**　　曲げ外半径 r_0 は心金先端部半径で決まり，$r_0 = (0.3 \sim 0.5)d_0$，曲げ内半径 r_i は型半径で決まり，$r_i = 0.1 d_0$ 以下である．曲げ角

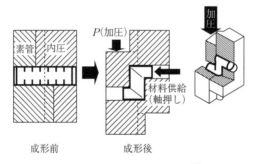

図3.26　せん断曲げ加工原理[28]

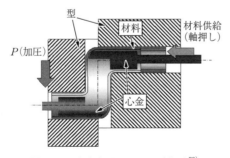

図3.27　心金を用いたせん断曲げ[30]

度は 45〜90°であり，90°を超える角度の曲げは原理上困難である．加工材質としては，鉄，非鉄など実績があり，ほかの工法と比較しても材料特性の影響を受けにくい工法といえる．加工可能なサイズは，特に小径厚肉管の場合でも加工時の心金の耐久性に問題がなければ制約はない．円管だけでなく，異形管（長円管，角管）の曲げ加工の実績もある．精度的な特徴としては断面変形が小さく，スプリングバックが小さい[30]．

（c）**加工機械と加工製品事例** 本加工法は，せん断プレスの加圧量と材料押込み側の材料供給量の関係が重要である．そのため，それぞれの位置関係の制御を行う．機械としては，汎用プレス機，専用プレス機のいずれも実績がある．汎用プレスの場合は，型の方にプレス加圧と材料押込み位置制御のためカムを使用したメカニカルな制御を行う．専用プレスの場合は，プレス加圧と材料押込み位置をCNC制御し，型構造をシンプルにしている．**図 3.28** に加工例[30]の一例を示す．

図 3.28 せん断曲げ加工例[30]

〔11〕**高周波誘導加熱曲げ**

（a）**概　　要** 図 3.29 に成形の概略を示す．ベンディングアームで素管の一端をクランプし，高周波誘導加熱しながらピボットを中心にベンディングアームを図のAからBへと回転させる．ガイドローラーに支持された素管は，加熱コイルを通過し前方に押し出されるが，先端がベンディングアームに固定されているため，その軌跡はピボットを中心とした円弧になる．結果と

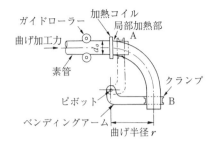

図 3.29 高周波誘導加熱曲げ

して生じる曲げモーメントにより，加熱部の狭い部分に曲げ変形が生じる．素管は順次この変形を受け，その累積により大変形の曲げ成形が達成される．このときコイル幅を狭くし，かつ加熱領域の近傍を冷却し加熱幅を可能な限り狭くすることで，非加熱領域（冷却領域）の素管剛性によりへん平化は小さく，座屈の発生も抑止される．また軸圧縮力が加わる曲げとなるため，曲げ外側の減肉量も小さくなる．図 3.30 は薄肉管の加工例である．材質はフェライト系ステンレス，図 (a) は素管外径 38.1 mm，肉厚 2 mm の管を曲げ半径 35 mm に加工した例である．曲げ加工後の曲げ内側の肉厚が 4 mm に増肉しているのが特徴である．図 (b) は素管外径 54 mm，肉厚 1.2 mm の管を曲げ半径 60 mm に加工した例である．材料が薄肉のため，本加工法でしわを出しながら曲げた事例で，しわ形状が安定的に形成されている[31]．

(a)

(b)

図 3.30 曲げ加工例[31]

(b) 適用指針 限界曲げ角度は 180°であり，最小曲げ半径は $r_{min} ≒ 1.0 d_0$ である．曲げ型を使用せず，材料の送り軸，ピボット位置，材料チャックのひねり軸を CNC 制御により，連続曲げや曲げ半径を変化させて曲げることも可能となる．また，異形管の曲げも可能である．本加工法は総型を使用し

ないダイレスフォーミングであり金型費用がない．造船配管，石油精製・ガス処理・環境プラントなど大型部品の多種生産の曲げへの適用例も多い．本加工法は，加熱領域を小さくすることが重要であり，熱伝導率のよいアルミニウム管や銅管への適用は課題がある．

（c）**加工機械と加工製品事例** 加工機械は，高周波誘導加熱装置，冷却装置，材料送り装置，曲げ軸（ピボット位置軸）からなり，送り軸と曲げ軸，ひねり軸を CNC 制御することにより，連続曲げや曲げ半径を変化させて曲げることも可能となる．加工製品はおもに大口径厚肉管で発電プラント，ボイラー・タービン設備に適用されている．

〔12〕 熱間曲げ焼入れ（3DQ）技術

（a）**概　　要** 熱間曲げ焼入れ（3 dimensional hot bending and direct quench，3 DQ）技術は，鋼管を局部的に加熱しながら曲げモーメントを与えることによって曲げ加工を行うと同時に，加熱後の水冷によって焼入れする逐次成形技術である．図 3.31 に加工機の概要を示す．図（a）は可動ローラーダイス方式，図（b）はロボット方式であるが，鋼管の先端部を拘束し，曲げ加工に必要なモーメントを付与する．いずれも，CNC 制御により任意の三次元曲げ形状に加工可能である．ロボット方式は多関節型の汎用ロボットを採用し，低コスト化で実用化されている[32]．

（b）**適用指針** 本技術は，①焼入れにより 1470 MPa 以上の三次元の曲がり形状部材を製造できる，②熱間加工であるため冷間加工に比べて，形状凍結性に優れる，③ダイレス成形であり，設備もコンパクトである，といった特長を有する．被加工材としては，種々の断面形状の鋼管や形材を用いることができる[32]．また，高周波加熱の制御により部分焼入れも可能である．3 DQ の曲げ加工可能範囲は，曲げ内側のしわの発生限界で定まり，丸管の場合，しわ発生限界ひずみ ε_{cr} は図 3.32 に示すように $(t_0/d_0)^2$ で整理できる．$(t_0/d_0)^2 < 0.006$ の範囲で成形範囲が推定できる．図中 A は $(t_0/d_0)^2 > 0.006$ の範囲ではしわの発生形態が異なり，塑性屈服が生じた．本加工法では加熱温度分布がしわ発生限界に及ぼす影響が大きく，高温部の幅が狭いとしわ抑制効果が

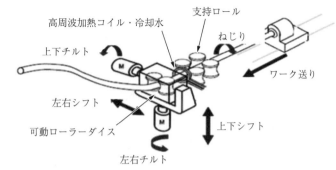

(a) 可動ローラーダイス方式

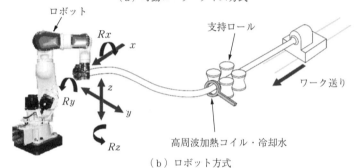

(b) ロボット方式

図 3.31　3DQ 加工機の概要 [32]

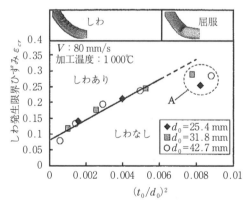

図 3.32　しわ発生限界（有限要素法）[33]

認められる[33]．

（c） **加工機械と加工製品事例**　図3.33に6軸汎用ロボットを採用した3DQ加工機の外観を示す[34]．

図3.33　3DQ加工機の外観（ロボット方式）[34]

3.2.2　形材の曲げ

形材とは軽量形鋼，溝形鋼，H形鋼など，曲げ部と直線部からなる断面形状をもった鋼材製品，軽合金製品[35]である．形材の中でも特に鋼材の場合を形鋼といい，熱間での圧延により製造される重量形鋼と，薄い鋼板を冷間で折曲げ加工して製造される軽量形鋼の二つに大きく分けられる．一方，アルミニウム合金や銅合金には，押出し加工により成形される形材があり，押出し形材と呼称される．本項では，代表的な形材とその曲げ加工について述べる．

〔1〕 形材の曲げと特徴

（a） **成形不良と課題**　形材の曲げ加工は，断面形状が複雑であるので，板材の曲げとは異なった現象を呈する．そしてその問題点も板材の場合に比較して複雑になる．図3.34に形材の曲げ加工において発生する成形不良を示す．スプリングバックは板材でも問題になるが，形材の場合は断面形状の関係で曲げ剛性が大きく，スプリングバック量そのものは小さいが，後工程での修正が困難であり，曲げ角度の一層の高精度化が必要となる．座屈および断面形状の変化は，板材にはない問題点であり，これらによって曲げ加工限界が決定される場合が多く，注意を要する．一般的には，座屈は曲げの内側に発生するもの

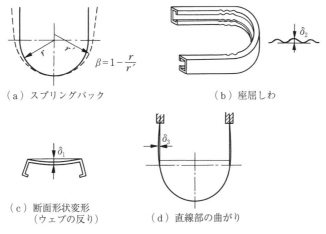

(a) スプリングバック (b) 座屈しわ

(c) 断面形状変形
(ウェブの反り)

(d) 直線部の曲がり

図 3.34　形材の曲げ加工での成形不良

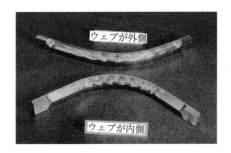

図 3.35　座屈発生例[36]

であるが，**図 3.35** に示すように，外側に発生する場合もある．曲げの内側の座屈は曲げ加工時に発生するが，外側の座屈は除荷時に発生する[36]．割れは，板材の場合と同様に，曲げの外側の引張ひずみが問題となる．

（b）**断面形状の特徴**　形材は円管に比べ断面形状が複雑である．その断面形状により開断面（チャンネル材など）と閉断面（角管など）に分類することができるが，実際に使用される建材や自動車部品では両者の複合断面が多く存在する．また，曲げ中心と断面形状の関係上，対称曲げと非対称曲げに分類される．非対称曲げは，対称軸をもたない形材の曲げ，また対称軸をもつ形材であっても対称軸を含まない面に対して曲げモーメントを加える場合に生じ

る[37]．例えば，図3.36に示すようなH形材の場合では，断面形状の対称軸から曲げの方向をずらせた（$\varphi=45°$）場合に非対称曲げが発生し，対称曲げ[38],[39]では発生しなかったウェブの変形などが発生する[40]．

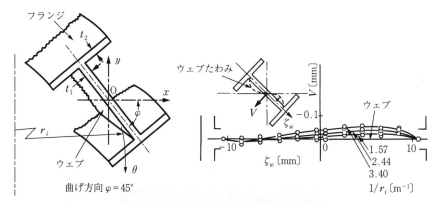

図3.36 H形材非対称曲げ時のウェブの変形[40]

〔2〕 方形管（正・長方形管およびリブ付き角管）

形材の中でも基本的な形状であり，管の断面形状の幅と高さにより，角管と長方形管に分類され，補強のために中空部にリブを有する角管も存在する．

（a） 押付け曲げ（圧縮曲げ）加工　形材の中では，角管によく適用される．図3.37に装置とアルミニウム合金押出し材の自動車用バンパーリンフォースの加工事例を示す[41]．

（b） 回転引曲げ加工　心金や軸引張力の適用が容易なため，角管やチャンネル材など幅広く適用されている．アルミニウム合金押出し角管の回転引曲げ加工において，図3.38に示すような装置によって得られた角管の変形モード図が提案されている．変形モード図内において，×は割れ，⊗はくびれ，■はウェブ部のしわ，◎は不良現象のない加工が得られるとしている．この曲げ加工法では，積層心材の適用に加えて軸引張力を負荷することにより，加工可能な加工条件の範囲が大幅に増加する．また，肉厚t_0（h_0：角管高さ）が小さいほど軸引張負荷の効果が増加する結果が得られている[42]．

このほか，角管における回転引曲げ加工にワイパーダイを適用した事例があ

3.2 加　工　法

（a）押付け曲げ機[16]

（b）加工事例[41]

図 3.37　角管の押付け曲げ

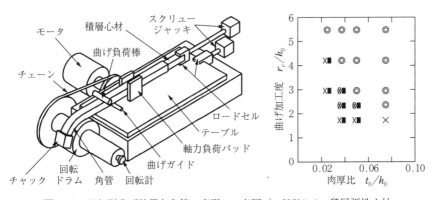

図 3.38　回転引曲げ装置と角管の変形モード図（A 6061S-O，積層弾性心材，軸引張力負荷）[42]

る[43]．ワイパーダイは座屈変形のしわピッチを小さく抑えて，加工限度を上げる効果がある．図 3.39 にワイパーダイによるしわ抑制メカニズムを示す．非加工領域において圧縮フランジと回転ダイの間にしわが成長する空間が存在するために，図中Ⅰの領域でしわを発生させた圧縮応力が，非加工領域におい

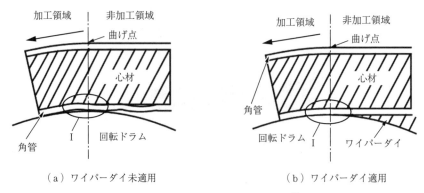

(a) ワイパーダイ未適用　　　　　(b) ワイパーダイ適用

図 3.39　ワイパーダイの適用効果[43]

てしわを発生させる．一方，ワイパーダイの適用により，曲げ点から非加工領域におけるしわが成長するための空間が充填されることで，しわが成長しないため，特にフランジに生じるしわの抑制が可能である．

〔3〕　チャンネル材

溝形（U形）材とも呼称されるチャンネル材は，横断面がコの字型の開断面形状であるので，通常の管材より構成各辺の変形自由度が高く，不整変形が生じやすい．曲げ中心の位置により，対称曲げまたは非対称曲げとなる．

（a）**回転引曲げ加工**　　供試材の横断面形状に対する曲げ中心の位置で角管以上に変形形態が大きく異なる．曲げ加工限度を向上させるために，図 3.40 に示す専用の心材と治具の適用が検討されている[44]．図 3.41 のようにねじれ防止板などの専用治具を適用しない曲げ条件では，断面の変形とねじれ変形が

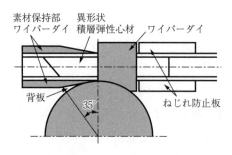

図 3.40　非対称チャンネル材の曲げ加工用の治具[44]

3.2 加 工 法

（a）治工具類を適用しない条件[44]

（b）心材とワイパーダイを適用した条件[45]

（c）心材と専用治具を適用し軸力負荷した条件[45]

図 3.41 非対称チャンネル材の曲げ加工例（A 6061S-O, $t_0/h_0 = 0.038$ ($t_0 = 1.5\,\mathrm{mm}$)）

発生している．また，心材とワイパーダイを適用しても断面の変形は改善されていないことがわかる．それに対し，軸引張力の負荷と専用の心材と治具を適用した条件では，各種の変形が抑制されている[44],[45]．

（b） 引 張 曲 げ 引張曲げは図 3.42（a）に示すように，被加工材の

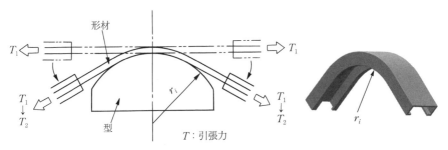
（a）引 張 曲 げ

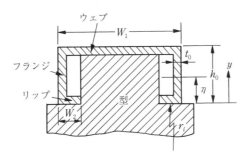
（b）形材および型の断面形状[46]

図 3.42 チャンネル材の引張曲げ加工法

長手方向の両端に引張力 T を加えながら，被加工材を型に巻き付けていく加工法である．また，代表的な形材であるチャンネル材を曲げ加工する際の型と形材の断面の一例を図（b）に示す[46]．この加工方法は，平板の引張曲げと同様に，型は雄型だけでよいため，被加工材の表面に傷が付く心配がなく，また，スプリングバックも小さい．このほか，形材の曲げにおいては引張力の適用により，曲げ中立軸が内周側に移動することから，座屈の抑止に有効で，断面形状の二次変形も小さくなるという利点もある[47]．形材の引張曲げにおける力学的取扱いは平板の引張曲げと基本的には同じである．ただし，形材の場合には，高さ方向で幅が変化していることから若干複雑になる．

図の板厚 $t_0 = 0.5$ mm，高さ $h_0 = 10$ mm，ウェブ幅 $W_1 = 35$ mm，リップ幅 $W_2 = 3$ mm のチャンネル材を半径 $r_i = 100$ mm で曲げた際の各部のひずみ（長手方向）および中立軸位置を**図 3.43** に示す．この図からわかるように，引張応力 σ_1 の増加とともに中立軸位置 η/h_0 は急激に内周側に移動する．また，これに伴い各部の長手方向ひずみも増加する．特に，外周部での長手方向ひずみが大きく，その分チャンネル材の幅および厚さが減少するので（等方性材料

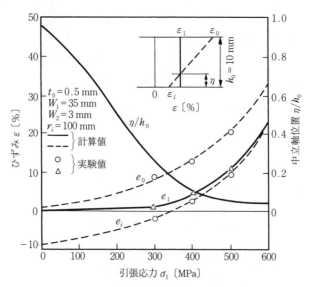

図 3.43 引張応力と中立軸位置，ひずみの関係[46]

では長手方向ひずみの約 1/2），これを見込む必要がある．

引張曲げにおけるスプリングバックと引張応力 σ_1，σ_2 の関係を**図 3.44** に示す．図中の T-M 加工は通常の引張力を加えながら曲げる方法を意味し，また，T-M-T 加工は引張力を加えながら曲げた後，さらに大きな追加の引張力 T_2 を加える方法を意味する．平板の引張曲げの場合と同様に，初期引張応力 σ_1 が大きくなるほどスプリングバックは小さくなり，追加引張応力 σ_2 の方が初期引張応力 σ_1 よりも効果が著しい．なお，小さい範囲で初期引張力 T_1 の実験値が計算値よりも小さくなっているのは，座屈の発生が影響しているためである．

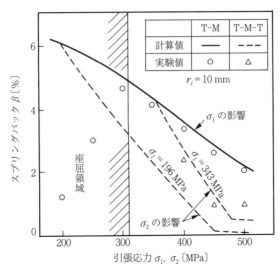

図 3.44 引張応力とスプリングバックの関係 [46)]

材料の機械的性質，板厚などの寸法がばらつくことによって，スプリングバックが変動するが，この変動をできるだけ小さくするため，初期伸び一定法が提案されている [46)]．

〔4〕 その他各種断面の形材

開断面形材に分類され，心金の適用が困難であるため，専用の曲げダイを用いて曲げることが多い．

（a） **圧延曲げ**　形材の圧延曲げは，形材の断面の一部を圧延することによって行われる．その方法は幅方向に圧下率を変えてくさび形断面形状を得るように圧延するくさび形圧延曲げ[48]と平行ロールによる圧延曲げ[49]とに大別される．前者の加工方法の概略を**図3.45**に示す．曲げ加工前に均一な板厚を有する形材のl，m，nの各部位のうちmをくさび形圧延し，部位nを平行圧延する．

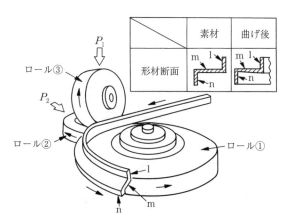

図3.45　くさび形ロールによる圧延曲げ[48]

L，Z，U形材を曲げ加工する際のロール配置を**図3.46**に示す．基本的な考え方は，面外曲げとなる部位のうち内周となる部位は圧延せずに，外周となる部位のみを平行圧延し，面内曲げとなる部位はくさび形圧延を行う．くさび形圧延曲げの加工限界を**図3.47**に示す．横軸は，曲げ方向の素材板幅bと板厚t_0との比，縦軸は素材板幅と曲げ半径r_0との比を示しており，図の右上方向にいくほど加工が難しくなることを意味している．これより，この加工方法が薄肉形材の曲げ加工に適していることがわかる．

（b） **引張曲げ**　引張曲げにおける形材の加工限界は，曲げ加工時の外周部の破断と内周部の座屈によってほぼ決定される．**表3.2～3.4**に各種形材の曲げ加工限界を示す[50]（なお，形材の形状および曲げの方向については**図3.48～3.50**を参照）．

3.2 加工法

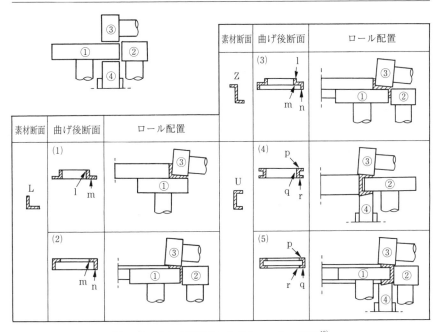

図 3.46 くさび形圧延におけるロールの配置[48]

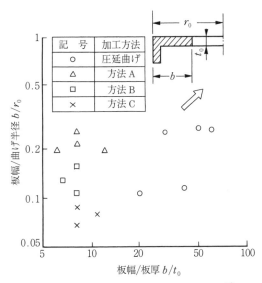

図 3.47 圧延曲げとほかの方法の加工限界[48]

表3.2 山形材,溝形材の引張曲げ(内曲げ)における加工限界[50](図3.48参照)

材質	温度〔℃〕	破断限界 h/r_0								
		h/t_0								
		3	5	7	10	15	25	30	40	50
2024-T3	室温	h/r_0 .23 r_0/t_0 13	.22 22.8	.21 34	.19 52.5	.17 88	.14 172	.14 217		
Ti-8-1-1	室温	h/r_0 .21 r_0/t_0 14.3	.20 25.4	.18 38.1	.17 58.8	.16 96.1	.13 188			
TZM Moly	室温	h/r_0 .23 r_0/t_0 13	.22 23.2	.21 33.9	.19 52.5	.17 86.5	.15 168	.14 212	.13 316	
Cb-752	室温	h/r_0 .32 r_0/t_0 9.4	.30 16.6	.29 24.5	.26 37.8	.24 62	.21 117.6	.20 150		
PH 15-7 Mo	260	h/r_0 .38 r_0/t_0 8.2	.35 14.3	.33 21	.31 31.8	.29 51.6	.25 98.5	.24 124	.22 183	.20 250
L-605	室温	h/r_0 .51 r_0/t_0 5.9	.49 10.2	.47 14.8	.46 21.9	.43 35	.39 63.5	.38 80	.35 114	.33 150
Ti-8-1-1	室温	h/r_0 .22 r_0/t_0 13.7	.20 25	.19 37.4	.17 57.5	.15 98.4	.13 192	.12 244		
Ti-13-11-3	260	h/r_0 .31 r_0/t_0 9.7	.29 17.5	.27 25.9	.25 39.4	.23 65	.20 125			
TZM Moly	室温	h/r_0 .27 r_0/t_0 10.9	.26 19.3	.25 28.2	.23 42.3	.21 72.7	.18 139	.17 180	.15 269	
Cb-752	室温	h/r_0 .32 r_0/t_0 9.5	.30 16.4	.29 24.5	.26 37.8	.24 62	.21 117.6	.20 150	.18 222	

材質	温度〔℃〕	座屈限界 h/t_0								
		h/r_i								
		.02	.04	.06	.08	.10	.15	.20	.30	.40
2024-T3	室温	h/t_0 67 r_0/t_0 3 417	48 1 248	39 689	36 486	36 396	36 276			
Ti-8-1-1	室温	h/t_0 52 r_0/t_0 2 652	36 936	30 530	29 392	29 319				
TZM Moly	室温	h/t_0 85 r_0/t_0 4 335	60 1 560	49 866	44 594	44 484				
Cb-752	室温	h/t_0 72 r_0/t_0 3 672	51 1 326	41 725	38 513	33 418	38 291	38 228		
PH 15-7 Mo	室温	h/t_0 104 r_0/t_0 5 304	75 1 950	61 1 076	53 716	53 583	52 399	52 312		
L-605	427	h/t_0 121 r_0/t_0 6 171	85 2 210	70 1 235	60 810	58 640	58 444	58 348	58 251	58 203
Ti-8-1-1	260	h/t_0 60 r_0/t_0 3 060	42 1 092	34 601	32 432	32 352				
Ti-13-11-3	260	h/t_0 52 r_0/t_0 2 652	37 963	30 530	29 392	29 319	29 222	29 174		
TZM Moly	260	h/t_0 92 r_0/t_0 4 692	65 1 690	53 937	46 621	46 506	46 353			
Cb-752	427	h/t_0 85 r_0/t_0 4 335	60 1 560	49 866	44 594	44 484	44 337	44 264		

3.2 加工法

表 3.3 山形材,溝形材の引張曲げ(外曲げ)における加工限界[50](図 3.49 参照)

材 質	温度 〔℃〕		破 断 限 界 h/r_0							
						h/t_0				
			2	5	7	10	15	20	25	30	40
2024-T3	室温	h/r_0 r_0/t_0	.48 4.17	.42 11.9	.39 17.9	.36 27.8	.31 48.4	.28 71.4	.15 172		
Ti-8-1-1	室温	h/r_0 r_0/t_0	.22 9.10	.19 26.3	.18 38.9	.16 62.5	.14 107	.13 154			
TZM Moly	室温	h/r_0 r_0/t_0	.26 7.70	.23 21.7	.21 33.4	.19 52.6	.17 88.3	.16 125	.12 203	.11 270	
Cb-752	室温	h/r_0 r_0/t_0	.48 4.17	.42 11.9	.39 17.9	.35 28.6	.31 48.4	.28 71.4	.17 150		
PH 15-7 Mo	260	h/r_0 r_0/t_0	.63 3.17	.55 9.1	.51 13.7	.47 21.3	.42 35.7	.38 52.6	.20 125	.19 160	
L-605	室温	h/r_0 r_0/t_0	1.2 1.67	1.04 4.8	.98 7.14	.90 11.1	.79 19	.70 28.6	.32 77	.31 96.6	
Ti-8-1-1	室温	h/r_0 r_0/t_0	.22 9.10	.19 26.3	.18 38.9	.16 62.5	.14 107	.13 154	.11 233		
Ti-13-11-3	260	h/r_0 r_0/t_0	.44 4.54	.38 13.1	.36 20	.32 31.2	.28 53.6	.25 80			
TZM Moly	室温	h/r_0 r_0/t_0	.27 7.40	.23 21.7	.22 31.8	.19 52.6	.17 88.3	.16 125	.12 203	.12 260	.10 403
Cb-752	室温	h/r_0 r_0/t_0	.48 4.17	.42 11.9	.39 17.9	.35 28.6	.31 48.4	.28 71.4	.17 150	.15 202	

材 質	温度 〔℃〕		座 屈 限 界 h/t_0							
						h/r_i				
			.015	.03	.05	.08	.10	.15	.20	.30	.40
2024-T3	室温	h/t_0 r_0/t_0	102 6 800	73 2 435	57 1 140	45 563	33 220	29 145			
Ti-8-1-1	室温	h/t_0 r_0/t_0	83 5 530	60 2 000	46 920	37 463					
TZM Moly	室温	h/t_0 r_0/t_0	130 8 670	94 3 130	73 1 460	58 725					
Cb-752	室温	h/t_0 r_0/t_0	115 7 660	82 2 733	64 1 280	51 638	37 246	32 160	26 156		
PH 15-7 Mo	室温	h/t_0 r_0/t_0	161 10 710	115 3 835	90 1 800	70 875	52 347	44 220	37 217		
L-605	427	h/t_0 r_0/t_0	185 12 320	131 4 370	102 2 040	80 1 000	60 400	52 260	42 252	35 152	31 108
Ti-8-1-1	260	h/t_0 r_0/t_0	95 6 330	67 2 232	52 1 104	41 512					
Ti-13-11-3	260	h/t_0 r_0/t_0	83 5 540	59 1 965	46 920	36 450	30 300	26 173	23 115		
TZM Moly	260	h/t_0 r_0/t_0	138 9 200	98 3 265	76 1 520	60 750					
Cb-752	260	h/t_0 r_0/t_0	138 9 200	98 3 265	76 1 520	60 750	44 293	33 190			

表 3.4 ハット形材の引張曲げ（外曲げ）における加工限界[50]（図 3.50 参照）

材 質	温度〔℃〕		破 断 限 界 h/r_0					
			h/t_0					
			3	5	8	10	15	20
2024-T3	室温	h/r_0 r_0/t_0	.23 13.3	.21 24	.19 41.3	.19 53.4	.17 86.4	.16 128
Ti-8-1-1	室温	h/r_0 r_0/t_0	.17 17.3	.16 31.3	.15 55	.14 72.5	.13 115	.12 174
TZM Moly	室温	h/r_0 r_0/t_0	.19 15.5	.18 27.7	.17 48	.16 62.6	.14 103	.13 153
Cb-752	室温	h/r_0 r_0/t_0	.25 11.8	.24 20.6	.22 35.6	.21 47	.19 77.5	.18 111
PH 15-7 Mo	260	h/r_0 r_0/t_0	.30 10.1	.28 17.8	.26 30.2	.25 39.4	.23 65	.22 92.7
L-605	室温	h/r_0 r_0/t_0	.44 6.8	.42 11.9	.40 20.1	.39 25.8	.36 41.3	.34 58.4
Ti-8-1-1	室温	h/r_0 r_0/t_0	.17 17.3	.16 31.3	.15 53.7	.14 70.6	.13 115	.12 174
Ti-13-11-3	260	h/r_0 r_0/t_0	.25 11.8	.24 21.1	.22 36.5	.21 47.8	.19 80.3	
TZM Moly	室温	h/r_0 r_0/t_0	.19 15.5	.18 27.7	.17 48	.15 70	.14 103	.13 149
Cb-752	室温	h/r_0 r_0/t_0	.25 11.8	.24 21.1	.22 36.5	.21 47.8	.19 80.3	.17 115

材 質	温度〔℃〕		座 屈 限 界 h/t_0					
			h/r_i					
			.02	.04	.06	.08	.10	.15
2024-T3	室温	h/r_0 r_0/t_0	66 3 366	48 1 248	40 667	35 472	32 352	26 199
Ti-8-1-1	室温	h/r_0 r_0/t_0	52 2 652	38 988	32 565	28 378	25 275	
TZM Moly	室温	h/r_0 r_0/t_0	83 4 233	61 1 584	51 901	44 594	40 440	
Cb-752	室温	h/r_0 r_0/t_0	72 3 672	52 1 352	44 777	38 514	34 374	29 222
PH 15-7 Mo	室温	h/r_0 r_0/t_0	103 5 253	76 1 976	64 1 130	55 743	50 550	42 322
L-605	427	h/r_0 r_0/t_0	120 6 120	86 2 231	72 1 272	63 851	57 627	48 368
Ti-8-1-1	260	h/r_0 r_0/t_0	62 3 162	46 1 196	38 672	33 446	30 330	
Ti-13-11-3	260	h/r_0 r_0/t_0	54 2 754	40 1 040	34 601	29 392	27 297	22 169
TZM Moly	260	h/r_0 r_0/t_0	90 4 590	65 1 688	55 971	48 648	44 484	
Cb-752	260	h/r_0 r_0/t_0	90 4 590	65 1 688	55 971	48 648	44 484	36 276

3.2 加　工　法

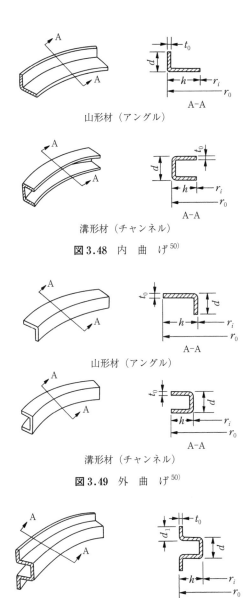

山形材（アングル）

溝形材（チャンネル）

図 3.48　内　曲　げ [50]

山形材（アングル）

溝形材（チャンネル）

図 3.49　外　曲　げ [50]

ハット形材

図 3.50　ハット形材（外曲げ）[50]

3.3 加　工　力

　必要な曲げ加工力は，必要な塑性曲げモーメントとそれを与える腕の長さによって決まる．塑性曲げモーメントは一定の値としても，この腕の長さは曲げに伴い変化する場合がある．そこで，加工力の最大値は，塑性曲げモーメントを腕の長さの最小値で除したものとして推定できる．

　加工限界の向上を図るため，この曲げモーメント以外に二次的外力を付加することも多いが，基本となるのは二次的外力のない場合の曲げモーメント M_0 であり，一般的には次式で表される．

$$M_0 = \int_A \sigma y \, dA \tag{3.1}$$

ただし，y は中立軸からの距離，σ は曲げ応力，A は横断面積である．

　一方，モーメントを与える腕の長さは，パンチあるいはドラム状の曲げ半径を与える型と，支点反力として加工力を与えるダイなどの型との相対運動によって決まる．ここでは，**図3.51** のプレス曲げ（押曲げ）を例に，パンチストローク S と曲げ角度 2θ の関係から式（3.2）が得られ，また，腕の長さ L は，式（3.3）で与えられる[51]．

$$\theta = \sin^{-1} \frac{R_p + R_d + h_0}{\{(W_d/2)^2 + (R_p + R_d + h_0 - S)^2\}^{1/2}} - \tan^{-1} \left(\frac{R_p + R_d + h_0 - S}{W_d/2} \right) \tag{3.2}$$

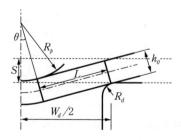

図3.51　プレス曲げのストロークと曲げ角の幾何学的関係[51]

$$L = \frac{\{(W_d/2) - (R_p + R_d + h_0)\sin\theta\}}{\cos\theta} \tag{3.3}$$

ここで，R_p はパンチ半径，R_d はダイ肩半径，h_0 は被加工材の横断面高さ，W_d はダイ肩幅である．

3.3.1 剛完全塑性材料[52]

円管の曲げによる横断面のへん平化や偏肉を無視した場合の全塑性曲げモーメント M_0 は次式で表される．

$$M_0 = (d_0^3 - d_i^3) \cdot \frac{\sigma_s}{6} \tag{3.4}$$

ただし，σ_s は材料の降伏応力，d_0 は管外径，d_i は管内径である．

薄肉管の場合，平均径 d_m，肉厚 t_0 とすると，全塑性曲げモーメント M_0 は

$$M_0 = d_m^2 \cdot t_0 \cdot \sigma_s \tag{3.5}$$

また，薄肉正方形角管の場合，辺長 a，肉厚 t_0 とすると式 (3.6) となる．

$$M_0 = \frac{3}{2}\sigma_s a^2 t_0 \tag{3.6}$$

3.3.2 加工硬化する材料（へん平化無視）[3]

材料を n 乗硬化則 $\sigma = C\varepsilon^n$ とし，横断面のへん平化を無視して円管の曲げモーメント M を求めると，次式で表される．

$$M = \frac{1}{4} C \left(\frac{d_0}{2r_c}\right)^n \cdot d_0^3 \left\{1 - \left(\frac{d_i}{d_0}\right)^{n+3}\right\} \cdot B\left(\frac{n+2}{2}, \frac{3}{2}\right) \tag{3.7}$$

ただし，d_0 は管外径，d_i は管内径，r_c は管中心軸の曲げ半径である．ベータ関数 $B\{(n+2)/2, 3/2\}$ を**図3.52**に示す[53]．

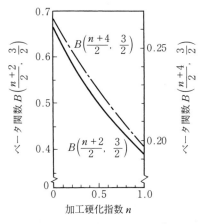

図 3.52 ベータ関数の値[54]

3.3.3 加工硬化する材料（へん平化考慮）[54]

材料が n 乗硬化則 $\sigma = C\varepsilon^n$ に従うとし，横断面のへん平化を考慮した曲げモーメントは，へん平を無視した曲げモーメント M を補正する次式で表される.

$$M_r = M(1 - \xi D_f)$$
$$\xi = \frac{1}{2}\left[(n+7) - 2(n+5)\frac{B\{(n+4)/2,\, 3/2\}}{B\{(n+2)/2,\, 3/2\}}\right] \tag{3.8}$$

ここで，D_f はへん平率である.

D_f は後述の実験式（3.11）で求めることができる．ベータ関数 $B\{(n+4)/2,\, 3/2\}$ を図 3.52 に示す[53].

図 3.53 は純アルミニウム管の曲げの実験結果と式（3.7），（3.8）による計算結果を比較したものである．計算結果は曲率が小さい範囲では実験結果と一致するが，曲率が大きくなると，差は小さいもののへん平化を考慮した方が実験値と乖離してくる[54].

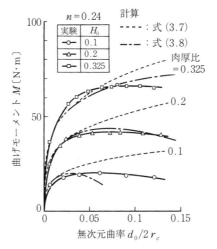

図3.53 曲げモーメントと曲率 ($H_0 = 2t_0/d_0$)[54]

3.3.4 回転引曲げにおける曲げモーメントの実験式[53]

回転引曲げにおける曲げモーメントのつぎの実験式が提案されている.

$$M = \mu Z \sigma_B \sqrt[3]{d_0/r_c} \qquad (3.9)$$

ここで,Mは曲げモーメント〔N・mm〕,d_0は管外径〔mm〕,d_iは管内径〔mm〕,r_cは管中心軸の曲げ半径〔mm〕,σ_Bは引張強さ〔MPa〕である.

Zは肉厚t_0に対し,つぎの値をとり

$t_0 > 0.06 d_0$ のとき:$Z = 0.1 \ (d_0^4 - d_i^4)/d_0$ 〔mm^3〕

$t_0 < 0.06 d_0$ (薄肉管) のとき:$Z = 0.8 t_0 \ (d_0 - t_0)$ 〔mm^3〕

μは心金により以下の値をとる.

$\mu = 1.0$:心金なし

$\mu = 2.0$:半砲弾型心金,潤滑良好

$\mu = 3.0$:自在心金,潤滑良好

$\mu = 5 \sim 8$:心金使用,潤滑不良

3.4 加工不良現象

　管材の曲げ加工では，横断面を積極的に変形，すなわち曲げ半径方向につぶして曲げるような加工を除けば，一般につぎのような結果が望ましい．
① 横断面の変形が少ない．
② 型の曲げ半径によくなじんで曲がる（形状性が良好）．
③ スプリングバックが少なく，所望の曲げ角度に曲がる（形状凍結性が良好）．

したがって，上のような結果にならない場合，加工不良とされる．

3.4.1 横断面の変形

　管材の曲げ加工は，原理的にせん断力を付加すること，曲げ角度の発生に伴い，軸力の合力が横断面内で中立軸側に向くことから，円管であればへん平化する[55]．角管であれば圧縮フランジと引張フランジがともに曲げの中立面側に落ち込むように変形し，それに伴ってウェブは外側に膨らむように湾曲する[56]．これらを総称して，へん平変形という．

3.4.2 加工不良の具体例[57],[58]

〔1〕 屈　　　服（図3.54(a)）

　管材がパンチの形状になじまず，変形部が局所化するような変形を屈服という．材料の機械的性質ではn値が小さい，すなわち一様変形能が低く，パンチへのなじみ性が低いものほど発生しやすいと考えられる．角管であれば，圧縮フランジやウェブの断面内側へのへこみ，しわを伴う．曲げとしては，パンチになじむ前の早い段階で局部的に折れる状態である．マンドレルによる局部変形の抑制や背圧を付加して材料を工具になじませる手段をとれば，抑制できる場合がある．

A 6061-T6, $r_c/h_0=5.5$

（a）屈　　服

A 6061-T6, $r_c/h_0=3.0$　　　　AZ 31, $r_c/h_0=4.0$

（b）破断・割れ

A 6063-O, $r_c/h_0=5.5$　　　A 6063-T5, $r_c/h_0=5.5$, マンドレル使用

（c）し　　わ

図3.54　角管の加工不良現象

〔2〕破　断・割　れ（図3.54（b））

　一般に，引張側で材料の破断限界に達した場合に生じ，延性の低さがおもな原因と考えられる．屈服が生じた後，さらに曲げが進行して破壊に至ることが多い．マグネシウム合金のような特殊な変形抵抗を示す材料においては，圧縮側にき裂が生じて破断限界に達する場合もある[59]．マンドレルによる局部変

形の抑制や背圧を付加して材料を工具になじませる手段をとれば，抑制できる場合がある．

〔3〕し　　わ（図3.54(c)）

円管の圧縮側や角管の圧縮フランジ，あるいはウェブの圧縮側に見られる塑性座屈である．大局的にはパンチ半径になじんでいても，管材の曲げの圧縮側の領域に周期的な凹凸が生じる場合がこれに当たる．n値が大きく，一様変形能が高くても，降伏応力が低いことから座屈限界に達している状態である．一方，変形抵抗の高い材料に対してマンドレルで局部変形を抑制し，割れを回避しても，材料と工具，パンチの間隙に生じる場合がある．変形抵抗の低い材料において，しわの発生を抑制するためには，マンドレルを用いて横断面のへこみ，すなわち横断面内側への変形を拘束することが有効である．

なお，図3.54は，プレス曲げによって，アルミニウム合金角管（正方形断面，一辺40 mm，肉厚2 mm），マグネシウム合金角管（正方形断面，一辺30 mm，肉厚2 mm）をそれぞれ種々の条件で加工した例である．r_cは曲げ半径，h_0は角管の横断面高さである．

3.4.3　スプリングバック（形状凍結性）

塑性加工においては，材料に塑性変形を与えた後，除荷する際の弾性変形，すなわちスプリングバックは避けられない．特に管材，形材の曲げ加工においては，それが大きな問題となる．一般に，必要な曲げモーメントが大きいほど，曲げ剛性が低いほど，スプリングバックは大きくなる．

加工力を受け，曲率$1/r_1$で曲げられた管材が，除荷後に弾性回復の曲率変化をして，$1/r_2$の曲率が残留したとすると

$$\frac{1}{r_1}-\frac{1}{r_2}=\frac{M}{EI} \tag{3.10}$$

ここで，r_1は負荷時の曲率半径，r_2は除荷後の曲率半径，Mは曲げモーメント，EIは曲げ剛性である．

加工方法，心金や圧力型の位置といった加工条件の違いによるスプリング

3.4 加工不良現象

バックの量の変化に関しては,古くから報告がある.図 3.55 は回転引曲げと押付け曲げにおけるスプリングバックの測定結果例である[60].図 3.56 は心金の挿入位置を変化させた場合のスプリングバック,図 3.57 は圧力型の位置によるスプリングバックの変化を示し,いずれも回転引曲げによるものである[61].このほかの回転引曲げでは電縫鋼管における軸押し力の影響[62],均等

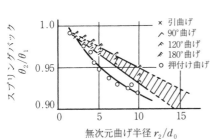

図 3.55 各種曲げ加工法におけるスプリングバック[60]

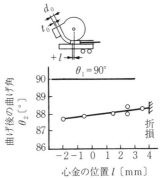

d_0(管外径) = 19 mm, t_0(肉厚) = 1.5 mm, r_2 = 30 mm, STK 34

図 3.56 心金位置によるスプリングバック[61]

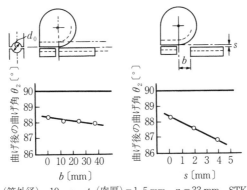

d_0(管外径) = 19 mm, t_0(肉厚) = 1.5 mm, r_2 = 33 mm, STK 34

(a) スプリングバックの最小位置 ($\theta_1 = 90°$)

(b) スプリングバックの大きい位置 ($\theta_1 = 90°$)

図 3.57 圧力型によるスプリングバック[61]

曲げではA6000系角管における心材の影響[63]について調査した事例があるが，スプリングバックに対していずれも影響は少ないと報告されている．また，加工条件として曲げ半径の大きな曲げにおけるスプリングバックは大きくなることが議論される．これは幾何学的に大きくなるだけで曲げによる影響でなく，基本的には，式（3.10）のように曲げモーメントと曲げ剛性で決定される．曲げ半径が大きいほど曲げモーメントは小さく，単位長さ当りのスプリングバックは小さい．しかしながら，曲げ角度が一定の条件では，曲げ半径が大きいほど円弧が長くなるために，全体として観察されるスプリングバックは大きくなる．

このほか，プレス曲げでは初等理論で求めた塑性域のスプリングバックの計算結果[64]やA6000系の耐力値で整理したスプリングバックの実験結果が報告されている[65]．図3.58は耐力値で整理した押付け曲げにおけるスプリングバックで，耐力値が大きくなると，スプリングバックは大きくなっている．近年では，形材のロール曲げについてスプリングバックを考慮したシミュレーション結果も示されている[66]．

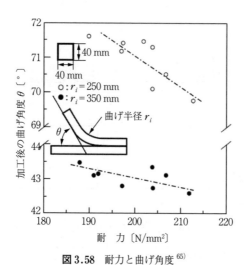

図3.58　耐力と曲げ角度[65]

3.5 曲げ型とマンドレル・治工具類

3.5.1 曲げ型とダイレス加工

円管や形材に対して曲率を得るためには,基本的に曲げ型が必要である.押付け曲げや回転引曲げなどがその例で,曲率の精度は曲げ金型で規定されるため良好であるが,要求される曲率の数だけ曲げ型が必要になってくる.図3.59に示すような回転引曲げでは[5],曲げ型のほかにクランプとプレッシャーダイの三つが基本的な工具であり,マンドレルやワイパーダイ,図3.5で示したブースターダイは被加工材の断面変形の抑制のためにサポートとして適用される.

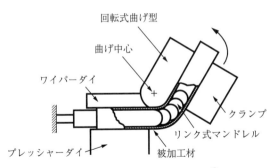

図3.59 回転引曲げの工具配列[5]

一方,曲げ型をもたないダイレス曲げでは,古くは高周波誘導加熱曲げがその代表で,近年ではダイレスUベンドや自在押通し曲げを応用した三次元熱間曲げ焼入れなどがあり,前者の工法では,スプリングバック後の曲げ半径と管直径の比 (r/d_0) が14〜130となる曲げが可能である[67].図3.60に示すように,ダイレス曲げは回転アームとつかみ部,曲げローラー,後方で支持されるロールなどで曲げモーメントが負荷され,曲率を得ることができる.つかみ部がロボットなどで数値制御されている場合,曲率は大小自由に可変できる.

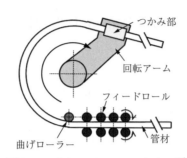

図 3.60 ダイレス U ベンドの概念図[67]

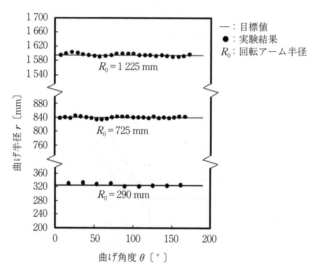

図 3.61 ダイレス U ベンドによる曲げ半径[67]

図 3.61 はダイレス U ベンドで実際に曲げた曲げ半径の精度を示している．

3.5.2 マンドレル・治工具類

被加工材の曲げによる断面変形の抑制にはいくつかの方法がある．基本的には被加工材の内側から拘束する方法と外側から拘束する方法に分かれる．拘束の方法には外力を負荷する場合と変位を拘束する場合がある．

3.5 曲げ型とマンドレル・治工具類

〔1〕 管材の内側を拘束する方法

この方法では，図3.62に示すようなマンドレル[5]を適用する場合が多い．図3.63に心金（マンドレル）の適用による加工限度を示す[68]．また，回転引曲げにおける適切なマンドレル選定規準を表3.5に[50]，マンドレルの突出し量と曲げの特性の関係を表3.6に示す[68]．これらマンドレルのほかに，粒材，線材，低融点合金，液圧なども適用されている．いずれも円形断面に効果的であり，方形管の場合は角形のフォーム形，リンク形，積層板形のマンドレルが適用されている．特殊なマンドレルとして，浮動拡管プラグ曲げで適用される三角形状のプラグがあり[69]，円形断面から三角形断面に拡管しながら曲げることができる．ただし，これらのマンドレルを適用する場合には，管材との摩擦やマンドレルの柔軟性に注意が必要である．

〔2〕 管材の外側を拘束する方法

この方法では，回転引曲げ加工のプレッシャーダイ負荷力や形状に工夫を凝

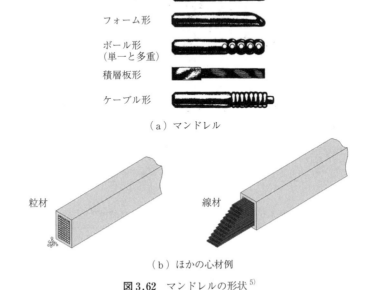

図3.62 マンドレルの形状[5]

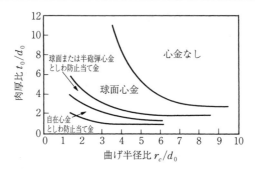

図 3.63 回転引曲げにおける加工限度[68]

表 3.5 回転引曲げ用のマンドレルの選択基準[50]

外径 [mm]	内厚 [mm]														
	0.406	0.508	0.635	0.711	0.889	1.067	1.245	1.473	1.651	1.829	1.981	2.108	2.413	2.769	3.048
15.88	1	1	1	1	1	F	F	F	—	—	—	—	—	—	—
19.05	1	1	1	1	1	1	1	F	F	—	—	—	—	—	—
22.23	1	1	1	1	1	1	1	F	F	F	—	—	—	—	—
25.40	2	2	2	2	1	1	1	F	F	F	F	—	—	—	—
31.75	3	3	2	2	2	2	2	2	2	1	1	F	F	F	F
38.10	3	3	2	2	2	2	2	2	2	2	2	1	1	F	F
44.45	4	4	3	3	3	3	3	3	3	2	2	2	1	1	F
50.80	4	4	3	3	3	3	3	3	3	2	2	2	2	1	1
57.15	4	4	4	4	3	3	3	3	3	2	2	2	2	2	1
63.5	4	4	4	4	3	3	3	3	3	2	2	2	2	2	2
76.2	4	4	4	4	3	3	3	3	3	2	2	2	2	2	2
88.9	5	5	5	5	4	4	4	3	3	2	2	2	2	2	2
101.6	5	5	5	5	4	4	4	3	3	2	2	2	2	2	2
114.3	6	6	5	5	4	4	4	3	3	3	3	3	2	2	2
127	6	6	6	6	5	5	5	4	4	4	4	4	3	3	3
139.7	6	6	6	6	5	5	5	4	4	4	4	4	3	3	3
152.4	6	6	6	6	6	6	5	4	4	4	4	4	3	3	3

*Fはフォームマンドレル，数値はボールマンドレルのボールの個数を示す．なおケーブルマンドレルの場合には，この数字の2倍に1を加える．ただし，左下の点線の内側の部分には2を加えること．

表 3.6 マンドレルの突出し量と曲げ特性[68]

マンドレル突出し量	マンドレルなし	−0.2 mm	0.5 mm	1.5 mm
最大肉厚減少率 [%]		21	22	32
へん平率 [%]	51	21	18	13
外観	外側へこみ 内側しわ	良好	良好	曲げ終端マンドレルによる変形残り

らして，管材断面の形状精度を向上させた事例がある[12),70)]．これらは管材の周方向に負荷をかけるので，引張側の減肉を抑制することができる．また，方形管のプレス曲げでは心材を適用するとへん平変形は抑制されるが，断面が台形状になる．そこで，方形管側面の一部（圧縮側）に負荷を加えると，心材の適用だけでは抑制できなかった断面の変形を軽減させることができる[71)]．

これらを整理すると，心材の適用はへん平化の抑制に有効で，外側からの拘束は断面の形状精度を安定させる効果がある．

〔3〕 その他の方法

上述したマンドレルを適用すれば，しわの発生はある程度軽減されるが，本質的な抑制方法ではない．しわは圧縮応力が座屈限界値を超えた場合に発生するので，この圧縮応力を低くしなければならない．したがって，被加工材の長手方向に引張力を負荷しながら曲げることのできる回転引曲げや引張曲げが，しわの抑制に効果的である．しかしながら，引張力が高すぎると被加工材の引張側のフランジ部が極端に減肉し，割れを起こす恐れがあるので注意が必要である．逆に管材の後方から軸圧縮力を負荷する場合は，引張側の肉厚減少が抑えられることが理論解析で示されている[4)]．図3.64は回転引曲げにブースターダイを適用して軸力を制御し，管材の肉厚を変えた事例である[72)]．

このほか，図3.39で説明したワイパーダイの適用もしわの抑制に効果的である．マンドレルを介して被加工材の圧縮フランジ部を，プレッシャーダイと

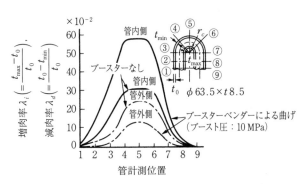

図 3.64 偏肉に及ぼすブースターダイの影響[72)]

ワイパーダイによって挟み込んで拘束し，しわを抑制することができる．しかしながら，曲げ点とワイパーダイが接触する箇所の調整は簡単ではない．また，ワイパーダイ先端部は薄く，摩耗による破損が懸念される．そこで，これらの問題を解決する図3.65に示すような，曲げ型とワイパーダイが一体になったちょうつがい式の曲げ型が開発されている[73]．

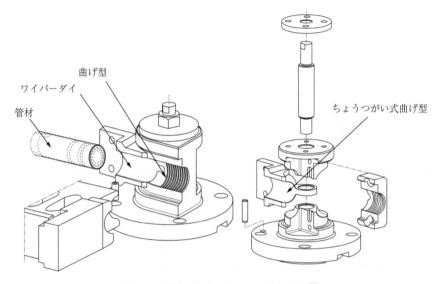

図3.65 従来型とちょうつがい式曲げ型[73]

3.6 加工限界

円管や形材の曲げ加工限界は，断面変形や肉厚変化などの形状精度で規定される場合もあるが，一般的には，くびれ，破断，屈服，しわなどの不良現象の発生で規定される．

3.6.1 断面変形

〔1〕へん平変形

曲げによるへん平化の尺度として，へん平率 $D_f = (d_{max} - d_{min})/d_0$ が適用さ

れる．ここで，d_{max} はへん平化した横断面の最大外径，d_{min} は最小外径，d_0 は素円管外径である．場合によっては，長径部の変化率として $D_l = (d_{max} - d_0)/d_0$，短径部の変化率を $D_s = (d_0 - d_{min})/d_0$ として表す．

円管の均等曲げにおけるへん平率はつぎの実験式で示される[3]．

$$D_f = A \cdot \left(\frac{d_0}{2 r_c}\right)^B \tag{3.11}$$

ここで r_c は曲げ半径，A，B は表3.7のように肉厚比 $H_0 = 2 t_0/d_0$ と各種材料で定まる定数としている．式（3.11）から肉厚が薄く，曲げ半径が小さな円管ほどへん平率が大きくなることがわかる．

表3.7 へん平化を示す式（3.11）の定数 A，B の値[3]

材質	A	B
A 1100	$\dfrac{0.07}{(H_0 - 0.05)^{2.67}}$	$\dfrac{1.4}{(H_0 - 0.05)^{0.167}}$
A 5056	$\dfrac{0.03}{(H_0 - 0.017)^{3.73}}$	$\dfrac{1.32}{(H_0 - 0.012)^{0.267}}$
純銅	$\dfrac{0.08}{(H_0 + 0.4)^{9.51}}$	$\dfrac{0.07}{(H_0 - 0.08)^{0.042}}$

角管のへん平化では図3.66に示すように，引張り・圧縮フランジが断面内部へ落ち込み，それに伴ってウェブが断面外部へ膨らむ変形である．このへん平変形を力学的に考察した式をつぎに示す[56]．

$$P_{tn} = P_{cn} = t_0 W_0 C \left(\frac{h_0}{2 r_c}\right)^n d\theta \tag{3.12}$$

ただし，微小挟み角 $d\theta$ のへん平変形分力（引張，圧縮）P_{tn}，P_{cn}，曲率半径 r_c，角管の高さ h_0，幅 W_0，肉厚 t_0，加工硬化指数 n，塑性係数 C とする．式（3.12）では，曲げ加工度が進行し，曲率半径 r_c が小さくなるにつれてへん平変形分力は増加し，へん平変形が大きくなることを示している．

〔2〕 ウェブの変形

図3.67に示すウェブの変形は，チャンネル材のウェブが外側へ倒れ込む，

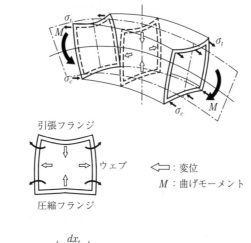

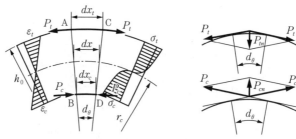

図 3.66 角管のへん平変形[56)]

(a) 外倒れ

(b) 内倒れ

図 3.67 ウェブの変形[74)]

または，内側へ倒れ込む変形である．ウェブ部が比較的短い条件や厚肉のものでは外側に倒れ，薄肉は内側に倒れるという事例[74)]があり，この場合は圧縮フランジやウェブにしわを伴う場合がある．

〔3〕 ねじれ変形

図3.41(a)に示した断面のゆがみは，非対称断面をもつ形材に発生する不整変形である．非対称断面に曲げモーメントが負荷されると，図心とせん断中心（ねじり中心）が一致していないためにねじれが発生する[44]．

〔4〕 偏　　　肉

円管や形材が曲げられると一般的に引張側が減肉し，圧縮側が増肉される．このような被加工材の肉厚の偏りを偏肉という．偏肉の尺度として偏肉率 $\lambda_t = (t_{max} - t_{min})/t_0$ が適用される．ここで，t_{max} は最大肉厚，t_{min} は最小肉厚，t_0 は被加工材の元の肉厚である．また，増肉率 $\lambda_i = (t_{max} - t_0)/t_0$，減肉率を $\lambda_d = (t_0 - t_{min})/t_0$ として表す場合がある．

円管の均等曲げにおける偏肉率 λ_t と無次元曲率の関係を実験式で示すと次式となる[3]．

$$\lambda_t = C \cdot \log_{10}\left(\frac{d_0}{2r_c}\right) + D \tag{3.13}$$

ここで r_c は曲げ半径，C，D は表3.8のように肉厚比 $H_0 = 2t_0/d_0$ と各種材料で定まる定数としている．式から肉厚が薄く，曲げ半径が小さな円管ほど偏肉率が大きくなることがわかる．

表3.8 偏肉率を示す式 (3.13) の定数 C，D の値[3]

材　質	C	D
A 1100	$0.092\,H_0^{-0.324}$	$0.158\,H_0^{-0.324}$
A 5056	$0.26\,H_0^{0.35}$	$0.30\,H_0^{0.11}$
純銅	$0.31\,H_0^{0.43}$	$0.37\,H_0^{0.26}$

このほか，回転引曲げにおいて実験結果とよく一致する円管の肉厚ひずみの計算が，有限要素法による解析で整理されている[75]．

3.6.2 破　　　断

破断は，比較的小さな曲げ半径で屈服を伴った方形管やマグネシウム合金の円管に曲げの圧縮側で発生する特殊な事例[44],[59]を除けば，曲げ外側の引張り

の領域で発生する．一般的に破断限界は引張試験による一様伸び限界によって判断される．曲げ加工では中立軸から圧縮側と引張側にひずみ勾配があるため，一様伸び限界より曲げによる破断限界の方が大きくなる．円管の曲げにおける最外側の引張ひずみ ε_0 はへん平変形がないものとして次式で表すことができる．

$$\varepsilon_0 = \frac{0.5 d_0 + e}{r_c - e} \qquad (3.14)$$

ただし，円管の外径 d_0，曲げ半径 r_c，中心軸と中立軸の距離 e とする．方形管の破断限界を考える場合には，式 (3.14) において，d_0 を断面の高さ h_0 として考えればよい．また，大まかに予測する場合には，中立軸と中心軸が一致 ($e=0$) しているものと考え，式 (3.14) は $\varepsilon_0 = d_0/2r_c$ となる．さらに，円管や形材などの長手方向に引張力が負荷される引張曲げでは，中立軸が曲げ内側（圧縮側）にずれ，e は値をもつために引張側のひずみが高くなり，破断限界は低下することになる．ひずみ量が高くならないように管材をつぶし，へん平化させた後，引張・圧縮側のひずみを小さくして曲げるつぶし曲げという加工法がある[76]．

3.6.3 屈　　　服

屈服は円管や方形管などの曲げによるへん平変形が局部的に増大して生じるものと，曲げ内側に発生するしわにより管材の断面二次モーメントが低下した場合に発生するものがある．図 3.68 にそれぞれの典型例[3],[77]を示す．へん平変形が局部的に増大する屈服の発生限度を求めた理論解析[7]によれば，均等曲げにおける限界曲率半径 r_b はつぎのような近似式で表すことができる．

$$\frac{r_m}{r_b} = 4.8 H_m^{2.0} \cdot n^{-(0.3 H_m^{-0.21})} \qquad (3.15)$$

ただし，円管の平均半径 $r_m = (r_0 + r_i)/2$，肉厚比 $H_m = (t_0/r_m)$，肉厚 t_0，加工硬化指数 n とする．式 (3.15) によれば，薄肉管や加工硬化指数が大きい材料ほど屈服が発生しやすい．また，方形管の回転引曲げ加工の事例でも，曲

3.6 加 工 限 界

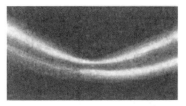

(a) へん平変形による屈服[3]

(b) しわによる屈服[77]

図3.68 屈服の典型例

げ半径が小さく加工度の高い加工条件では，屈服が発生しやすくなることがわかっている．このほか，へん平変形に由来する屈服の抑制には心金を適用することが一般的である．

3.6.4 し わ

しわは曲げの圧縮側で発生する座屈現象である．円管の均等曲げによる理論解析[6]によれば，しわが発生し始める曲げ半径 r_w は次式で表すことができる．

$$\frac{r_m}{r_w} = K \cdot H_m^{2.0} \cdot n^{-0.46} \tag{3.16}$$

ただし，円管の平均半径 $r_m=(r_0+r_i)/2$，肉厚比 $H_m=(t_0/r_m)$，肉厚 t_0，加工硬化指数 n，定数 K とする．屈服と同様に，式 (3.16) によれば薄肉管や加工硬化指数が大きい材料ほどしわが発生しやすい．

しわは座屈現象であるので，弾性域のオイラーの座屈荷重からわかるように，基本的には拘束条件，材料の長さ，断面二次モーメント，材質によって座屈限度が決定される．

円管および方形管の回転引曲げ加工における最小曲げ半径を**表3.9〜3.11**に示す[78]．また，回転引曲げをモデルとしたしわの発生限界について有限要素解析と理論解析を比較した事例もある[79]．このほかに，図3.10で示したプッシュロータリーベンダーによる曲げ加工限度を次式で予測している事例がある[41]．

$$\kappa = \frac{r_c}{d_0} \cdot \frac{t_0}{d_0} \tag{3.17}$$

ただし，円管の直径 d_0，肉厚 t_0，曲げ半径 r_c を加工条件としている．κ の値 0.005〜0.800 の範囲によってマンドレルの有無や種類，ワイパーダイの有無，曲げが可能な円管の材質などを予測することができる．肉厚や曲げ半径の小さなものほど κ の値は小さくなり，治工具の適用や材質などの条件が厳しくなる．

表3.9 鋼管の回転引曲げにおける最小曲げ半径[78]

外径 〔mm〕	肉厚 〔mm〕	最小曲げ半径 r_c/d_0			
		心金なし	心金入り		金型（シュー）と球状心金を併用
			円筒状心金	球状心金	
12.7〜22.225	0.89	6 ½	2 ½	3	1 ½
	1.25	5 ½	2	2 ½	1 ¼
	1.65	4	1 ½	1 ¾	1
25.4〜38.1	0.89	9	3	4 ½	2
	1.25	7 ½	2 ½	3	1 ¾
	1.65	6	2	2 ½	1 ½
41.275〜53.975	1.25	8 ½	3 ½	4 ½	2 ¼
	1.65	7	3	3 ½	1 ¾
	2.11	6	2 ½	3	1 ½
57.15〜76.2	1.65	9	3 ½	4	2 ½
	2.11	8	3	3 ½	2 ¼
	2.77	7	2 ½	3	2
88.9〜101.6	2.11	9	3 ½	4 ½	3
	2.77	8	3	4	2 ½

3.6 加工限界

表3.10 鋼管の回転引曲げにおける最小曲げ半径(曲げ角度別)[78]

外径 [mm]	肉厚 [mm]	最小曲げ半径 r_c/d_0				外径 [mm]	肉厚 [mm]	最小曲げ半径 r_c/d_0			
		心金入り曲げ角度		心金なし曲げ角度				心金入り曲げ角度		心金なし曲げ角度	
		90°	180°	90°	180°			90°	180°	90°	180°
9.53	0.71	2	2.3	3.3	6.7	34.93	3.05	1.5	1.6	2.7	3.6
	0.81	2	2.3	3.3	4.7	38.10	1.25	1.8	2.1	3.2	4.7
	0.89	1.7	2.0	3.0	4.7		1.65	1.75	1.9	3.0	4.3
	1.25	1.5	2.0	2.7	4.0		2.12	1.5	1.8	2.8	4.3
12.70	0.81	2	2.25	3.0	4.0		2.77	1.4	1.7	2.8	4.0
	0.89	1.8	2.0	3.0	4.0		3.05	1.4	1.6	2.7	4.0
	1.25	1.5	1.8	2.8	3.5	44.45	1.25	2.0	2.1	3.1	4.6
	1.65	1.5	1.8	2.5	3.5		1.65	1.7	1.9	3.0	4.3
15.88	0.89	1.6	2.0	3.2	4.0		2.12	1.5	1.6	3.0	4.3
	1.25	1.4	2.0	2.8	4.0		2.77	1.3	1.6	2.9	4.0
	1.65	1.2	1.8	2.4	3.6		3.05	1.2	1.5	2.9	4.0
19.05	0.89	1.8	2.0	3.0	4.0	50.80	1.25	2.0	2.1	3.25	4.5
	1.25	1.7	1.8	3.0	4.0		1.65	1.75	1.9	3.0	4.25
	1.65	1.5	1.7	2.7	3.3		2.12	1.75	1.9	3.0	4.25
	2.12	1.3	1.5	2.7	3.3		2.77	1.7	1.8	3.0	4.0
22.23	0.89	1.9	2.0	2.9	4.0		3.05	1.6	1.75	2.9	4.0
	1.25	1.6	1.9	2.9	3.7	57.15	1.25	1.9	2.1	4.4	5.3
	1.65	1.4	1.8	2.6	3.7		1.65	1.8	1.9	3.1	4.2
	2.12	1.3	1.6	2.6	3.4		2.12	1.8	1.9	3.0	4.2
25.40	1.25	1.6	1.9	3.0	4.5		2.77	1.7	1.8	3.0	4.0
	1.65	1.5	1.8	3.0	4.0		3.05	1.7	1.8	2.9	4.0
	2.12	1.25	1.8	2.75	4.0	63.5	1.65	1.8	1.9	3.2	4.0
	2.77	1.25	1.65	2.75	3.75		2.12	1.75	1.9	3.0	4.0
28.58	1.25	1.7	2.1	3.1	4.0		3.05	1.7	1.8	2.8	3.8
	1.65	1.6	2.0	2.8	4.0	76.2	1.65	1.8	2.0	—	—
	2.12	1.4	1.9	2.7	3.8		2.12	1.75	1.8	3.0	—
	2.77	1.4	1.8	2.7	3.8		3.05	1.7	1.75	3.0	—
	3.05	1.5	1.8	2.7	3.8	88.9	1.65	2.1	2.3	—	—
31.75	1.25	1.8	2.1	3.2	4.0		2.12	2.0	2.2	—	—
	1.65	1.7	2.0	3.0	3.8		3.05	2.0	2.1	—	—
	2.12	1.5	1.8	3.0	3.6	101.6	1.65	2.25	2.4	—	—
	2.77	1.4	1.7	2.8	3.6		2.12	2.1	2.25	—	—
	3.05	1.4	1.7	2.8	3.6		3.05	2.0	2.1	—	—
34.93	1.25	1.8	2.1	3.3	4.4	127	1.65	2.5	2.5	—	—
	1.65	1.7	2.0	3.1	4.0		2.12	2.4	2.45	—	—
	2.12	1.6	1.9	3.0	4.0		3.05	2.3	2.4	—	—
	2.77	1.5	1.7	2.9	3.6						

表3.11 角型溶接鋼管の回転引曲げにおける最小曲げ半径〔mm〕[50]

辺の長さ〔mm〕＼内厚〔mm〕	2.11	1.65	1.24	0.89
12.7	41.28	44.45	47.63	50.0
19.05	50.8	50.8	63.5	76.2
25.4	76.2	76.2	88.9	101.6
28.58	76.2	76.2	88.9	101.6
31.75	88.9	88.9	101.6	—
38.10	114.3	114.3	127.0	—
44.45	152.4	165.1	177.8	—
50.80	177.8	215.9	228.6	—
63.50	228.6	266.7	—	—
76.20	304.8	381.0	—	—

3.7 加工事例とその他

　医療業界や計測・分析業界において，薄肉でサブミリオーダの管径で三次元曲げの小曲げ半径製品が要求されている．加工事例を図3.69に示す[†1]．また，航空，宇宙，船舶などの産業界では構造部材だけでなく，レーダー部品として適用される導波管など，軽量化を目指した曲げ製品が要求されるようになってきた．

図3.69 小径管の三次元曲げ（SUS 316）[†1]

　近年，曲げ加工で適用されるようになった材料には，自動車業界を中心にアルミニウム合金押出し材，ERW高強度鋼管[12)]，AZ 31マグネシウム合金押出し材[59)]などがあり，軽量・高剛性を目的に適用されている．アルミニウム合金押出し方形管の三次元曲げの加工事例を図3.70に示す[†2]．このほか，断面

[†1] 株式会社津田製作所：http://www.tsuda-ss.jp（2019年2月現在）
[†2] 株式会社湯原製作所：http://www.yuhara.co.jp（2019年2月現在）

図 3.70　方形管の三次元曲げ[†1]

にリブ，フィンを設けた素管が高剛性や冷却効率を高めるための熱交換器に適用されている[80]．

曲げ装置ではCNC，マテリアルハンドリング用や曲げモーメントを負荷するアーム型ロボットが追加されるようになり，また，カメラやセンサーなどを適用した計測技術のめざましい発展で，図 3.71 のように曲げ角度など三次元的な寸法精度が得られ，曲げ加工中においてもその修正が可能となっている[†2]．

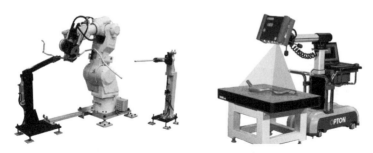

図 3.71　ロボットベンダーと計測[†2]

引用・参考文献

1) Allwood, J.M., Duncan, S.R., Cao, J., Groche, P., Hirt, G., Kinsey, B., Kuboki, T., Liewald, M., Sterzing, A. & Tekkaya, A.E.：CIRP Annals-Manufacturing Technology, 65 (2016), 573–596.

---

†1　前頁の†2と同じ．
†2　株式会社オプトン：http://www.opton.co.jp/index.html（2019年2月現在）

2) 中村正信・佐々木茂勝：プレス技術，**12**-8（1974），99-104.
3) 室田忠雄・遠藤順一：塑性と加工，**23**-255（1982），343-350.
4) 佐藤一雄・高橋壮治：塑性と加工，**23**-252（1982），17-22.
5) F.J. Fuchs, Jr：The Bell System Technical Journal, 38（1959），1457-1484.
6) 遠藤順一・室田忠雄：塑性と加工，**18**-202（1977），930-937.
7) 遠藤順一・室田忠雄：塑性と加工，**23**-258（1982），708-713.
8) 八菱機械株式会社：カタログ，（2002）．
9) 吉本実始：株式会社ベンカン機工技術資料，（2017）．
10) 千代田工業株式会社：カタログ，（1995）．
11) 加藤和明：第139回チューブフォーミング分科会研究例会前刷集，（2015），9-15.
12) 鈴木孝司・豊田俊介・佐藤昭夫・上野行一・岡田正雄：JFE 技報，17（2007），52-58.
13) 高橋和仁・久保木孝・村田眞・矢野功造：第60回塑性加工連合講演会講演論文集，（2009），377-378.
14) 湯原正籍・星野誠・和田修・礒幸男・神雅彦：塑性と加工，**53**-618（2012），646-650.
15) 中馬健一郎・西尾克秀・黒部淳：平成23年度塑性加工春季講演会講演論文集，（2011），55-56.
16) 岡田正雄：塑性加工技術セミナー資料，曲げ加工技術の実際とポイント，（2009）．
17) 株式会社ベンカン機工：「溶接式管継手」カタログ，（2017）．
18) 村田眞：塑性と加工，**54**-635（2013），39-40.
19) 村田眞・大橋信仁・鈴木秀夫：日本機械学会論文集 C 編，**55**-517（1989），2488-2492.
20) 村田眞・山本理・鈴木秀夫：塑性と加工，**35**-398（1994），262-267.
21) 加納善郎：第106回塑性加工シンポジウムテキスト，（1986），35-39.
22) 日鉄住金機工株式会社：特開2006-247664.
23) 中村雅勇・牧清二朗・中島正憲・中村義春：平成元年度塑性加工春季講演会講演論文集，（1989），287-290.
24) 中村雅勇・牧清二朗・原田泰典・林清隆・中島正憲：塑性と加工，**37**-424（1996），540-545.
25) 中村雅勇・牧清二朗・小山秀夫：塑性と加工，**46**-538（2005），1044-1049.

26) 中村雅勇・浅井雅広・牧清二郎・原田泰典・竹内聖：平成7年度塑性加工春季講演会講演論文集，(1995), 269-270.
27) 相田収平・白川正登・山崎栄一：新潟県工業技術研究所工業技術研究報告，38 (2009), 10-17.
28) 田中光之・小池正純・渡辺三男・道野正浩・佐野一男・成田誠：第42回塑性加工連合講演会講演論文集Ⅱ，(1991), 719-722.
29) 関戸豊：特許第3000017号．
30) 加藤和明：第99回チューブフォーミング分科会研究例会前刷集，(2002), 5-10.
31) 加藤和明：塑性加工技術セミナー資料，曲げ加工技術の実際とポイント，(1998), 11-12.
32) 富澤淳・松田英樹・森弘志・原三了・桑山真二郎・巣山崇・木下佑輔：第63回塑性加工連合講演会講演論文集，(2012), 171-172.
33) 窪田紘明・富澤淳・岡田信宏・山本憲司・浜孝之・宅田裕彦：塑性と加工，**57-668** (2016), 879-885.
34) 富澤淳・嶋田直明・窪田紘明・岡田信宏・坂本明洋・吉田経尊・山本憲司・森弘志・原三了・桑山真二郎：新日鉄住金技報397 (2013), 83-89.
35) 日本塑性加工学会編：塑性加工用語辞典，(2011), 143, コロナ社．
36) 上野恵尉・上田雅信・小林勝：塑性と加工，**30**-336 (1989), 26-30.
37) 日本塑性加工学会編：塑性加工便覧，(2006), 583, コロナ社．
38) 山下勇・室田忠雄・遠藤順一：塑性と加工，**28**-313 (1987), 172-179.
39) 遠藤順一・室田忠雄・山下勇：塑性と加工，**31**-352 (1990), 664-670.
40) 遠藤順一・室田忠雄：軽金属，**5**-42 (1992), 257-262.
41) 株式会社太洋：カタログ，(2006).
42) 坂木修次・内海能亜：塑性と加工，**52**-604 (2011), 572-576.
43) 奥出裕亮・坂木修次・吉原正一郎：塑性と加工，**53**-614 (2012), 241-245.
44) 奥出裕亮：学位論文（山梨大学），(2013).
45) 奥出裕亮・坂木修次・吉原正一郎：軽金属，**61**-9 (2011), 435-439.
46) 上田雅信・上野恵尉・鎌田充也・小林勝：塑性と加工，**22**-248 (1981), 904-911.
47) 上田雅信・上野恵尉・小林勝：塑性と加工，**25**-284 (1984), 793-798.
48) 山田収・村上碩哉・高崎光弘：塑性と加工，**30**-336 (1989), 37-42.
49) 上野康：第25回塑性加工連合講演会講演論文集，(1974), 237-238.

50) Kervich, R. J & Springborn, R. K.：Cold Bending and Tube Forming and Other Sections, (1966), ASTME.
51) 長谷川収・真鍋健一・西村尚：軽金属, **57**-6（2007）, 245-249.
52) 遠藤順一・西村尚・真鍋健一：塑性と加工, **19**-212（1978）, 742-749.
53) Oehler, G.：Tech Int., 56 (1967), 51.
54) 遠藤順一・室田忠雄：塑性と加工, **27**-301（1986）, 314-316.
55) 田辺弘人・宮坂明博・山崎一正・徳永良邦：塑性と加工, **36**-413（1995）, 651.
56) 坂木修次・内海能亜：塑性と加工, **46**-529（2005）, 160-164.
57) 長谷川収・西村尚：軽金属, **46**-5（1996）, 243-248.
58) 押出形材の成形法部会：軽金属学会研究部会報告書, 32（1996）.
59) 長谷川収・真鍋健一・井上直人・西村尚：塑性と加工, **48**-556（2007）, 422-426.
60) Franz, W. D.：Das Kalt-Biegen von Rohren, (1961), Springer-Verlag.
61) 相津昭一：プレス技術, **6**-4（1968）, 33-36.
62) 高橋和仁・渡邊峻士・久保木孝・村田眞・小野数彦・矢野巧造：塑性と加工, **49**-572（2008）, 896-900.
63) 内海能亜・吉田昌史・坂木修次：埼玉大学教育学部紀要, **60**-1（2011）, 119-124.
64) 長谷川収・征矢秀成・西村尚：軽金属学会第96回春期大会講演概要集, (1999), 261-262.
65) 貝田一浩・平野正和・藤井孝人・吉田正敏：Kobe Steel Engineering Reports, **47**-2（1997）, 17-20.
66) 村里有記・寺前俊哉・牧山高大：塑性と加工, **57**-668（2016）, 886-891.
67) 久保木孝・古堅宗勝：塑性と加工, **42**-491（2001）, 1243-1247.
68) 落合和泉：プレス技術, **17**-7（1979）, 60-63.
69) 小山秀夫・坂野泰史・小林謙一：第66回塑性加工連合講演会講演論文集, (2015), 327-328.
70) 高橋和仁・渡邊峻士・久保木孝・村田眞・小野数彦・矢野巧造：塑性と加工, **49**-572（2008）, 896-900.
71) Nakajima, K., Utsumi, N. & Yoshida, M.：Int. J. Precis. Eng. Manuf., **14**-6 (2013), 965-970.
72) 相津昭一：プレス技術, **4**-8（1966）, 75-80.
73) 野津健太郎：第68回塑性加工連合講演会講演論文集, (2017), 401-402.

74) 坂木修次・内海能亜・田口健・長谷川収：軽金属, **49**-9（1999），426-431.
75) 水村正昭・栗山幸久：平成19年度塑性加工春季講演会講演論文集，(2002), 247-248.
76) 中村正信・丸山清美・久保田晶之・中村友信・大木康豊：パイプ加工法第2版，(1998), 219.
77) 坂木修次：塑性と加工，**50**-581（2009），466-470.
78) Schubert, P. B.：Pipe and Tube Bending, (1953), The Industrial Press.
79) 吉田正敏・藤原昭文：塑性と加工，**41**-468（2000），74-78.
80) 工藤大輔・星野倫彦・山舘敏生：第64回塑性加工連合講演会講演論文集，(2013), 127-128.

4 ハイドロフォーミング

4.1 基　　　礎

4.1.1 概　　　論

　本章は，旧版ではバルジ加工と称されていた加工法に相当するが，本書ではあえてハイドロフォーミングという呼び名を用いることにする．そもそもバルジ加工とは，管の内部に圧力を負荷して膨らませる加工法であるが，その歴史は古く，1940年には，すでに銅管T継手の製造法としてアメリカで特許登録されている[1]．国内でも1950年代後半に，工業技術院名古屋工業技術試験所と財団法人自転車産業振興協会技術研究所によって，各種管継手の製造法に関する実験的な研究開発が行われている[2]〜[7]．その後，1960年代に各種管継手の工業化が始まり，おもに配管用継手[8]や自転車用継手[9]として普及してきた．
　そのバルジ加工がハイドロフォーミングと呼ばれ始めたのは1990年代であり，その適用分野は自動車部品であった[10],[11]．当時，自動車を取り巻く世界的な課題が二つ浮上しており，一つは自動車の衝突安全性の向上であり，もう一つは地球温暖化防止に向けた自動車の軽量化である[12]．この二つの相反する課題を解決する一つの手段として，中空閉断面構造が注目されるようになった．開断面構造と比較して強度や剛性的に有利だからである[13]．しかし，狭い自動車構造内に配置させるためには，管を複雑な形状に加工する必要があった．そこで近年のコンピュータ技術を取り入れた高度な加工機械と制御技術を駆使することで，以前のバルジ加工の時代よりもかなり複雑な形状の加工へと

4.1 基礎

発展したのがハイドロフォーミングである．このハイドロフォーミングは，欧米を中心に適用が始まったが，1994年から国際鉄鋼協会主導で始まった超軽量鋼製自動車車体 ULSAB（ultra light steel auto body）プロジェクト[14]を契機に世界的に広まり，わが国でも1999年から実部品への適用が開始された[15]．

ハイドロフォーミングが適用される自動車部品には，断面が複雑なだけでなく管軸方向に複雑な形状の物もあるため，曲げ加工やつぶし加工などの予加工を経た後に内圧を負荷される場合も多い．この予加工をプリフォーミングと呼んでいる．また，内圧を負荷した状態で管に穴をあけることも可能である．このような変形後の加工を総称してポストフォーミングと呼んでいる．これらのプリフォーミングやポストフォーミングも含めた一連の加工を広義のハイドロフォーミングと呼ぶこともある[16]．

以上をまとめて，従来のバルジ加工とハイドロフォーミングの比較[17]を**図4.1**に示す．このように旧版におけるバルジ加工と比べて，加工の範囲がかなり広く，高度になったハイドロフォーミングに関して本章では説明する．

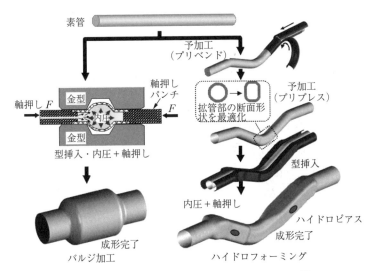

図4.1 バルジ加工とハイドロフォーミングとの比較[17]

4.1.2 理論

前項で述べたように，自動車部品に適用されるハイドロフォーミング部品の形状は複雑であるため，厳密な理論解析は難しい．しかし，その基本となる変形は自由バルジといえるので，ここでは自由バルジにおける基礎理論を紹介する[18]．自由バルジ成形中の管に生じる応力やひずみ，拡管限界，破裂圧力などを把握することでハイドロフォーミングの理解が深まり，加工方法の開発や部品設計などへ生かすことができる．

後述の加工法の分類でも述べるが，自由バルジとは，管の外側に型を置かずに，管を自由に膨らませる加工である．ここでは，内圧 p と軸荷重 W（引張りを正，圧縮を負）を受ける管は無限に長い円管とし，両端は蓋で閉じられているものとする（**図4.2**）．なお，ハイドロフォーミングでは管端から管を押し込むことを軸押しと呼ぶが，ここでいう軸荷重は管断面に発生する管軸方向の荷重を表す．肉厚 t は半径 R（$=D/2$（D：直径））に比べて十分に薄いものとする．変形は管軸に沿って一様に生じるものとして扱う．これらの仮定から，管には曲げモーメントが作用しないものとすることができる．管材料は等方性で，つぎの n 乗硬化則に従うものとする．

$$\sigma_{eq} = C \varepsilon_{eq}^n \tag{4.1}$$

ここに σ_{eq}, ε_{eq} は相当応力，相当ひずみ，C は塑性係数，n は加工硬化指数である．

管の変形前後の半径を R_0, R, 肉厚を t_0, t とする．このとき，管軸方向の力の釣合いから管軸応力 σ_φ は

$$\sigma_\varphi = \frac{pR}{2t} + \frac{W}{2\pi Rt} \tag{4.2}$$

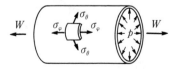

図4.2 内圧と軸荷重を受ける無限長円管（両端閉じ）

円周方向の力の釣合いから円周応力 σ_θ は

$$\sigma_\theta = \frac{pR}{t} \tag{4.3}$$

式 (4.2), (4.3) より

$$\frac{\sigma_\varphi}{\sigma_\theta} = \frac{1}{2} + \frac{W}{2p\pi R^2} \tag{4.4}$$

肉厚方向の応力 σ_t は，管の内表面で $\sigma_t = -p$，管の外表面で $\sigma_t = 0$ であるから，平均値として肉厚中心の値をとると $\sigma_t = -p/2$ となる．薄肉の仮定 ($t \ll R$) から $|\sigma_t/\sigma_\theta| = t/2R \ll 1$ となり，σ_t は σ_θ, σ_φ に比べて無視することができるので

$$\sigma_t \fallingdotseq 0 \tag{4.5}$$

これより円管は平面応力状態（二軸応力状態）であると考えることができる．

ひずみはつぎのように定義する．

$$\text{円周ひずみ：} \varepsilon_\theta = \ln\left(\frac{R}{R_0}\right) \tag{4.6}$$

$$\text{肉厚ひずみ：} \varepsilon_t = \ln\left(\frac{t}{t_0}\right) \tag{4.7}$$

$$\text{体積一定の条件：} \varepsilon_\varphi + \varepsilon_\theta + \varepsilon_t = 0 \tag{4.8}$$

式 (4.8) から，管軸ひずみは

$$\varepsilon_\varphi = -\varepsilon_\theta - \varepsilon_t \tag{4.9}$$

〔1〕 **内圧 p のみを負荷する場合**

$W = 0$ であるから，式 (4.2)～(4.4) より

$$\sigma_\varphi = \frac{pR}{2t}, \quad \sigma_\theta = \frac{pR}{t}, \quad \frac{\sigma_\varphi}{\sigma_\theta} = \frac{1}{2} \tag{4.10}$$

平面応力場における応力とひずみの関係式は

$$\left.\begin{array}{l}\varepsilon_\varphi = \left(\dfrac{\varepsilon_{eq}}{\sigma_{eq}}\right)\left(\sigma_\varphi - \dfrac{\sigma_\theta}{2}\right) \\ \varepsilon_\theta = \left(\dfrac{\varepsilon_{eq}}{\sigma_{eq}}\right)\left(\sigma_\theta - \dfrac{\sigma_\varphi}{2}\right)\end{array}\right\} \quad (4.11)$$

相当応力,相当ひずみは,管材料がミーゼスの降伏条件に従うときは以下のように表される.

$$\left.\begin{array}{l}\sigma_{eq} = \sqrt{\sigma_\varphi^2 - \sigma_\varphi \sigma_\theta + \sigma_\theta^2} \\ \varepsilon_{eq} = \dfrac{2}{\sqrt{3}}\sqrt{\varepsilon_\varphi^2 + \varepsilon_\varphi \varepsilon_\theta + \varepsilon_\theta^2}\end{array}\right\} \quad (4.12)$$

式 (4.10), (4.11) より

$$\varepsilon_\varphi = 0 \quad (4.13)$$

式 (4.5), (4.13) より, 内圧のみを受ける両端閉じの無限長円管は平面応力状態であり, かつ平面ひずみ状態 (二軸ひずみ状態) にあることがわかる. 式 (4.8), (4.13) より

$$\varepsilon_t = -\varepsilon_\theta \quad (4.14)$$

式 (4.14) と式 (4.6), (4.7) より $t = R_0 t_0 / R$ となるが, これは, 肉厚は張出し半径に反比例して減少することを意味している.

内圧と張出し量 (円周ひずみ) の関係は

$$p = \dfrac{Ct_0}{R_0}\left(\dfrac{2}{\sqrt{3}}\right)^{n+1} \varepsilon_\theta^n \cdot \exp(-2\varepsilon_\theta) \quad (4.15)$$

図 4.3 に無次元内圧 pR_0/Ct_0 と円周ひずみ ε_θ の関係 (実線) を示す. 最大内圧 p^* は

$$p^* = \dfrac{Ct_0}{R_0}\dfrac{2}{(\sqrt{3})^{n+1}}\left(\dfrac{n}{e}\right)^n \quad (4.16)$$

この式より, 管の初期形状寸法 R_0, t_0 および材料特性値 n, C がわかれば最大内圧を知ることができる. 図 4.4 に無次元最大内圧 p^*R_0/Ct_0 と n 値の関

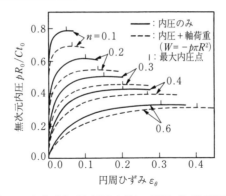

図 4.3 無次元内圧と円周ひずみの関係（無限長円管）

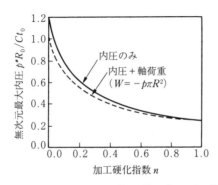

図 4.4 最大内圧に及ぼす n 値の影響（無限長円管）[18]

係（実線）を示す．

最大内圧時の円周ひずみおよび半径は

$$\varepsilon_\theta^* = \frac{n}{2}, \quad R^* = R_0 \cdot \exp\left(\frac{n}{2}\right) \tag{4.17}$$

式（4.17）より，最大内圧時における円周ひずみ（または張出し半径）は n 値が高い材料ほど大きいことがわかる．ただし，この値は管の管軸方向の単軸引張試験における最大荷重時の伸びひずみ（$\varepsilon = n$）の半分の値でしかないことは認識すべきである．

〔2〕 **内圧 p と軸荷重 $W = -p\pi R^2$ を同時に負荷する場合**

式（4.2）より

$$\sigma_\varphi = 0 \tag{4.18}$$

式(4.5)から σ_t も 0 であるから，管は σ_θ のみが作用する円周方向単軸応力状態である．式(4.8)，(4.11)より

$$\varepsilon_\varphi = \varepsilon_t = -\frac{\varepsilon_\theta}{2} \tag{4.19}$$

内圧と円周ひずみの関係は

$$p = \frac{Ct_0}{R_0}\varepsilon_\theta^n \cdot \exp\left(-\frac{3}{2}\varepsilon_\theta\right) \tag{4.20}$$

図4.3にこの場合の無次元内圧 pR_0/Ct_0 と円周ひずみ ε_θ の関係（破線）を示す．最大内圧は

$$p^* = \frac{Ct_0}{R_0}\left(\frac{2n}{3e}\right)^n \tag{4.21}$$

図4.4にこの場合の無次元最大内圧 p^*R_0/Ct_0 と n 値の関係（破線）を示す．最大内圧時の円周ひずみおよび半径は

$$\varepsilon_\theta^* = \frac{2n}{3}, \quad R^* = R_0 \cdot \exp\left(\frac{2n}{3}\right) \tag{4.22}$$

この式と内圧のみを負荷したときの式(4.17)を比較すると，軸荷重 $W = -p\pi R^2$ を内圧と同時に負荷した場合の方が，最大内圧時の円周ひずみ（張出し半径）は大きくなることがわかる．

以上が，無限長の円管における自由バルジの基礎理論であるが，管の長さが有限長の場合や，型を用いた型バルジの場合の理論は難しくなるので本書では省略する．それらの理論の説明は，日本塑性加工学会編『チューブハイドロフォーミング』[18)]に記載されているので参考にしてほしい．

4.2 加　工　法

3章の曲げ加工は，その加工原理や金型など非常に多岐にわたっていたが，ハイドロフォーミングは，原則，管内部に内圧を負荷して膨らませることは共

通しているため，曲げ加工ほど種類は多くない．しかし，各種条件によって使い分けられているため，本節ではその加工法の分類に関して説明する．

分類の視点には以下の4種類が挙げられる．

① 変形拘束による分類
② 負荷条件による分類
③ 加工温度による分類
④ 圧力媒体による分類

この視点でハイドロフォーミングの加工法を整理すると図4.5のようになる．以降，各視点に沿って加工法の分類を説明する．

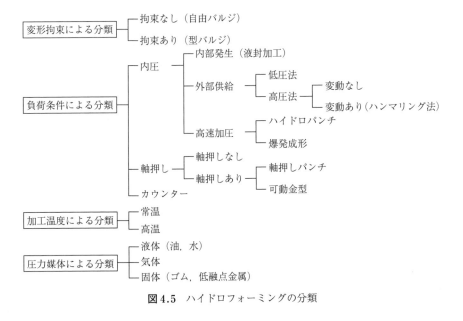

図4.5 ハイドロフォーミングの分類

4.2.1 変形拘束による分類

〔1〕 自 由 バ ル ジ

図4.6(a)に示されるような，管材料の外側に金型を置かず，管を自由に変形させる加工を自由バルジという．金型による管材料の拘束がほとんどな

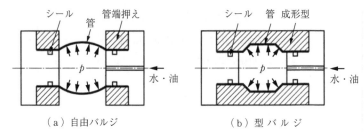

図4.6 自由バルジと型バルジ

く,変形に摩擦の影響が現れない.実際の製品を加工する際に用いられることはほとんどなく,管に生じる応力およびひずみ状態や,管材料の変形限界を調べる場合などに用いられる.

〔2〕型 バ ル ジ

図4.6(b)のように,金型内に置いた管に内圧や軸押しを負荷して張り出させ,金型形状に沿った形状に変形させる加工を型バルジという.実際の製品を加工する場合に通常行われる方法であり,以後説明する各分類の加工法は型バルジを前提とする.なお,型バルジでは,管の外表面が金型内表面に接触するため,管と金型との間の摩擦が加工性を大きく作用するが,詳細は後述する.

4.2.2 負荷条件による分類

一般的なハイドロフォーミングの例として,管をT字形状に成形する場合の金型構造を**図4.7**に示す.まず管を下金型に装着した後に上金型が下降し

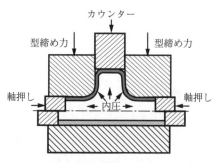

図4.7 T成形における金型構造と負荷外力[18]

て管を挟む．さらに，型が開かないように，型締め力を負荷するが，この型締め力が十分に大きければ加工中の管の変形には影響しない．管の変形に作用するおもな負荷項目は，管の内部から圧力をかける内圧と，管端からパンチで押し込む軸押しの二つである．また，図4.7のようなT成形のように，一部の金型を後退しながら加工する場合もあり，これをカウンターと呼ぶ．以後，これら内圧，軸押し，カウンターの負荷項目ごとに各種分類を説明する．

〔1〕内　　　圧

（a）**内部発生による内圧（液封加工）**　管に液体を封入した状態で外部から力を加えて管を押しつぶし，管内部の容積を減らすことで管内部の圧力を上昇させる方法である．液封加工とも呼ばれ，油圧ポンプを必要としない簡便な方法として用いられる．自由な内圧の制御はできないが，リリーフ弁を設けて一定圧以下に調整すれば，内圧が上がりすぎて管が破裂することを防止できる．**図 4.8** に原理図を示す[19]．

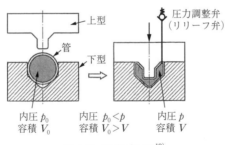

図 4.8　液 封 加 工[19]

（b）**外部供給による内圧**　ポンプまたは液圧シリンダーを用いて内圧を上昇させる方法で，内圧の制御が自由にできる．高圧が必要な場合は増圧機が用いられる．

さらに，外部供給による内圧の大きさによって高圧法と低圧法に分けられる[15]．その区分は相対的なものであり，約 100 MPa を境にしてそれ以上の場合を高圧法，それ以下の場合を低圧法と分類する例がある．また，加工プロセスも若干異なる．**図 4.9** に加工プロセスの比較，**図 4.10** にサイクルタイムの

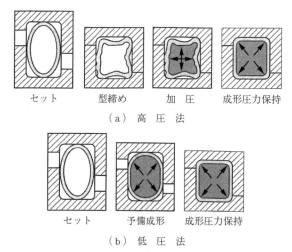

図 4.9 高圧法と低圧法の加工プロセスの比較 [15]

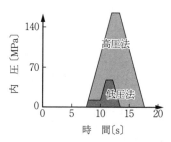

図 4.10 高圧法と低圧法のサイクルタイムの比較 [15]

比較を示す．高圧法では型が完全に閉じた状態で内圧を負荷するが，低圧法では型が完全に閉じる前から内圧を負荷する．ハイドロフォーミングでは，最終的に内圧の上昇で断面のコーナー R をシャープに加工するが，低圧法では，高圧法に比べて型が閉まる前から内圧が負荷されているため，型が閉じた時点である程度コーナーの加工ができている．そのため，比較的低い内圧でもシャープなコーナーに加工することが可能になる．また，内圧を低く抑えることで，サイクルタイムも短く，加工機械の投資も少なくできるという利点もある．しかし，複雑な断面や周長変化の大きい形状の加工は，低圧法では難しい．そのような場合は高圧法の方が適している．ハイドロフォーミングが自動

車部品に適用され始めた1990年代では低圧法も使われていたが，最近では加工できる形状自由度の高い高圧法の方が主流である．

　内圧は，時間や軸押込み量に対して制御するが，さらに振動を加える加工法も開発されており，ハンマリング制御[20]と呼ばれている．**図4.11**に負荷経路の例を示す．内圧の基本的な変化に対して，1～数Hzの変動周波数成分を上乗せする．**図4.12**にハンマリングの有無による加工品の比較例を示すが，ハンマリングによってハイドロフォーミングの加工性が向上する．その効果は，管外表面に対する金型内表面の拘束が周期的に減少して，材料流動が促進されるためといわれている．すなわち，潤滑条件をよくしたときと同様の効果がある．

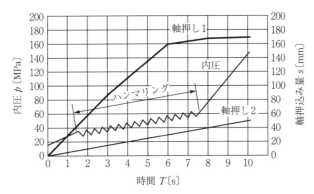

図4.11　ハンマリング制御の負荷経路の例[20]

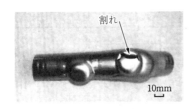
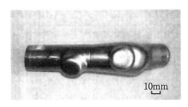

（a）ハンマリング制御なし　　　（b）ハンマリング制御あり

図4.12　ハンマリング制御の効果[20]

（c）高速加圧　　内圧を高速に上げる方法の一つにハイドロパンチ[21]がある．管内部に閉じ込めた液体をドロップハンマで叩いて生じた圧力を利用する方法である．そのほかには，液中放電を用いた加工[22]や爆発の瞬間的な

高エネルギーを利用した爆発圧着[23]などの研究例もある．

〔2〕 軸　押　し

（a）**軸押しなし（内圧のみの拡管）**　管端からの押込みをハイドロフォーミングでは一般に軸押しと呼ぶ．軸押しをすることで拡管が促進されるが，詳細は4.3節で説明する．その軸押しを負荷せずに内圧のみ負荷する場合，管は平面ひずみ状態で拡管されるため大きな拡管率（定義は4.3節で説明）は望めない．加工設備の構成上，軸押しが負荷できない場合だけでなく，管軸方向の途中に曲がりやつぶれ等の形状がある場合は，軸押しがその先に伝わらず，実質的に軸押しなしと同等の条件になる．

（b）**軸押しパンチによる押込み**　通常，軸押しは図4.7に示したような軸押しパンチを用いて管端を押し込む．管軸方向に材料を流入することで拡管を促進し，肉厚減少も抑制できる．ただし，前述のように途中に曲がりやつぶれ等の形状的な拘束があると，軸押しは伝わりにくい．また，金型との摩擦抵抗が大きい場合も伝わりにくい．

（c）**可動金型による押込み**　前述のように，管端からの押込みだけでは材料の流入が難しい場合，可動金型を用いることもある．周囲の金型自体が管軸方向に動くことで，その箇所の摩擦抵抗がなくなるため，材料を金型内部により押し込むことができる．図4.13は可動金型を用いて高枝管張出しを実現

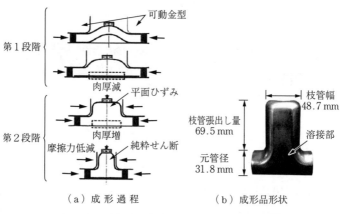

図4.13　可動金型を用いた高枝管張出し成形[24]

した例である[24]. 拡管される箇所の肩部を押し込むことで枝管部への材料流入を促進している. また可動金型の機構は, 古くからベローズの加工には用いられている[25]. 図4.14のように, 細かく分割された金型がアコーディオンのように管軸方向に動くことで, 蛇腹形状の各位置に一様に材料を流入させることができる.

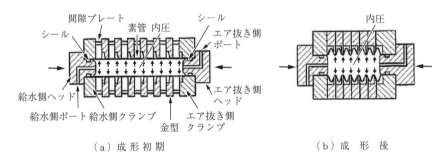

（a）成形初期　　　　　　　　（b）成形後

図4.14　ベローズの成形[25]

〔3〕 カ ウ ン タ ー

図4.7のT成形のように, 枝管を張り出させる際に, その頭頂部に別の金型を設ける場合がある. これをカウンターと呼び, それに用いられるパンチをカウンターパンチと呼ぶ. カウンターは枝管の張出しが進行するに従って金型の外部方向へ移動させる. カウンターの役割は, 張出し箇所で管との接触を維持することで破裂やしわの発生を抑制することにある. カウンターの移動は位置制御ではなく荷重制御される場合が多い. 荷重制御の方が管とカウンターとの接触が安定して維持できるからである. 例えば, カウンターにある一定荷重を金型の内部方向に負荷しておくと, 枝管頭頂部に接触した状態で張出し変形に従ってカウンターも外部方向に移動する. また前述の可動金型とカウンターを交差しながら動く特殊な金型を用いた例もある[26]. 図4.15のように, 可動金型に溝が設けられており, その溝の中を幅の広い交差型カウンターパンチが移動する構造である. この構造により, 加工の初期から最後に至るまで, 管が周囲から金型に拘束されるため, 破裂やしわを防止することが可能になり, 大

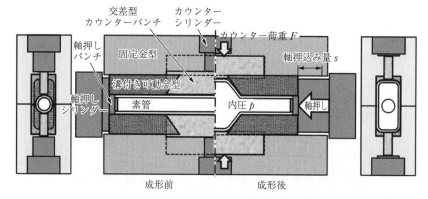

図4.15 可動金型とカウンターが交差する金型構造[26]

きな変形が実現できる.この例では素管の2.5倍以上の周長に拡管している.

4.2.3 加工温度による分類

〔1〕 常温での加工

ハイドロフォーミングは,一般には常温で加工される.加工発熱によって若干は温度が上昇すると思われるが,内部の媒体等で冷却されるため,加工直後でも加工品に問題なく触れられる程度の温度になっている.

〔2〕 高温での加工(熱間バルジ)

常温に比べて高温での加工性がよい管を加工する場合や,複雑形状製品をつくる場合に高温で加工が行われる.圧力媒体としては空気などの気体やシリコンオイル等の液体を用いる.潤滑剤は二硫化モリブデンや黒鉛などの固体潤滑剤が用いられる.アルミニウム合金管の実用化例[27]を図4.16に示す.常温では加工できない複雑断面形状をもつ製品が加工できる.そのほか,マグネシウム管も高温で成形性がよくなるため,高温での加工が検討されている[28].

また成形性の向上だけでなく,焼入れを目的とした高温での加工例[29]を図4.17に示す.前述のマグネシウム合金やアルミニウム合金の場合はせいぜい250〜450℃程度の温度であるが,鋼材の焼入れを目的とした場合は,鋼のAc_3

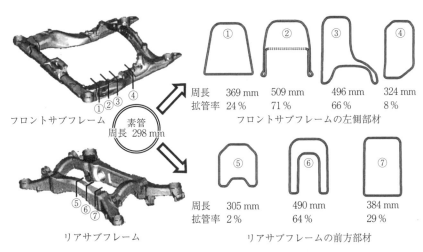

図 4.16 アルミニウム合金管の高温ハイドロフォーミング[27]

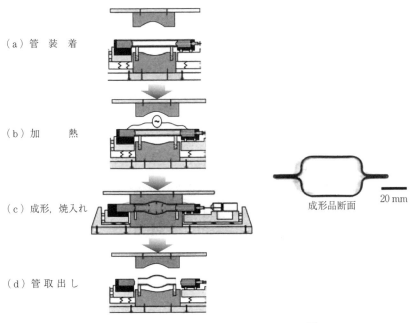

図 4.17 フランジ付き鋼管のホットスタンプ[29]

点（加熱時にフェライトがオーステナイトへの変態を完了する温度）以上の温度が必要であるため，約 950℃ の高温まで加熱する．通電加熱で鋼管を加熱した後に空気を内部に封入し，管の一部を上下金型で挟み込んでフランジを成形し，最終的には内圧を負荷して管を膨らませ，金型と接触させることで鋼管を冷却，焼入れする．

4.2.4 圧力媒体による分類

〔1〕 液　　　体

通常は圧力媒体として液体を用いる．古くからある配管継手等の加工では油を用いるのが一般的であったが，自動車部品の加工では水を使用する場合が多い．自動車部品の製造では，加工後に脱脂して塗装されることが多いため，脱脂しやすい水の方が扱いやすい．

〔2〕 気　　　体

水の沸点以上の温度で加工する場合の高温ハイドロフォーミングの場合は，空気や不活性ガスなどを用いる．ただし，日本の場合，気体の 1 MPa 以上の昇圧は高圧ガスの製造に値するため高圧ガスとしての届け出が必要になる[30]．なお，圧縮空気の場合，5 MPa 以下は適用除外になる．

〔3〕 固　　　体

厳密にはハイドロフォーミングとはいえないが，図 4.18 のように圧力媒体としてゴムなどの弾性体を用いる加工法がある．ゴムバルジと呼ばれ，古くから自転車用継手などの加工に使われている[31]．液体や気体に比べてシールが

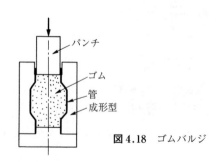

図 4.18　ゴムバルジ

容易である.ただし,管に作用する内圧が場所によって異なることは注意する必要がある.そのほか,低融点金属[32]や氷[33]を用いた実験例もある.

4.3 加 工 条 件

4.3.1 拡 管 率

ここで,ハイドロフォーミングにおける拡管率の定義に関して説明する.一般に,ハイドロフォーミング前後の断面の外周長の変化した長さを加工前の外周長で除した値を拡管率λで定義し,%表示で表現される場合が多い.例えば,外径D_0の管がコーナーRを有する縦a,横bの長さの長方形断面に成形される場合の拡管率λは,次式で計算される.

$$\lambda = \frac{2(a+b-4R+\pi R) - \pi D_0}{\pi D_0} \times 100 \ [\%] \tag{4.23}$$

一つの製品内でも管軸方向の位置によって断面形状が異なる場合は,各位置で拡管率が異なる.なお,拡管率の大きい方がハイドロフォーミングの加工難度は上がると思われがちだが,一概にそうとはいえない.同じ拡管率でも複雑な断面形状の場合は加工難度が上がるし,軸押しによる材料供給がされにくい位置も加工難度は上がる.

4.3.2 変形挙動と加工不良

〔1〕 自由バルジの変形挙動と加工不良

まず,基本的な自由バルジにおける変形挙動を説明する.管に内圧のみ負荷する場合は,管軸方向中央部が膨らんでいくが,軸押しが付与される場合は,制御様式や負荷経路によって変形挙動が異なる.**図 4.19**に管の二軸バルジ試験[34),35)]の例を示す.詳細な説明は2章で述べたが,周方向と管軸方向のひずみや応力を一定比率で制御しながら内圧と軸押しを負荷した試験である.この場合は,内圧のみ負荷する場合と同様に管軸方向中央部が膨らんでいく.いずれも内圧を上げ続けると最終的に管軸方向中央部で管が破裂して終了する.

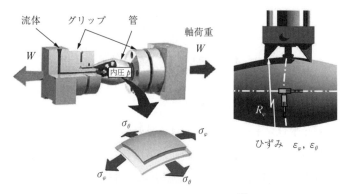

図4.19 二軸バルジ試験方法[35]

　一方，後述の実部品を加工するような型バルジの場合は，内圧をある程度負荷した後に軸押しを付与する．自由バルジでも同様の負荷経路で加工すると図4.20のような変形となる[36]．初期内圧が比較的高い場合は，軸押しの進行とともに内圧を昇圧しなくても管軸方向中央部が膨らみ続け，最終的にはその中央部で破裂する．初期内圧が低くなると軸押しの進行に伴い，両端に近い側も膨らみ，極端な例ではひょうたん状になる．最終的には，最も拡管されている位置で破裂するか，あるいは破裂しないまま鼓形状になる．

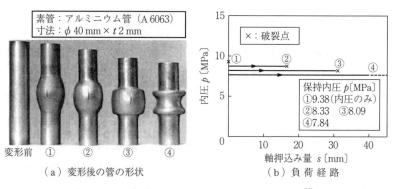

図4.20 自由バルジにおける負荷経路と変形形状[36]

〔2〕 型バルジの変形挙動と加工不良

型バルジの一般的な変形挙動として，丸断面の直管を一様な長方形断面に拡管する例を説明する．図4.21に，その内圧と軸押しの負荷経路とそれに伴う変形挙動を示す[37]．

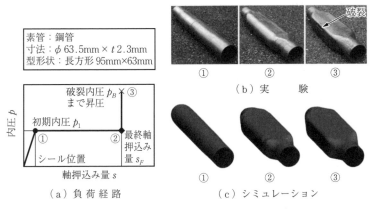

図4.21 長方形拡管における変形挙動[37]

① まず，初期内圧 p_1 を負荷する．基本的には軸押しせずに内圧のみを負荷するが，管端をシールするため若干量の軸押しを付与する場合が多い．初期内圧の大きさは，管が塑性変形を開始する圧力を目安とする．この時点では，ほとんど管軸方向ひずみは発生していない平面ひずみ状態と考えられるため，p_1 は以下のような式で計算できる．

$$p_1 = \frac{4}{\sqrt{3}} \sigma_y \frac{t_0}{D_0 - t_0} \tag{4.24}$$

ここで，σ_y は単軸引張における材料の降伏応力を示し，D_0 と t_0 は管の初期外径と肉厚をそれぞれ示しており，薄肉円管を仮定している．さらに材料の r 値を考慮すると式（4.24）は次式のようになる．

$$p_1 = 2\frac{1+r}{\sqrt{1+2r}} \sigma_y \frac{t_0}{D_0 - t_0} \tag{4.25}$$

なお，上式から得られる値は一つの目安であり，金型との接触状態等により適正な値は変わる．図4.21に示されるように，この状態では管はそれほど大きく拡管されない．

② つぎに，軸押しを負荷する．その際，内圧も昇圧しながら軸押しを負荷する場合もあるが，ここでは最も簡単な例として，内圧の値は維持したまま軸押しをs_Fまで増加させる．この状態では，内圧を昇圧しないにもかかわらず，軸押し荷重によって管が大きく拡管される．平面ひずみ状態から管軸方向圧縮ひずみが付与されることで，管の塑性変形が促進されるためである．

③ 最後に，軸押しを停止して内圧のみ昇圧する．この工程は，断面のコーナーRをシャープに成形するための工程であり，キャリブレーションとも呼ばれる[11]．なお，図4.21の例では，後述の成形可能範囲の表現で用いた負荷経路のため破裂内圧p_Bまで昇圧しているが，実加工では破裂内圧p_Bよりも低い内圧に最終内圧p_fを設定する．その最終内圧p_fは，目標とする製品形状の断面Rの大きさと，素管の肉厚t_0と引張強さσ_Bによって決まり，以下のように表される．

$$p_f = \sigma_B \frac{t_0}{R - t_0} \tag{4.26}$$

ただし，金型との摩擦条件によってはこれ以上の圧力が必要となる．

以上が一般的な型バルジの変形挙動である．つぎに加工不良に関して説明する．加工不良は大きく二つあり，破裂としわが挙げられる．

破裂にも2種類あり，比較的早期に発生する場合と終盤に発生する場合がある．前者は，上述の①や②の工程で発生し，まだ金型と接触していない箇所や，接触した面の中央部などで破裂する（**図4.22**（a））[38]．一方の後者は上述の工程③で発生し，コーナーRと平坦部との境界の位置で破裂する（図(b)）．

しわは，**図4.23**に示すように，大きく2種類に分けられる．図(a)は，管を上下金型の中に収めた際に，周方向に管の肉余りが生じて内側にへこんで

（a）加工初期に発生する金型非接触位置での破裂例

（b）加工後期に発生するコーナー R と平坦部との境界位置での破裂例

図 4.22　ハイドロフォーミングにおける破裂発生位置 [38]

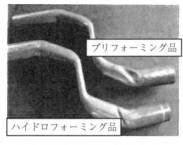

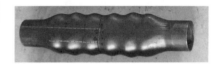

（a）周方向肉余りによるしわ [18]　　（b）軸押しによる管軸方向のしわ [37]

図 4.23　ハイドロフォーミングで発生するしわ

しわとなる場合である [18]．図（b）は，上述の工程②で軸押しを負荷することで管軸方向にしわが生じる場合である．ただし，ハイドロフォーミングの場合，しわが発生したらすべて不良品となるわけではなく，工程③の最終昇圧でしわが解消されれば良品となりうる [37]．時には，工程②であえて緩いしわを生じさせておいて，工程③でしわを解消させた方が，最終製品の肉厚分布で有利になることもある．

そのほかの加工不良としては，目標となる製品のコーナー R まで成形できない場合や，図 4.24 のように管端の軸押し箇所で内側に隆起するような不良もある [37]．また，曲げ加工などで問題となるようなスプリングバックは，ハイドロフォーミングではあまり問題にならない．全体にわたって周方向に伸びる塑性変形をするため，除荷してもスプリングバックする量は少ない．工程③

図 4.24 ハイドロフォーミングの軸押し過多で発生する内面隆起[37]

がキャリブレーションとも呼ばれている理由でもある．ただし，管の高強度化やヤング率低下に伴い，スプリングバックは増加する傾向にあるため，そのような材料を加工する場合はスプリングバックも考慮する必要がある．

4.3.3 加工負荷経路の影響

ハイドロフォーミングの加工良否に影響を及ぼす因子としてまず挙げられるのが，軸押しと内圧の負荷経路である．**図 4.25** にハイドロフォーミングの成形可能な条件を負荷経路で表現した例[39]を示す．一般的には，高内圧・低軸押しの領域で破裂が生じ，低内圧・高軸押しの領域でしわが生じるようなマップで描かれる．

しかし，実際には図 4.25 のような図では成形可能範囲を正確に表現できない．例えば，**図 4.26** に示されるように，成形可能範囲の枠内の経路を通っても破裂する場合もある（図中の経路（h））．また，いったんしわが生じても最終昇圧でしわが解消される場合もある（図中の経路（i））[40]．そこで負荷経路そのものではなく，最終軸押込み量と保持内圧で成形可能範囲を表した例[38]が**図 4.27** である．ここでは整理を簡単にするために，初期内圧負荷後の軸押しの最中には昇圧せず一定内圧としており，その内圧の値を保持内圧としている．また，最終内圧の値は決めずに，破裂しない範囲内の内圧で所定の形状が得られればよいという考え方である．所定の形状に対しての限界として，コーナー R 限界としわ限界を挙げている．そのほか，軸押し途中で破裂する破裂限界と管端隆起の発生限界を加え，4 本の成形限界線でハイドロフォーミングの成形可能範囲を表現している．この整理は，当該部品をハイドロフォー

4.3 加 工 条 件

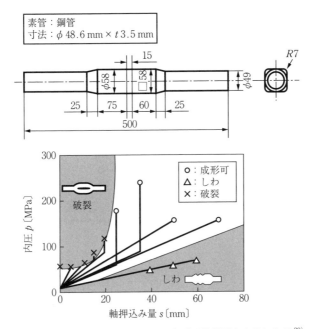

図 4.25 ハイドロフォーミングの成形可能範囲を表現した例[39]

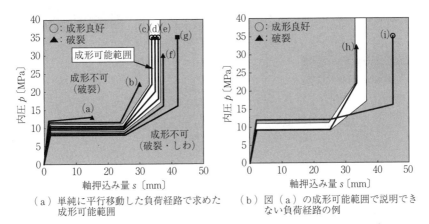

(a) 単純に平行移動した負荷経路で求めた成形可能範囲

(b) 図(a)の成形可能範囲で説明できない負荷経路の例

図 4.26 一般的なハイドロフォーミングの成形可能範囲の表現の問題点[40]

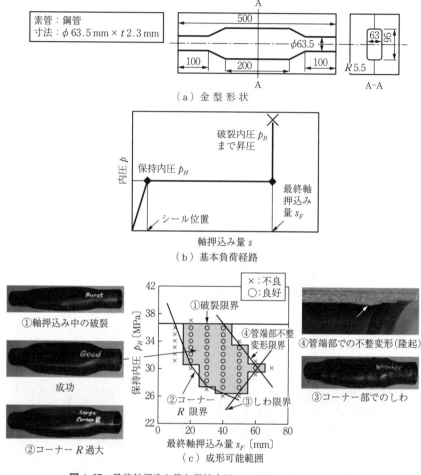

図 4.27 最終軸押込み量と保持内圧でハイドロフォーミングの
成形可能範囲を表現した例[38]

ミングする場合の適切な内圧と軸押しの指針が得られるだけでなく，成形可能範囲の広さを比較することで，使用する素管の成形余裕度も評価できる．

以上のように，ハイドロフォーミングの負荷経路が成形良否に及ぼす影響は非常に複雑で，適正な負荷経路を得るまでに試行錯誤が必要となり，最も加工技術者を悩ませる点である．シミュレーションは，実験で観察できない変形途中の状態も可視化できるため非常に有効なツールといえるが，適正な負荷経路

を得るまでは，実験と同様に試行錯誤が必要となる．そこで，適正な負荷経路を自動的に求める試みも研究されている．図 4.28 はファジィ制御を用いて T 成形の適正な負荷経路を求めた例[41]である．今後，ハイドロフォーミングを汎用的に広めるためにこのような研究の進展が期待される．

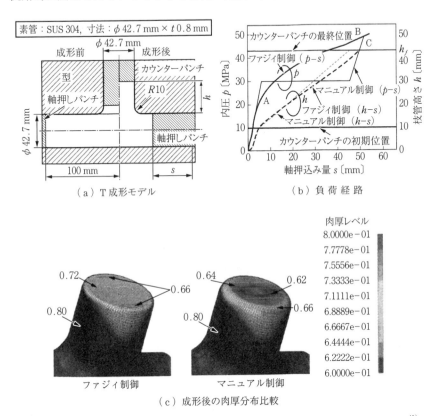

図 4.28 ファジィ制御を用いた T 成形の最適負荷経路の検討例（シミュレーション）[41]

4.3.4 材料特性および金型潤滑の影響

ハイドロフォーミングの加工良否に影響を及ぼすほかの因子としては，材料特性と金型潤滑が挙げられる．材料特性としてはおもに n 値と r 値の影響を検討した例が多く，金型潤滑は，摩擦係数 μ を取り上げてその影響を見ている．

一般的には，n値やr値が高いほど，摩擦係数μが低いほどハイドロフォーミングの加工性はよくなるといわれており，図 **4.29** の正方形に拡管する例のシミュレーション結果では，高n値，高r値，低μほど加工後の肉厚分布が均一になる[42),43)]．4.3.2項で紹介した成形余裕度のシミュレーション結果を図 **4.30** に示すが，本図からも高n値，高r値，低μほど成形余裕度は拡大する[44)〜46)]．ただし，注意すべき点としては，n値やμはほぼ全方位に成形可能範囲が広がるのに対し，r値の場合は，高圧側に移動しながら成形可能範囲が

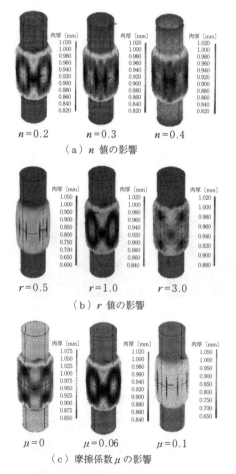

図 **4.29** 正方形拡管のハイドロフォーミング後の肉厚分布に及ぼす各種因子の影響（シミュレーション）[42),43)]

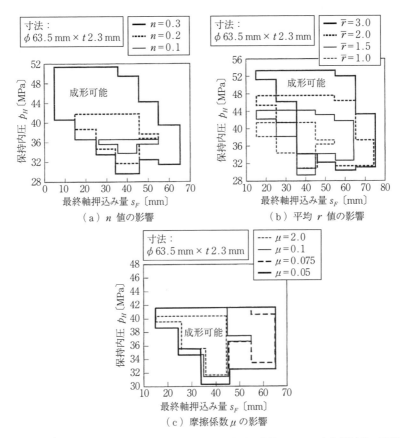

図 4.30 長方形拡管のハイドロフォーミングの成形可能範囲に及ぼす各種因子の影響（シミュレーション）[44)~46)]

広がる．すなわち，仮に r 値の高い材料に切り替えた場合，確かにハイドロフォーミングの成形可能範囲は広がり優位となるが，負荷経路を内圧高めに修正しないと，逆に加工不良が発生する可能性がある．

また，加工する形状によってもその効果は変化する．**図 4.31** は自動車のセンターピラー補強材の加工のシミュレーション例[47)]であるが，断面 C と断面 D で各種因子の効果が異なる．断面 C は管端から比較的近いため軸押しの影響が効きやすく，逆に n 値や r 値などの材料特性の影響は小さい．一方で断

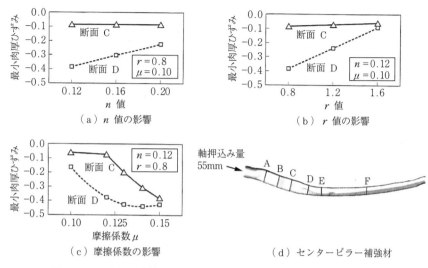

図4.31 センターピラー補強材の成形後の肉厚に及ぼす各種因子の影響（シミュレーション）[47]

面Dは管端から離れているため軸押しの効果が効きにくく材料特性の影響が大きい．摩擦係数μの影響においても，管端から近い断面Cではμを0.15から0.12に減らしただけでも大きく効果が出るが，断面Dではかなりμを低下させないとその効果が見えてこない．よって，加工する形状をよく考えたうえで，材料特性や摩擦条件などの対策を考える必要がある．

4.3.5 特殊な管材の加工

近年，自動車のさらなる軽量化や製品形状の複雑化が要求されており，ハイドロフォーミング用の素管も均一断面の管に限らず，管軸方向に断面が異なる管の適用も検討されている．ここでは，その例として，管軸方向に異なる肉厚の管をつなぎ合わせたテーラード管と，管軸方向に管径が線形に変化するテーパー管の加工に関して述べる．

テーラード管のハイドロフォーミングにおいて加工上難しい点は，内圧の条件である．製品の拡管率が大きくない場合はよいが，ある程度以上の拡管率の

製品を加工する場合は注意が必要である．つまり，薄肉管，厚肉管とも同じ内圧が負荷されるため，当然，薄肉管から膨らみ始める．そのため，式 (4.24) や式 (4.25) で計算される初期内圧を薄肉管用に設定すると，厚肉管が膨らまない状態で軸押しされて折れ込まれる．反対に，厚肉管用の内圧に設定しようとすると薄肉管で破裂する．

そこで**図 4.32** のようなテーラード管に適した負荷経路が提案されている[48]．まず，薄肉管用の初期内圧に設定された状態で薄肉管側の管端からの

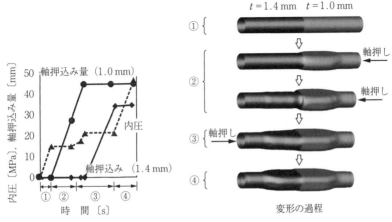

(a) テーラード管に適した負荷経路 (シミュレーション)

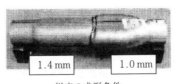

従来の成形条件

テーラード管に適した成形条件

(b) テーラード管の成形実験結果

図 4.32 テーラード管のハイドロフォーミングの適正な負荷経路[48]

み軸押しすることで，薄肉管を先行して拡管させる．このとき，厚肉管側にも軸押しの効果は若干作用するが，薄肉管側の金型との摩擦抵抗によってそれほど大きな軸押し効果は作用しない．つぎに，厚肉管側に適した内圧まで昇圧する．このとき，薄肉管側はすでに拡管がかなり進行していて，周囲の金型で保持されているため破裂しない．そして厚肉管側の管端から軸押しして厚肉管側も膨らませる．以上のような負荷経路によって，テーラード管のハイドロフォーミングが可能になる．

一方，テーパー管のハイドロフォーミングで難しい点は軸押し方法である．一般の軸押しでは，管軸方向に均一断面形状の素管が，同一断面形状の金型の空洞部をスライドする．しかし，テーパー管の場合は管軸方向に断面形状が変化するため同じ構造では軸押しできない．そこで，図4.33のような可動金型

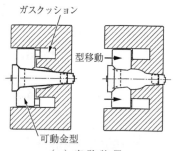

(a) 実験装置

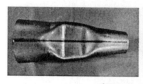 

プリフォーミング工程

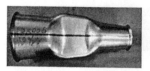 

ハイドロフォーミング工程
(b) 実験結果

図4.33 テーパー管のハイドロフォーミング例[49],[50]

を使用する方法が提案されている[49),50)].テーパー管の大径側の管を周囲から拘束した可動金型とともに材料を押し込む.この軸押し構造を採用することで,テーパー管のハイドロフォーミングが可能になる.

4.4 プリフォーミングとポストフォーミング

4.4.1 プリフォーミング

4.1.1項でも述べたように,自動車部品のような複雑形状の製品をハイドロフォーミングする場合,その前工程としてプリフォーミングが行われることが多い.しかもプリフォーミングの善し悪しが,それに続くハイドロフォーミングの加工可否に大きく影響する.プリフォーミングのおもなものは,拡管・縮管加工,曲げ加工,つぶし加工である.プリフォーミングの一番の目的はハイドロフォーミング金型に管を収めることであるため,上下の金型で閉める際に,管の挟み込みを防ぐ必要がある.この挟み込む現象をピンチングとも呼ぶ.

しかし,単にハイドロフォーミング金型の中に収めればよいというものではなく,その収めた際の金型内での位置や形状によってハイドロフォーミングの加工可否が変わる.例えば,曲げ加工形状がハイドロフォーミングの変形挙動に影響を及ぼす例[51)]をつぎに説明する.曲げ加工の方法や変形挙動に関しては3章で述べたため詳細は省略するが,一般的には曲げ外側で減肉され,曲げ内側で増肉される.そのため,ハイドロフォーミング金型に曲げた管を収めて,軸押しをせずに単純に内圧だけで膨らませると,曲げ外側から破裂する危険性が高い.しかし図4.34のように,軸押しを付与したハイドロフォーミングの場合,曲げ外側が先に金型に接触して曲げ内側の金型とのすき間が増大し,その後で曲げ内側が膨らむため,曲げ内側で破裂する危険性がある.このような例では,ハイドロフォーミングの金型に収めた際に,曲げ内側における金型とのすき間が小さくなるように調整した方が好ましい.

つぶし加工においても,ハイドロフォーミング金型内における形状が重要となる.ハイドロフォーミング工程における内圧の作用である程度のへこみやし

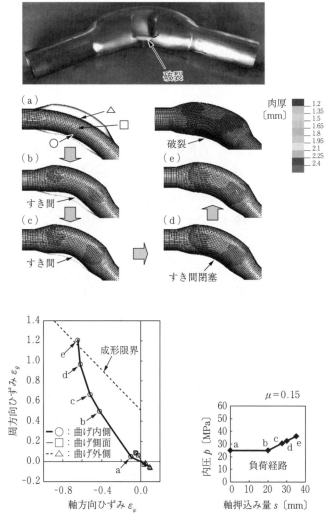

図4.34 曲げ後のハイドロフォーミングにおける曲げ内側で破裂する例[51]

わは解消されるが，大きな肉余りや大きなしわは最終昇圧でも解消されない（図4.23(a)参照）．そこで図4.35のような可動金型を使用して，つぶし加工の際のへこみやしわを極力減らす工夫が行われる[18]．また，図4.8で述べ

4.4 プリフォーミングとポストフォーミング

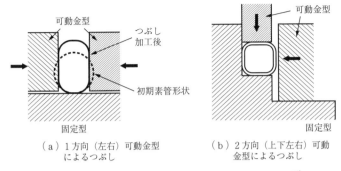

(a) 1方向（左右）可動金型によるつぶし　　(b) 2方向（上下左右）可動金型によるつぶし

図 4.35 プリフォーミングにおける金型構造の工夫例[18]

た液封加工をプリフォーミングとして使用する場合もある．内圧を負荷した状態で型を閉めるため，内圧のない場合と比べてへこみやしわを防止できる．

4.4.2 ポストフォーミング

ハイドロフォーミングの内圧を活用して変形以外の加工を施すことをポストフォーミングと呼んでいるが，中でもよく行われているのは，穴をあけるハイドロピアシングである[11]．ハイドロフォーミングの金型内で加工後に連続的に行うことができるため工程削減の効果があるだけでなく，離型前に穴をあけることができるため加工精度がよく，位置決め用の穴に利用されることが多い．

ハイドロピアシングは**図 4.36**のように，管の内部に向かって穴をあける内向きピアシングと，管の外側に向かって穴をあける外向きピアシングとがある[18]．一般的には，内向きピアシングが多く使われており，穴をあける際に必要とされるパンチ荷重 F_{pi} は次式で概算できる．

$$F_{pi} = \frac{1}{\sqrt{3}} \sigma_B t_0 L_{pi} + p_{pi} A_{pi} \tag{4.27}$$

ここで，σ_B は素管の引張強さ，t_0 は素管の肉厚，L_{pi} はパンチ周長，p_{pi} はピアシング時の内圧（一般的には最終内圧 p_f を使用），A_{pi} はパンチ端面の面積を示す．右辺第1項は穴あけ荷重，第2項は内圧に対する抵抗力である．

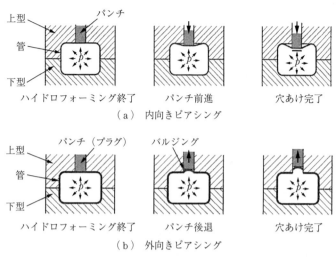

図4.36 ハイドロピアシング[18]

なお,穴をあけた瞬間やその後も,抜き面とパンチとの間,および穴周辺の金型と加工品の面との間でシールされ,ほとんど水は漏れない.そのため,複数箇所の穴を同時にあけることも可能である.また,穴をあけた後の抜きかすの処理がわずらわしい場合には,パンチ刃先の一部に丸みをもたせることで破断を防止し,飲料缶のプルタブのように管内側に折り曲げて残すこともしばしば行われる[11].

内向きピアシングの問題点としては,高圧下でピアシングしても若干穴の周辺が内側にだれることである.それに対して外向きピアシングは,だれがない点で有利である[52].ただし,穴をあける力は内圧のみのため,あけられる肉厚と強度が限られる.

そのほかのポストフォーミングとしては,図4.37のように,ハイドロピアシングをした後でその穴をさらに管内面側に押し広げるハイドロバーリング[53]や,それを応用した図4.38のようなナット埋込みなども開発されている[54].また,図4.39のように一部を挟み込んでフランジを成形するハイドロフランジング[55]や管を切断するハイドロトリミング[56]などもある.

4.4 プリフォーミングとポストフォーミング 143

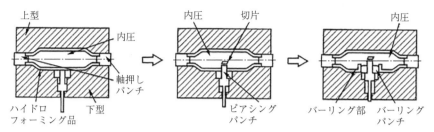

(a) ハイドロフォーミング終了　　(b) ハイドロピアシング　　(c) ハイドロバーリング

図 4.37　ハイドロバーリング[53]

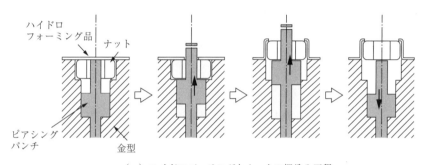

(a) ハイドロバーリングとナットの埋込み工程

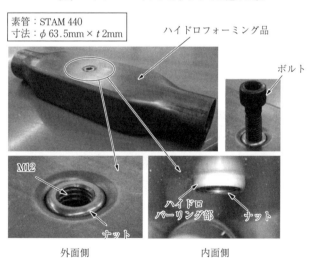

(b) ハイドロフォーム品へ埋め込まれたナット

図 4.38　ハイドロナット埋込み技術[54]

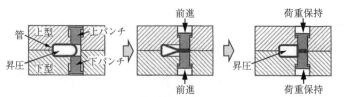

一次ハイドロフォーミング　減圧後フランジ成形　二次ハイドロフォーミング

（a）ハイドロフランジング工程

　実　験　結　果　　シミュレーション結果　　　実　験　結　果　　シミュレーション結果
　　壁面中央部フランジ　　　　　　　　　　　壁面下部フランジ

（b）ハイドロフランジング成形結果

図4.39　ハイドロフランジング[55]

4.5　型　設　計

4.5.1　上　下　金　型

　ハイドロフォーミングの金型は板のプレス加工の金型と異なり，雌型（ダイ）と雄型（パンチ）のうち雄型が存在しないが，素管や加工品の搬出入が必要なため，上下二つの金型に分割される．上下金型の分割する位置（型割り面と呼ぶ）はハイドロフォーミング後の加工品を取り出すことが可能なように，上面視で最も外側の位置に設定する（**図4.40**参照）．ただし，型割り面の位置が断面の左右で異なると，金型にスラスト力が作用する．スラスト力は断面内のオフセットだけでなく，**図4.41**のように，管軸方向のオフセットや金型内の内子の分割位置によっても発生する[57]．スラスト力 F_{th} は次式のようにオフセット量の面積 A_{of} と式（4.26）から得られる最終内圧 p_f から計算される．

$$F_{th} = p_f A_{of} \tag{4.28}$$

　オフセット量や内圧の値によっては，かなり大きな力になるため，金型にス

4.5 型　設　計

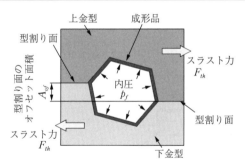

図 4.40 ハイドロフォーミングの金型の割り面とスラスト力

ラスト受けのブロックを設けたり，スラスト力をキャンセルするような配置などを考える必要がある．図 4.41（b）の例では，S 字形状の加工品を傾けて配置することでスラスト力をキャンセルしている．

上下金型を閉めた状態で維持するのに必要な型締め力 F_{cl} は，次式のように加工品の上面視における投影面積 A_{pr} と式（4.26）から得られる最終内圧 p_f から計算される．

$$F_{cl} = p_f A_{pr} \tag{4.29}$$

また製品のコーナー R が小さいと，式（4.26）から最終内圧 p_f が高くなるだけでなく，金型空洞部のコーナー R も小さくなるため，加工中の内圧による応力集中が大きくなる．発生する応力によっては加工中の金型割れの危険性があるので，金型厚みや金型材質の選定を検討する必要がある．応力の値は，加工品の断面形状や全体形状にもよるので，有限要素法などの解析で見積もることが望ましい．

4.5.2　軸押しパンチ

軸押しパンチに負荷される力 F_x は，**図 4.42** に示すように三つの力に分解できる．

$$F_x = F_p + F_\mu + F_f \tag{4.30}$$

ここで，F_p は内圧に対する反力を示し，一般には最終内圧 p_f に軸押しパンチ端の断面積を乗じた値を用いる．F_μ は管と金型の摩擦力を示し，F_f は管の

146   4. ハイドロフォーミング

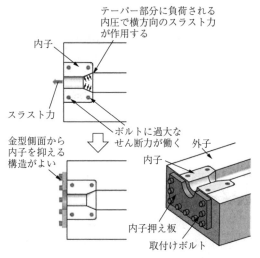

（a）内子構造におけるスラスト力対策

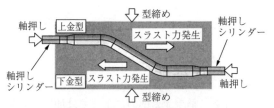

水平方向に軸押しシリンダーを配置した一般的なS字形状のハイドロフォーミング金型構造

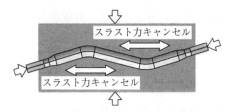

スラスト力をキャンセルするために斜めに軸押しシリンダーを配置したS字形状ハイドロフォーミング金型構造

（b）S字部品におけるスラスト力対策

図4.41 ハイドロフォーミング金型におけるスラスト力対策例[57]

4.5 型 設 計

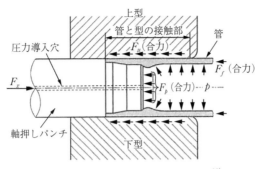

図 4.42 軸押しパンチに作用する力 [18]

塑性変形に関する軸押し力を示す．図 4.21 で説明したハイドロフォーミングの負荷経路のうち，②の段階では F_μ と F_f の値が大きく，③の段階では F_p の値が大きい．成形する形状や素管の強度や寸法にもよるが，一般的には③の段階における F_p が支配的であることが多く，しかも簡単に計算できることから，この値をもって軸押しシリンダーの仕様や軸押しパンチの設計をすることを推奨する．

軸押しパンチの設計でもう一つ重要な要素はシール性である．管内部の圧力をシールして，かつ，加工終了後に容易に管端から分離することが要求される．軸押しパンチのシール部の例 [17] を図 4.43 に示す．初期の水充填が容易と

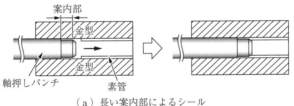

(a) 長い案内部によるシール

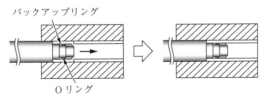

(b) O リングによるシール

図 4.43 軸押しパンチのシール例 [17]

なるようにOリングを用いることもあるが，Oリングだけでは高圧には耐えられないため，一般的には管端を塑性変形させるメタルシールが使用される．例えば，段などを設けて管端をパンチにくい込ませる[57]．また管端のしわを防止し，メタルシール部で確実にシールができるように先端に案内部を設けることも多い．

4.6 加工機械

4.6.1 加工システム

図4.44に一般的なハイドロフォーミングの加工システムを示す[58]．ハイドロフォーミングの加工システムは，工程ごとに使用する加工機械が異なり，生産速度も異なることが多い．特に，内圧を負荷するいわゆる狭義のハイドロフォーミングの工程では，内部に圧力媒体を充填する時間が必要なため加工時間（サイクルタイム）が多くかかる．製品の大きさや水の充填方法にもよるが，一般的には20～60秒程度のサイクルタイムとなる．そのため，図の例では，サイクルタイムの長い曲げとハイドロフォーミングの加工機械をそれぞれ2基設けて生産速度のバランスをとっている．また加工機械を2基設けると設備投資が過大になるため，一つの金型内で同時に複数個の製品を加工することもしばしば行われる．

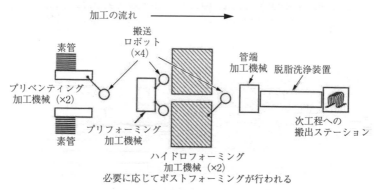

図4.44 ハイドロフォーミングの加工システムのレイアウト例[58]

4.6.2 装置構成

ハイドロフォーミングの一般的な装置構成を図 4.45 に示す[59]．配管は油の循環系と水の循環系がある．油は，型締め装置，高圧発生装置，軸押し装置の駆動に用いられる．水は管内部に挿入されてハイドロフォーミングの加工に用いられ，加工後は回収されてフィルタを通過して再利用を繰り返す．

型締め装置は，加工前後の素管や加工品の搬出入のための開閉と，加工中の内圧に対しての浮き上がり防止の二つの機能が要求される．その二つの機能を満足させる方式として，図 4.46 に示すような三つの種類がある．

① トップドライブ方式：通常の油圧プレスと同様，スライドで金型開閉お

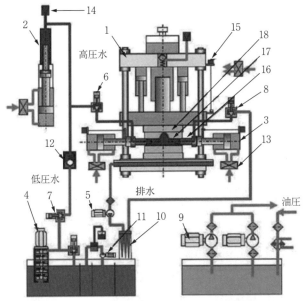

1. プレス機　　　　2. 増圧機　　　　3. 軸力シリンダー
4. 低圧送水ポンプ　5. 排水ポンプ　　6. 高圧送水弁
7. 低圧送水弁　　　8. エア抜き弁　　9. 油圧ポンプ
10. フィルタ　　　 11. 油水分離器　 12. チェッキ弁
13. サーボ弁　　　 14. 圧力センサー 15. 位置センサー
16. シールパンチ　 17. ワーク　　　 18. 金型

図 4.45　ハイドロフォーミングの装置構成[59]

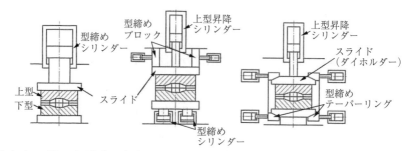

(a) トップドライブ方式　　(b) アンダードライブ方式　　(c) メカロック方式

図4.46　ハイドロフォーミングの型締め装置の種類[18]

よび型締めを行う．

② アンダードライブ方式：スライドで金型開閉を行い，スライド下降後にクラウンとスライドのすき間に荷重を受ける型締めブロックを挿入して，シリンダーで下から押し上げて型締めする．

③ メカロック方式：スライドで金型開閉を行い，テーパーリングやテーパークランプで型締めを行う．

また，図（c）の変則型として，金型開閉とメカニカルロックを分離することで小型化を指向した図4.47のような加工機械[60]もある．手前の位置で閉じられた上下金型を奥のC型フレームにスライドして搬入し，メカロックする

図4.47　コンパクトなハイドロフォーミング装置[60]

機構である.

　高圧発生装置は,**図4.48**に示されるように,一次側に油圧室,二次側に水圧室を設け,面積比によって高圧を発生させる[18].図(a)のように単動式が一般的だが,図(b)のような複動式もある.なお,内圧は軸押込み量との高精度な負荷経路を実現する必要があるため,サーボ弁を使用した制御となる.そのほか,加工水は繰り返し使用するため,回収および循環する装置が必要である.また機械の腐食やバクテリアの発生を抑えるために,加工水には防せい剤や防腐剤を混入したエマルジョン液を用いる.

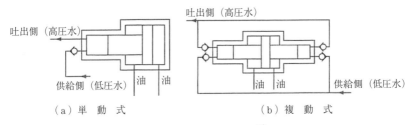

図4.48 高圧発生装置[18]

　軸押し装置も内圧と同様に高精度な制御が要求されるためサーボ弁を用いた制御となる.軸押しは荷重制御と位置制御があるが,実生産上は製品の寸法精度で有利となる位置制御を用いることが多い.

4.7 加 工 事 例

4.7.1 自動車部品

　4.1.1項でも述べたように,近年のハイドロフォーミングは自動車部品への適用拡大によって大きく成長したといえる.

　その中でも適用分野として多いのはシャシー分野である.特に**図4.49**に示されるようなサブフレームが多い.U字型に1本の管から成形されるエンジンクレードルの例[61]と,縦と横の井桁状に構成される例[62]とがある.また**図4.50**のような管の中央部分をU字やV字につぶしたトーションビームへの適

（a）エンジンクレードル　　（b）アルミニウム合金製リアサブフレーム

図4.49　サブフレームへの適用例[61,62]

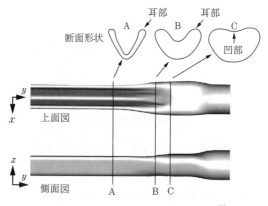

図4.50　トーションビームへの適用例[63]

用例[63]も多い．そのほか，冷間加工のみで元の管の3倍の周長（拡管率200％）に拡管したアクスルハウジングの開発例[26]（**図4.51**）もある．

排気系分野への適用例も多い．さまざまな枝管を張り出した部品に適用されており，例えば**図4.52**のようなエキゾーストマニホールドなどがある[64]．

ボディ系分野への適用も進んでいる．**図4.53**のようなフロントピラー[65]や**図4.54**のようなセンターピラー[66]への適用例がある．

そのほかの分野としては，操舵系としてステアリングコラムへの適用例[67]（**図4.55**）もある．

4.7 加工事例

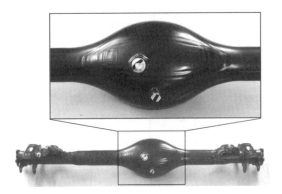

図 4.51 3倍の周長に拡管したアクスルハウジングの開発例[26]

素管：ステンレス鋼 SUS XM15J1
寸法：$\phi 48.6\,\mathrm{mm} \times t\,1\,\mathrm{mm}$

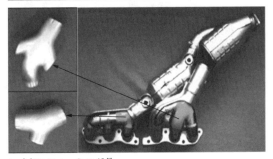

ハイドロフォーミング品

図 4.52 エキゾーストマニホールドへの適用例[64]

図 4.53 フロントピラー補強材への適用例[65]

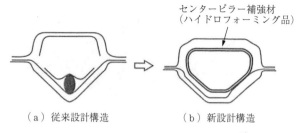

（a）従来設計構造　　　（b）新設計構造

図 4.54　センターピラー補強材への適用例 [66]

素管：STKM 11A 鋼管
寸法：$\phi 54.0\,\mathrm{mm} \times t\,2.0\,\mathrm{mm}$

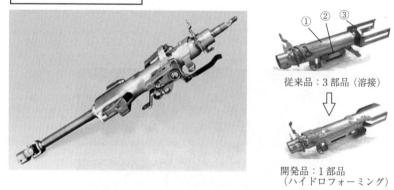

従来品：3 部品（溶接）

開発品：1 部品
（ハイドロフォーミング）

図 4.55　ステアリングコラムへの適用例 [67]

4.7.2　その他の部品

　バルジ加工として呼ばれていた時代から多く採用されていたのが，配管用継手 [8]，自転車用継手 [9]，管楽器である．図 4.56 のような配管用の継手 [68]，図 4.57 のような複数の枝管を張り出した自転車用継手，図 4.58 のようなホルン [69] などがある．

　そのほか，近年適用が拡大されてきた例も紹介する．四輪の自動車だけでなく自動二輪車にも使用されており，図 4.59 のようなスイングアームへの適用例がある [70]．図 4.60 は超耐熱合金管を用いてガスタービンの燃焼器に適用した例である [71]．また，小さいサイズへの適用拡大も検討されている．眼鏡部

4.7 加 工 事 例

（a）十字継手

（b）Y字継手

図 4.56　配管用継手への適用例[68]

（a）ハンガーラッグ

（b）ヘッドラッグ

図 4.57　自転車用継手への適用例

図 4.58　ホルンへの適用例[69]

図 4.59　自動二輪車のスイングアームへの適用例[70]

図 4.60　ガスタービン燃焼器への適用例[71]

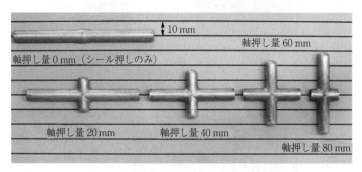

図 4.61　アルミニウム合金管の十字成形例（初期外径 8 mm，肉厚 0.5 mm）[72]

品などの適用を目的として，図 4.61 のような 10 mm 未満の径の管を用いた枝管成形の検討例がある[72]．医療分野や通信・電子分野への適用に向けてさらに小さい 1 mm 未満の径の適用例も検討されているが，このようなマイクロ加工の詳細は 9 章を参照されたい．

引用・参考文献

1) US Patent：2203868.
2) 高木六弥：自転車生産技術研究指導報告，(1957)，自転車工業会.
3) 小倉隆・上田照守：名古屋工業技術試験所報告，**7**-2 (1958)，89-94.
4) 小倉隆・上田照守：名古屋工業技術試験所報告，**7**-10 (1958)，719-723.
5) 小倉隆・上田照守・石川正光：名古屋工業技術試験所報告，**8**-9 (1959)，603-608.
6) 小倉隆・上田照守・石川正光：名古屋工業技術試験所報告，**11**-3 (1962)，131-136.
7) 小倉隆・上田照守・石川正光：名古屋工業技術試験所報告，**11**-9 (1962)，524-528.
8) 木村淳二：第75回塑性加工シンポジウムテキスト，(1981)，52-59.
9) 高木六弥：塑性と加工，**12**-120 (1971)，59-66.
10) 真鍋健一：塑性と加工，**39**-453 (1998)，999-1004.
11) Leitloff, F.U. & Geisweid, S.：塑性と加工，**39**-453 (1998)，1045-1049.
12) 柴田眞志：第180回塑性加工シンポジウムテキスト，(1998)，9-16.
13) Manabe, K.：Proc. ICEM-98，(1998)，119-125.
14) 栗山幸久：塑性と加工，**39**-453 (1998)，1009-1013.
15) 浜田基彦：日経メカニカル，539 (1999)，32-46.
16) 水村正昭・吉田亨：機械と工具，**46**-10 (2002)，46-51.
17) 阿部英夫・園部治：プレス技術，**39**-7 (2001)，24-27.
18) 日本塑性加工学会編：チューブハイドロフォーミング，(2015)，森北出版.
19) 真鍋健一・淵澤定克：塑性と加工，**52**-600 (2011)，36-41.
20) 輿語照明・伊藤道郎・水野竜人：塑性と加工，**45**-527 (2004)，1026-1030.
21) 富永寛・高松正誠：塑性と加工，**7**-69 (1966)，548-555.
22) 中沢克紀・谷治司郎・加賀廣：塑性と加工，**16**-171 (1975)，306-312.
23) 外本和幸・柿本悦二：塑性と加工，**44**-512 (2003)，906-910.
24) 佐藤浩一・平松浩一・弘重逸朗・真野恭一：平成18年度塑性加工春季講演会講演論文集，(2006)，1-2.
25) 浮田日出夫：塑性と加工，**32**-366 (1991)，818-824.
26) 和田学・金田裕光・水村正昭・井口敬之助：塑性と加工，**55**-647 (2014)，1102-1106.
27) 木山啓・北野泰彦・中尾敬一郎：軽金属，**56**-1 (2006)，63-67.
28) 地西徹・長沼年之・高橋泰・村井勉：平成22年度塑性加工春季講演会講演論文集，(2010)，189-190.

29) 野際公宏・石塚正之・井手章博・上野紀条：第68回塑性加工連合講演会講演論文集，(2017), 411-412.
30) 高圧ガス保安協会編：高圧ガス保安法規集第16次改訂版，(2016), 高圧ガス保安協会.
31) 蒲原秀明・吉富雄二・島口崇・野村浩：塑性と加工, **23**-255 (1982), 315-320.
32) 大橋隆弘・林一成・早乙女康典・天田重庚：平成12年度塑性加工春季講演会講演論文集，(2000), 261-262.
33) 大橋隆弘・松井一生・早乙女康典：第52回塑性加工連合講演会講演論文集，(2001), 27-28.
34) 桑原利彦：塑性と加工, **54**-624 (2013), 18-24.
35) 三原豊：塑性と加工, **53**-614 (2012), 183-187.
36) 淵澤定克：塑性と加工, **41**-478 (2000), 1075-1081.
37) 水村正昭・栗山幸久：塑性と加工, **44**-508 (2003), 524-529.
38) 水村正昭・本多修・吉田亨・井口敬之助・栗山幸久：新日鉄技報, 380 (2004), 101-105.
39) 木村剛・日高敏郎・安友隆廣・八島常明・川崎卓巳・川野征士郎・荒木俊光：第51回塑性加工連合講演会講演論文集，(2000), 347-348.
40) 水村正昭：学位論文（東京大学），(2006).
41) 真鍋健一・宮本俊介・小山寛：平成14年度塑性加工春季講演会講演論文集，(2002), 259-260.
42) 網野雅章・真鍋健一：第48回塑性加工連合講演会講演論文集，(1997), 373-374.
43) 真鍋健一・網野雅章：第49回塑性加工連合講演会講演論文集，(1998), 303-304.
44) 水村正昭・栗山幸久：塑性と加工, **45**-516 (2004), 60-64.
45) 水村正昭・栗山幸久：塑性と加工, **45**-517 (2004), 103-107.
46) 水村正昭・栗山幸久：塑性と加工, **45**-525 (2004), 817-821.
47) 吉田亨・栗山幸久・住本大吾・寺田耕輔・高橋進・真嶋聡・杉山隆司：平成12年度塑性加工春季講演会講演論文集，(2000), 425-426.
48) 井口敬之助・水村正昭・丹羽俊之・栗山幸久・澤田真也：材料とプロセス, **20** (2007), 974-977.
49) 富澤淳・泰山正則・亀岡徳昌：第56回塑性加工連合講演会講演論文集，(2005), 197-198.
50) 富澤淳・亀岡徳昌：第56回塑性加工連合講演会講演論文集，(2005), 199-200.
51) 水村正昭・栗山幸久：塑性と加工, **53**-614 (2012), 225-230.

52) 渡辺靖・阿部正一・富澤淳・内田光俊・小嶋正康：材料とプロセス，**20** (2007)，966-969.
53) 水村正昭・栗山幸久・井口敬之助：第56回塑性加工連合講演会講演論文集，(2005)，189-190.
54) 水村正昭・佐藤浩一・栗山幸久：平成20年度塑性加工春季講演会講演論文集，(2008)，231-232.
55) 内田光俊・小嶋正康・富澤淳・井上三郎・菊池文彦：平成22年度塑性加工春季講演会講演論文集，(2010)，181-182.
56) Liewald, M. & Wagner, S.：Proc. TUBEHYDRO 2007, (2007), 19-26.
57) 有田英弘：塑性と加工，**57**-671（2016），1142-1143.
58) 阿部英夫：塑性と加工，**45**-525（2004），809-813.
59) 福村卓巳：塑性と加工，**53**-614（2012），199-203.
60) 平松浩一・石原貞男・門間義明・波江野勉・本多修・佐藤浩一：塑性と加工，**46**-539（2005），1147-1150.
61) 菊池文明・大山和義・田代清：塑性と加工，**47**-550（2006），1064-1068.
62) 那須興太郎：プレス技術，**41**-3（2003），38-41.
63) 井口敬之助・和田学・水村正昭・末廣正芳：平成26年度塑性加工春季講演会講演論文集，(2014)，301-302.
64) 浜西洋一・加藤和明：第205回塑性加工シンポジウムテキスト，(2001)，37-43.
65) 日経 Automotive Technology 編：日経 Automotive Technology，1（2009），31.
66) 真嶋聡・住本大吾・杉山隆司・吉田亨・寺田耕輔・栗山幸久・高橋進：平成12年度塑性加工春季講演会講演論文集，(2000)，427-428.
67) 渡辺靖・阿部正一・下飯和美・富澤淳・内田光俊・小嶋正康・菊池文彦：平成19年度塑性加工春季講演会講演論文集，(2007)，255-256.
68) 木村淳二：プレス技術，**27**-11（1989），81-86.
69) 大内隆：塑性と加工，**19**-210（1978），573-578.
70) 木村剛・安友隆廣・川崎卓巳・金丸明夫・荒木俊光：川崎重工技報，**151**（2002），60-63.
71) 池内洋一・北野博・木村剛・藤原才治・河本康生・高木功司：川崎重工技報，**161**（2006），49.
72) 白寄篤：素形材，**55**-11（2014），22-27.

5 管端加工

1.1 基　　礎

5.1.1 大分類と概論[1),2)]

　管端加工には，口絞り加工，口広げ加工，カーリング・反転加工などがある．**図5.1**にそれぞれの加工による成形品例の概略図を示す．口絞り加工とは，管材の外側から剛体工具により円周方向に圧縮応力を作用させ，管の端末部をすぼめる加工法である．口絞り加工では管材の軸方向にも，軸荷重および摩擦力によって圧縮応力が作用する．口広げ加工とは，管端部に工具などを通して内側から外側に大きく広げる加工法である．加工手段によってほかの管端部成形と同様，プレスによる方法，回転加工による方法，内圧負荷のバルジ加工による方法，電磁成形などの高エネルギー速度加工による方法などに大別される．カーリングとは，管端あるいは深絞り容器の口辺部を外向きに，あるいは内向きに丸め，製品取扱い上の安全と，端部を補強するために行う加工法で

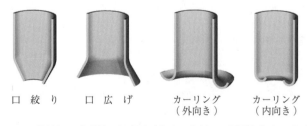

口絞り　　口広げ　　カーリング　　カーリング
　　　　　　　　　（外向き）　　（内向き）

図5.1　管端加工成形品の概略図（半分に分割して断面とともに表示）

5.1 基　　礎

ある．このカーリングをさらに進め，管の内面あるいは外面を完全にめくり返し，素管の軸中心と一致する新たな円管をつくり出すのが反転加工である．

　管端加工における材料変形や加工不具合を理解するために，**図5.2**に示すように，口絞り加工と口広げ加工の部位ごとの応力状態を，加工に伴う変化も含めて検討する．いずれの加工でも，薄肉円管であるとして肉厚方向の応力をゼロとする平面応力場を仮定する．図中の①～③は部位を表し，先端部を①，テーパー部と平行部の境界の部位を③，①と③の中間部を②とする．大文字の添字は加工段階を表し，Sは加工初期，Mは加工中期，Eは加工終期を表す．

　口絞り加工の応力状態は，肉厚方向の応力をゼロと仮定する平面応力場（薄肉円管の場合）では図5.2の第3象限の圧縮-圧縮の応力場となる．管の部位によって応力履歴は異なる．以下では周方向のしわなどは発生せず，軸対称な座屈のみが生じると仮定して考察する．前方に材料が存在しない①ではつねに①$_{SME}$の状態にある．座屈が生じる部位③では，曲げ部近傍で③$_E$の状態となり，法線ベクトル$\boldsymbol{n}_{③}$の方向に変形が進行して，周長が増加し座屈が生じる．中間部②がダイ斜面を移動する際に，②の応力状態は降伏曲面上を②$_M$から②$_E$まで移動する．

　見方を変えると，口絞りの進行に伴い応力状態は変化する．口絞り中期（M）において，平行部とテーパー部の境界である曲げ部直前の平行部では弾性状態②$_{Ma}$，曲げ部では②$_{Mb}$，先端では①$_M$の状態にある[3]．口絞り後期の座屈発生状況（E）において，曲げ部直前の平行部では塑性状態③$_E$，曲げ部では②$_E$に移行する．口絞り加工を表している第3象限では破断および破裂による加工限界は存在しないが，座屈を含めた各種の不良変形（**表5.1**参照）によって加工限界が決まる．

　口広げ加工の応力状態は，図5.2の主として第4象限の引張-圧縮の応力場となる．管の部位によって応力履歴は異なる．前方に材料が存在しない①ではつねに①$_{SME}$の状態にある．曲げ部③では③$_E$の状態となる．中間部②がダイ斜面を移動する際に，②の応力状態は降伏曲面上を②$_M$から②$_E$まで移動する．

　見方を変えると，口広げの進行に伴い応力状態は変化する．口広げ中期（M）

162   5. 管端加工

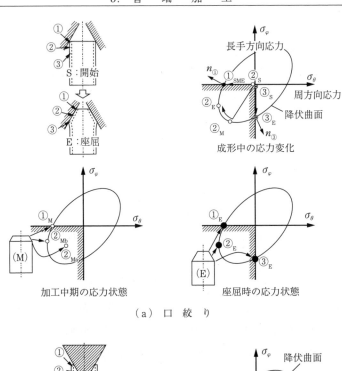

(a) 口絞り

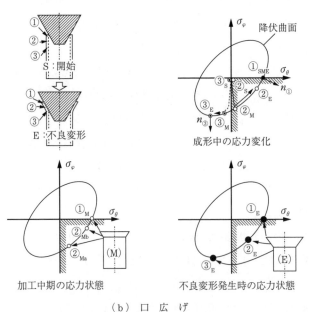

(b) 口広げ

図 5.2 管端部成形における応力状態

表5.1 円錐状口絞りで生じる座屈（しわ）および不良変形の様式 [2]

発生箇所	成 形 部			
モード	①	②	③	④
形　態	1/2波長座屈	1/4波長座屈	工具（ダイ）波打ち変形　円管	カーリング変形
成形条件	$\varphi <$約20°	約30°$< \varphi$	約30°$< \varphi$	約60°$< \varphi$　外側拘束，潤滑良
材　料	硬質材 (n値：小) t_0/d_0：小*	硬質材 (n値：小) t_0/d_0：小	—	—

発生箇所	円 筒 部	
モード	⑤	⑥
形　態	軸対称座屈	非軸対称座屈
成形条件	自由口絞り （拘束工具なし）	外側拘束口絞り
材　料	軟質材 (n値：大)	軟質材 (n値：大)

* t_0/d_0 が大でも高加工度になると発生

では，平行部とテーパー部の境界である曲げ部入側でも塑性状態に近く②$_{Ma}$，曲げ部では②$_{Mb}$，先端では①$_M$ の状態にある．口広げ後期（E）の不良変形発生状況下において，曲げ部入側は③$_E$ となる．平行部において座屈が発生するほか，σ_θ が最も大きくなる管端部では応力状態が①$_E$ であり，割れが発生する可能性がある．

　カーリング加工には外向きと内向きがあるが，外向きの場合，管が受ける変形は円周方向の伸び，子午線方向の曲げ，および肉厚方向のせん断が主たるものであり，これらが混在している．カーリング先端が素管の軸方向と逆向きになった後に起こる反転では，さらに曲げ戻しも加わり，カーリングが完了しても反転に至らず座屈することがある．内向きカーリング，内向き反転も外向きと同様であるが，外向きに比べて加工できる素管の寸法，および工具側条件などの適正範囲はより狭くなる．

　管端加工の中で口絞り加工が最も広く用いられているが，口絞り加工には，

①プレス成形，②回転成形，および③スエージング（6.3節参照）がある．①は，連続加工によって高能率な加工が可能である．しかし，加工力が大きくなる場合には，素管が座屈しないように工程を分割して加工度を抑えなければならない．②にはスピニング成形（6.2.2項参照），ローラー工具[4]や遊星ボールダイ[5]を用いた成形，揺動回転成形（6.4.4項参照）などがある．また，逃げありダイを用いた回転口絞り成形も提案されている（6.4.2項参照）[6]．逃げありダイの加工面は，材料と接触する円錐側面の一部と，材料と接触しない「逃げ部」からなり，接触面積の大きさの点において，逃げありダイを用いた回転口絞り成形は，プレス成形とスピニング成形の間に位置する．プレス成形に比べ生産性は劣るが，フレキシビリティに優れ，また適正な加工条件を選べば，プレス成形より加工限界を高くすることができる．③のスエージングマシンは，テーパー角度の小さい管細め加工などに多く用いられる．口絞り加工では，高圧ボンベや金属バットのクロージング（5.2節参照）のように開口端を完全に閉じて，製品とする場合がある．しかし，一般にはほかの管や部材と結合するための前加工として，配管部品および構造部材などに行われることが多い．

5.1.2 口絞り加工の理論[2),7)]

口絞り加工には，各種の加工法があるが，いずれも前述のように圧縮-圧縮の応力場で材料の成形が行われる点で共通している．ここでは最も基本的なプレスによる薄肉円管のテーパー加工の場合についての理論を示す（図5.3）．対象となる薄肉円管は，面内異方性のある n 乗硬化材料とする．また，肉厚方向の応力を無視し，曲げモーメントおよびせん断変形も無視した膜理論ならびに全ひずみ理論を適用する．

〔1〕 曲げ半径 ρ

テーパー加工において，ダイ入口部に形成される曲げ部（図5.3中 b-c 間）の半径 ρ は次式で与えられる．管端がダイになじみ始めるとき，およびカーリング変形のように曲げだけが生じる場合には

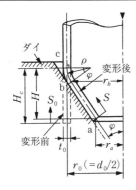

図 5.3 テーパー加工における変形

$$\rho = \sqrt{\frac{t_0 r_0}{4(1-\cos\varphi)}} \tag{5.1}$$

また，円錐成形部が形成され，曲げ・曲げ戻しが加わる通常の口絞りでは

$$\rho = \sqrt{\frac{t_0 r_0}{2(1-\cos\varphi)}} \tag{5.2}$$

となる[7)〜9)].

〔2〕 基 礎 式

以下に，基礎式を示す.

（a） **ひずみおよびr値**　周方向 θ，肉厚方向 t，子午線方向 φ のひずみとして

$$\varepsilon_\theta = \ln\left(\frac{r}{r_0}\right),\ \ \varepsilon_t = \ln\left(\frac{t}{t_0}\right),\ \ \varepsilon_\varphi = -(\varepsilon_\theta + \varepsilon_t) \tag{5.3}$$

塑性異方性係数として

$$r_\varphi = \left(\frac{\varepsilon_\theta}{\varepsilon_t}\right)_{\sigma_{\theta}=0} = \frac{H}{G},\ \ r_\theta = \left(\frac{\varepsilon_\varphi}{\varepsilon_t}\right)_{\sigma_{\varphi}=0} = \frac{H}{F} \tag{5.4}$$

ここで，F, G, H は Hill の異方性パラメータである.

（b） **応力とひずみの関係**　Hill の異方性理論を適用すると，全ひずみ理論における応力とひずみの関係は

$$\sigma_\varphi = -\frac{1}{\lambda}\left\{\frac{r_\varphi}{r_\theta}\varepsilon_\theta + \left(r_\varphi + \frac{r_\varphi}{r_\theta}\right)\varepsilon_t\right\},\ \ \sigma_\theta = \frac{1}{\lambda}(\varepsilon_\theta - r_\varphi \varepsilon_t) \tag{5.5}$$

ただし

$$\bar{\lambda} = \frac{3\,r_\varphi\{1+(1/r_\theta)+(r_\varphi/r_\theta)\}}{2\{1+(r_\varphi/r_\theta)+r_\varphi\}} \cdot \frac{\varepsilon_{eq}}{\sigma_{eq}}$$

$$\left.\begin{aligned}\sigma_{eq} = & \left[\frac{3}{2}\frac{1}{r_\varphi+r_\theta+r_\theta r_\varphi}\left\{r_\theta(1+r_\varphi)\sigma_\varphi^{\,2}+r_\varphi(1+r_\theta)\sigma_\theta^{\,2}\right.\right.\\ &\left.\left.-2\,r_\varphi r_\theta \sigma_\varphi \sigma_\theta\right\}\right]^{1/2}\\ \varepsilon_{eq} = & \left[\frac{2}{3}\frac{r_\theta+r_\varphi+r_\theta r_\varphi}{r_\varphi(1+r_\theta+r_\varphi)}\left\{\frac{r_\varphi}{r_\theta}(\varepsilon_\theta+\varepsilon_t)^2+\varepsilon_\theta^{\,2}+r_\varphi \varepsilon_t^{\,2}\right\}\right]^{1/2}\end{aligned}\right\} \quad (5.6)$$

$$\sigma_{eq} = C\varepsilon_{eq}^{\,n} \tag{5.7}$$

(c) 釣合い方程式

$$円錐成形部:\frac{d(r\sigma_\varphi t)}{dr} - \sigma_\varphi t(1+\mu\cos\varphi) = 0 \tag{5.8}$$

$$曲げ変形部:\frac{d(r\sigma_\varphi t)}{d\varphi} + \rho t \sigma_\theta \sin\varphi = 0 \tag{5.9}$$

ただし，μ はダイ-素管間の摩擦係数である．

(d) 成形荷重

$$曲げ応力を無視した場合:W = 2\pi r_0 t_c \sigma_{\varphi c} \tag{5.10}$$

$$曲げ応力を考慮した場合:W = 2\pi r_0 t_c \left\{\sigma_{\varphi c} + C\left(\frac{t_b+t_c}{4\rho}\right)^{1+n}\right\} \tag{5.11}$$

なお，上記の式は図5.3の点bにおける曲げ戻しを考慮している．

(e) 無次元量　　応力や加工力，曲げ部半径を次式で無次元化すると，汎用的な考察が可能となる．

$$\left.\begin{aligned}&\bar{\sigma}_{eq} = \frac{\sigma_{eq}}{C},\quad \bar{\sigma}_\varphi = \frac{\sigma_\varphi}{C},\quad \bar{\sigma}_\theta = \frac{\sigma_\theta}{C}\\ &\bar{W} = \frac{W}{Cr_0 t_0},\quad \bar{\rho} = \frac{\rho}{\sqrt{d_0 t_0}}\end{aligned}\right\} \tag{5.12}$$

〔3〕 境 界 条 件

計算は境界条件が明確な成形部先端（$r=r_a$ において，$\sigma_{\varphi a}=0$）から始める．そして，ダイ接触境界 $r_b=r_0-\rho(1-\cos\varphi)$ までは円錐成形部とし，そこから $r=r_0$ までを曲げ変形部として順次計算を行うと，一成形段階の計算が終了する．加工度の尺度として口絞り率 $\kappa=1-(r_a/r_0)$ を用いる．ここで，r_a は成形部先端の半径，r_0 は管の初期半径である．

5.1.3 口広げ加工の理論

ここでは，テーパー形状を有するパンチをプレスによって押し込むことにより口広げを行うフレア加工についての理論と結果の例を示す（**図5.4**）．口絞りと同様，n 乗硬化型材料を仮定し，膜理論と全ひずみ理論を適用する．

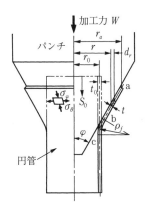

図5.4 口広げ加工における変形

口広げ加工においての曲げ半径，釣合い方程式や成形荷重などの基礎式，無次元量の考え方は，口絞り加工の場合と同様である．加工度の尺度としては，口広げ率 $\lambda=(r_a/r_0)-1$ を用いる．

理論解析結果の代表例を以下に示す[10),11)]．**図5.5** にパンチ入口部の曲げ変形を考慮した理論解析による応力とひずみ分布の代表例を示す．パンチ-素管間の摩擦係数 μ の影響はその値が大きいほど，圧縮の子午線方向応力 σ_φ がパンチ接触境界側で大きくなり，逆に円周方向応力 σ_θ は小さくなる．また，加工条件としてのパンチ半角 φ と μ は，摩擦力に関し定性的に類似の影響を示

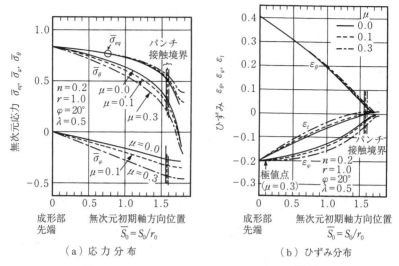

(a) 応力分布　　　　　　(b) ひずみ分布

図5.5　口広げ加工における応力・ひずみ分布 [10), 11)]

すため,応力状態はφが小さくなるほどパンチ接触長さが長くなって摩擦力が大きくなり,μが大きい場合と同様の結果となる.これに対応してひずみ分布は,μが大きいほど,あるいは,φが小さいほどパンチ接触境界側で子午線方向ひずみε_φ(圧縮)が大きく,さらに肉厚ひずみε_tも増大する.

5.1.4　カーリング・反転加工の理論

円管の肉厚t_0は平均半径d_0に比べて十分小さく,材料-工具面間に摩擦がないものとして,エネルギー法によりカーリングの変形機構,および反転加工の加工力が検討されている.以下にその結果を示す.

〔1〕　カーリングの変形機構 [12)〜14)]

管端が工具面へ曲げ戻されて口広げとなるか,曲げ戻しが起こらずカーリングが持続するかは,t_0,d_0,および工具側条件(半角φと導入部の円弧半径)により決定される.図5.6(a)のように導入部に沿って半径ρでカールした状態を考える.円弧部と円錐面との交点をPとし,点Pから先の材料につ

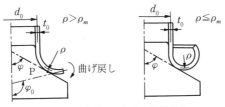

φ_0 は曲げ戻しを受けるときの先端角度

（a）工具面への曲げ戻し　　　（b）カーリング

図5.6 口広げとカーリングモード

いて，工具面上への曲げ戻しモードによるエネルギー増分よりカーリングモードのエネルギー増分が小さい場合にカールが持続することが解析されている[12]．それによれば，カーリング条件として，曲げの円弧部で生じる管の曲率半径 ρ が次式による値 ρ_m より小さくなくてはならない．

$$\rho_m = \sqrt{\frac{t_0 d_0}{8\{2\cos\varphi - (\pi - 2\varphi)\sin\varphi\}}} \tag{5.13}$$

$\sqrt{t_0 d_0}$ で無次元化して

$$\bar{\rho}_m = \frac{1}{\sqrt{8\{2\cos\varphi - (\pi - 2\varphi)\sin\varphi\}}} \tag{5.14}$$

となる．上式で $\varphi = 60°$ とすれば，$\bar{\rho}_m = 1.15$ が得られ，$\varphi_0 = 120°$ で曲げ戻しが生じ，口広げへ移行する．また，$\varphi_0 = 60°$ で $\bar{\rho}_m = 1$ の導入部半径を用いると，曲げ戻されずにカーリングが持続する．φ が大きいほど工具面への曲げ戻しは遅れることになり，図5.6（b）のようにカール部が形成される．もちろん，$\varphi = 90°$ では $\bar{\rho}_m$ は無限大となり，素管の座屈と口辺部破断が生じない限り必ずカールする．

一方，導入部のない円錐工具によるカーリングモードでは，解析による管の曲げ半径 ρ_0 の無次元表示が次式で与えられている[8),11)]．

$$\bar{\rho}_0 = \frac{1}{\sqrt{8(1-\cos\varphi)}} \tag{5.15}$$

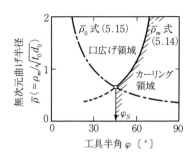

図 5.7　円錐工具によるカーリング開始条件

図 5.7[12]は式（5.14）と式（5.15）によるカーリング領域と口広げ領域を示し，$\bar{\rho}_m$ と $\bar{\rho}_0$ 両曲線の交点は $\varphi = \varphi_S$（約 45°）で，この φ_S が円錐工具によるカーリング開始角度である．

使用工具を，例えば $\varphi = 60°$ と設定したときは，式（5.15）の値より小さい半径の導入部を設けても $\bar{\rho}_0$（式（5.15）参照）で変形し，導入部と材料間にはすき間ができる．

〔2〕 **円弧工具による反転加工の加工力**[15]

図 5.8 で $\varphi = 90°$，円弧部の半径を $r_d = \rho + t_0/2$ とする．材料の変形抵抗は $\sigma_{eq} = C(\varepsilon_{eq} + \varepsilon_0)^n$ とする．ただし，σ_{eq}，ε_{eq}，n，C，ε_0 はそれぞれ相当応力，相当ひずみ，加工硬化指数，強度係数，および予ひずみの値である．円管が初期肉厚 t_0 一定のまま，直径が d_0 から d_1 まで単純に拡張される変形エネルギーと，曲げおよび曲げ戻しのエネルギーとの総和を最小にする $\bar{\rho}_0$ は次式

$$\bar{\rho}_0 = \frac{1}{2\sqrt{2}} \tag{5.16}$$

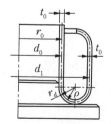

図 5.8　円弧状工具による反転

で与えられ，このときの加工力 $W_{\min}$ は次式（Al-Hassani-W. Johnson の式）となる．

$$W_{\min} = \frac{2\pi d_0 t_0 C}{n+1}\left\{\varepsilon_0 + \frac{2}{\sqrt{3}}\ln\left(1+\sqrt{\frac{2t_0}{d_0}}\right)\right\}^{n+1} \tag{5.17}$$

反転加工の解析[16)～19)]はいずれも前述の解析と同様，全ひずみ理論とエネルギー法によっているが，それらによる $\bar{\rho}_0$ と $W_{\min}$ に顕著な差はない．

5.2 加　工　法[20)]

図5.9に管端加工法の種類を示す．口広げ，口絞り，カーリング・反転加工のほか，管の軸・半径・側面方向の圧縮変形によって肉厚を変化させる据込み加工やパイプ断面のつぶし加工なども含まれる．

図5.9　管端部成形の種類

図5.10に管端加工の加工形状による分類[20)]を示す．口絞り加工にはテーパー加工，フランジ加工，管細め加工などがあり，特有なものとしては開口部をなくして閉じるまで加工するクロージングがある．口広げ加工にはフレア加工，フランジ加工，段付き加工などがある．口絞りと口広げの両方に対して，偏心加工やカーリングなどがある．

加工方法はプレスによる方法が代表的であるが，回転成形（スピニング，全面接触回転，揺動回転），ロータリースエージングによるスエージ加工などが

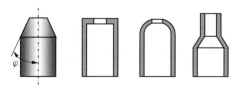

テーパー加工　フランジ加工　曲面加工　管細め加工

偏心口絞り加工　クロージング　カーリング

(a) 口絞り加工

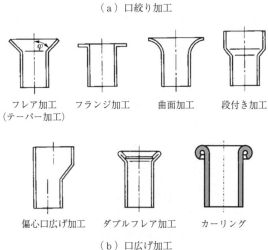

フレア加工　フランジ加工　曲面加工　段付き加工
(テーパー加工)

偏心口広げ加工　ダブルフレア加工　カーリング

(b) 口広げ加工

図 5.10　加工形状による管端部加工の種類 [20]

ある．図 5.11 に代表的な加工法 [20] を示す．回転成形，ロータリースエージングによる加工は 6.3 節を参照されたい．

ここではプレスによる加工形状別管端加工について，加工法，加工機械，加工製品事例を述べる．

5.2 加　　工　　法

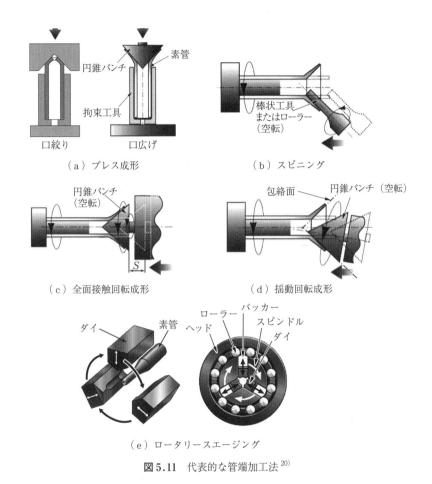

図 5.11　代表的な管端加工法[20]

5.2.1　プレスによる口絞り加工

〔1〕　概　　　要

図 5.12 に示すように，プレスによりダイにパイプ材料を押し込み，ダイ形状に成形する加工法である．設備はほかの工法と比較して安価で生産性も高い．加工形状はテーパー加工，管細め加工，偏心口絞り加工，カーリング加工もダイ変更で可能となり，汎用性が高い．フランジ加工，曲面加工も可能であるが，面精度に課題がある．

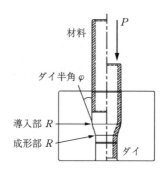

図 5.12 プレスによる口絞り加工

〔2〕 **適 用 指 針**

テーパー加工および管細め加工のテーパー角度（ダイ半角 φ）は 5°以上で，22〜30°が適する．通常 1 回の加工で可能な絞り率（$(d_0-d_1)/d_0$，d_0：絞り加工前外径，d_1：加工後外径）は，加工速度にもよるが，20〜28％程度である．これ以上の絞り率を必要とする場合は，数工程に分けて加工する．この場合，加工硬化によって加工力が大きくなるので，絞り率はしだいに小さくする．

図 5.13（a）のようなフランジ加工は，一度テーパー加工（図（b））した後で，平打ち（図（c））してフランジを付ける．図（c）の心金を使用することによりフランジのまくれ込み（図（d））を防止できる[21]．

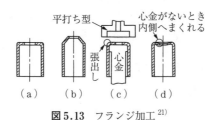

図 5.13 フランジ加工[21]

図 5.10 に示す曲面加工をプレスで行う場合は，成形時に座屈しないように素管全体を拘束することで大きな絞り率を得ることができる．

図 5.10 に示す偏心口絞り加工は，素管を偏心ダイ（ダイ入口側・出口側とも形状は同じでその中心がずれているダイ）で絞る．

5.2 加　　工　　法

〔3〕 加 工 機 械

図5.14にプレス加工機の例を示す．図(a)は汎用の縦型プレスを示す．素管が長い場合は，汎用の市販プレスでの加工が困難なため，製品の加工仕様に合った機械を製作する場合が多い．図(b)に示す機械は管をクランプする機能と管の端末を成形（プレス）する機能をもった横型のフォーミングプレス[22]である．絞り加工では，実用上，材料の座屈を緩和するために機械プレスに代えて油圧プレスが使用されることがある．

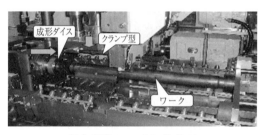

（a）汎用縦型プレス　　　　　（b）横型フォーミングプレス

図5.14　プレス加工機[22]

5.2.2　プレスによる口広げ加工

〔1〕概　　　　要

プレスによる口広げ加工は，図5.15に示すように，絞り加工のダイに代わるパンチなどを用いて管端部を内側から外側に広げる．図(a)はフレア（テーパー）加工[21]を，図(b)は段付き加工[23]を示す．加工形状はほかに図5.10に示すような，フランジ加工，曲面加工，偏心口広げ加工，ダブルフレア加工などがある．

〔2〕適 用 指 針

図5.10に示す口広げ加工（フレア加工，フランジ加工ほか）などは，求め

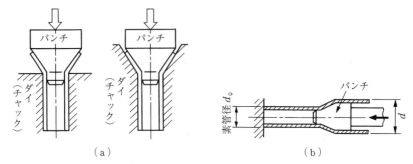

図 5.15 プレスによる口広げ加工 [21,23]

る成形形状に合わせたパンチを使用し，加工を行う．フレア加工，段付き加工などのパンチ半角は 20～25°付近が最適で，一工程当りの拡管率（$(d_1-d_0)/d_0$，d_0：広げ加工前外径，d_1：加工後外径）は材料にもよるが，20～25％が目安となる．多工程に及ぶ場合は，パンチ半角は徐々に大きくし，一工程当りの拡管率はしだいに小さくする設定が好ましい．円筒部座屈（素管）が発生する場合は拘束工具を使用する．

図 5.10 の偏心口広げ加工は，素管の軸心と拡管部の軸心を偏心させた口広げ加工で，**図 5.16** に示す偏心パンチを用いる．この加工はパンチなどを含めた工具および素管には偏心荷重が加わるため，それぞれが逃げたり，回転しないようにガイドなどで拘束する工夫が必要である．

図 5.17 は，フレア加工の発展形で管端フレア部を折返し二重とする加工法

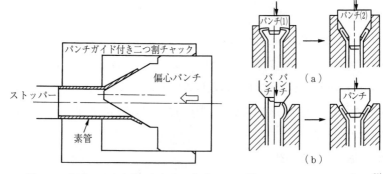

図 5.16 偏心パンチを用いた偏心口広げ　　図 5.17 ダブルフレア加工 [21]

5.2 加 工 法

であり，ダブルフレア加工と呼ぶ．代表的な2種類の工程を示す．パッキンを使用しない空・油圧配管継手部に使用されている[21]．

〔3〕 加 工 機 械

加工機は絞り加工同様，縦型または横型となる．パンチによる口広げは，図5.18に示す加工成形部に波打ち変形が発生する[21]．

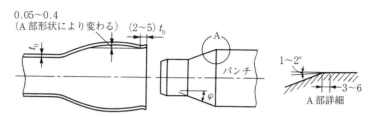

図5.18 パンチによる口広げ加工における管の変形挙動[21]

精度が必要な場合は図5.19に示す工法（機械）を採用する．ダイが先行した状態でパンチを挿入（図（a）），パンチを前進端で固定した状態でダイだけを後退させる（図（b））．ダイが後退しきった時点でパンチを後退させる（図（c））．この一連の動作により，広げ部の内外径が拘束しごき加工され，高精度な加工が実現される．一方で，この加工には複合動作ができる専用機が必要となる[21]（5.5.2項詳述）．

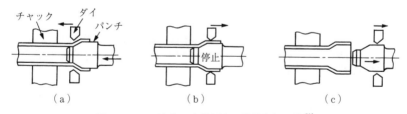

図5.19 しごき加工を併用する段付き加工法[21]

5.2.3 プレスによる口絞り・口広げ加工製品事例

〔1〕 概 要

加工製品事例は，単独工法，単独工程で製品となるものは少なく，複数工法

(口絞り・口広げ),複数工程の複合・組合せにより製造される事例が多い.

〔2〕加工製品事例

図 5.20 は自動車部品における特徴的な加工製品事例の一部を示す.図(a)はエアサスペンションチューブ,図(b)は材質フェライト系ステンレスのエキゾーストパイプを示すが,広げと絞り成形の複合多工程組合せにより製品中央部が膨らんだ複雑形状の成形を可能としている.図(b)はこれにより従来のフランジ締結からバンド締結に変更ができ,部品点数削減と軽量化を実現している.図(c)はチューブアクスルハウジングを,図(d)はステアリングコラムチューブを示すが,製品中央部は素管のままとし,左の管端を絞り,右の管端を口広げしている.製品中央部は未成形であり素管と等しく直径57mmである.左部は絞り径を38.1mm(絞り率33％),右部は広げ径を75mm(拡管率32％)としているため,左右の径差が2倍となっている.図(e)はチューブプロペラシャフトを示すが,衝突安全性に寄与する軸方向に変形しやすいダイ半角50°の絞り成形品である.

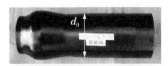

(a)エアサスペンションチューブ

(b)エキゾーストパイプ

(c)チューブアクスルハウジング

(d)ステアリングコラムチューブ

(e)チューブプロペラシャフト

素管径:d_0

図 5.20　プレスによる端末加工製品例

5.2.4 プレスによるカーリング・反転加工

〔1〕 概　　要

軸圧縮によるカーリング加工は，図5.21に示すように円弧状（半円弧[24]，1/4円弧[15]～[19]）あるいは円錐状工具を用いる．円錐状工具[25]～[27]を用いる場合，凸状工具で外カーリング変形，凹状工具で内カーリング変形となる．カーリング成形を継続させることにより反転成形も行われている．

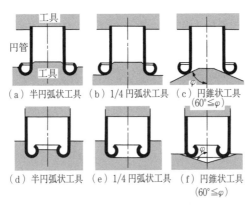

(a) 半円弧状工具　(b) 1/4 円弧状工具　(c) 円錐状工具
　　　　　　　　　　　　　　　　　　　　(60°≦φ)

(d) 半円弧状工具　(e) 1/4 円弧状工具　(f) 円錐状工具
　　　　　　　　　　　　　　　　　　　　(60°≦φ)

図5.21　外・内カーリング加工

〔2〕 適 用 指 針

カーリング加工あるいは反転加工では，工具円弧部の半径の決め方が重要となる．小さすぎると円筒部が座屈し，大きすぎると先端が破断してしまう．円錐状工具を用いる場合は，凸状の工具半角 φ（図5.21(c)）がおよそ60°以上で外カーリング変形となり，60～70°の範囲で安定に外反転加工ができる．凹状の工具半角 φ（図5.21(f)）はおよそ60°以上で内カーリング変形となり，80°以上になると座屈を生じやすくなるため，この範囲の φ が推奨される．

カーリング成形を継続させることにより二重管の成形も可能となる．図5.22(a)に示すように，フランジ加工後にフランジ部を固定し，円管を軸方向に反転させても成形可能である[28]．これは薄板プレス成形における再絞り成形と類似の成形になるが，この場合，図(b)のように円環状のパンチを用いなくても反転することが古くから知られている[29]．ただし，円環状のパンチを

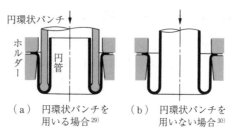

図 5.22　反転成形の一形式

用いないときの反転形状は円管の直径と板厚により決まり，特定の形状しか反転できない．

〔3〕　加工機械と加工製品事例

　加工機械は縦型汎用油圧プレスを採用する場合が多い．加工製品事例として，図 5.23 に示す自動車排気管のテールパイプ一体マフラーカッター[30]などがある．

図 5.23　反転成形自動車部品例[30]

5.2.5　アルミ飲料ボトル缶の製缶（管端）加工

〔1〕　概　　　要

　図 5.24 はアルミ飲料ボトル缶を示す†．アルミボトル缶は 2000 年にペットボトルに対抗して国内製缶メーカーにより実用化された．2015 年の日本のアルミ缶需要の実績では，214.1 億本のうち，ボトル缶が 25.6 億本を占めている．国内のアルミニウムの板材出荷量に占める飲料用缶材の割合は，30％強[31]に

---

†　日本製缶協会：http://www.seikan-kyoukai.jp/process/index.html（2019 年 2 月現在）

2ピースタイプ　　3ピースタイプ

図 5.24　アルミ飲料ボトル缶[†1〜†3]

達しており，きわめて重要な分野といえる．

ボトル缶には2ピースタイプ[†2]と3ピースタイプ[†3]の2種類が実用化されている．2ピースタイプのボトル缶は開口部の口絞り成形を66 mmの元径から38 mmまで口絞りする．3ピースタイプは，38 mmのほかに28 mmまで口絞りされているものもある．図5.25に示す例のように複雑な管端絞り部の成形加工が施されている[32)]．ボトル缶の管端（口）部加工は，多工程での大量生産技術といえる．

〔2〕 口部形状事例

図5.25に3ピースタイプのボトル缶の側面図の一例とその口部の拡大断面

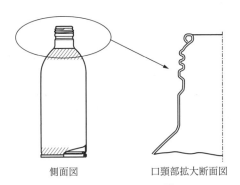

側面図　　　口頸部拡大断面図

図 5.25　口 部 形 状[33)]

---

† 1　前頁の†と同じ．
† 2　ユニバーサル製缶株式会社：http://www.unican.co.jp/product02.html（2019年2月現在）
† 3　大和製罐株式會社：http://www.daiwa-can.co.jp/product/drink_01.html（2019年2月現在）

図を示す．胴部の下端開口部は底蓋の巻締めにより密閉されている．口部は飲みやすい径まで絞られ，開口端部は安全を考慮したカール形状となっている．その下にキャップ螺合用ねじ，肩部につながるビードが形成されている[33]．

〔3〕 加工工法・工程

図5.26に3ピースタイプ製缶工程概要を示す．コイル材料からカップ成形，ボディ（drawing and ironing, DI）成形から検査まで多工程一連の自動工程となっている．管端成形加工としては，トップドーム成形，口部成形がある．3ピースタイプは，ボディ成形時の底部（材料の元板の厚さが残っている）の板厚を利用し，ねじ成形性とねじ部の剛性確保，さらに28 mmまでの口絞り成形を可能としている．

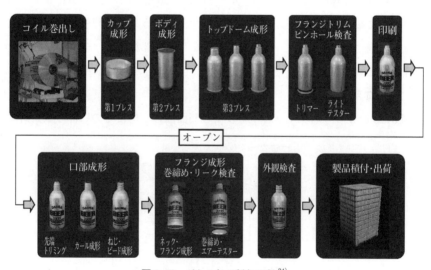

図5.26 ボトル缶の製缶工程[34]

図5.27にはトップドーム成形工程例を示す．トップドーム成形は5工程からなり，第3工程では，前工程の絞り加工によって形成された小径円筒部と肩部との境界線部分をなめらかなドーム形状にする工夫がなされている．

内容物充填後のキャッピング（巻締め）加工も管端かしめ加工となる．アルミのボトル缶はピルファープルーフ（pilferproof：キャップを回して開栓すると，キャップの下部のミシン目が破れて，ミシン目より下の部分がはずれて開

5.3 加工力

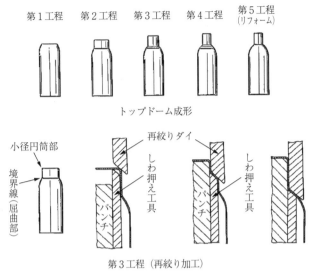

図 5.27 トップドーム成形工程[34]

栓したことがわかる)が採用されていること,ガラスびんに対して耐軸荷重強度,ねじ部剛性も高くないという特徴がある.そのため,びん用とは異なるねじ形状の工夫と巻締め条件の厳しい制御が行われている[32].

5.3 加工力

5.3.1 口絞り加工の加工力[7),35]

プレスによる口絞り加工に必要な加工力は,つぎの三つの力の合力と考えることができる.すなわち,①管径の減少に必要な力と,②ダイ材料間に作用する摩擦力に打ち勝つための力,および③ダイ入口部の曲げ変形仕事に必要な力である.これらの関係を図 5.28 に示す.①の力は,管径の減少の程度が同じであればダイ半角 φ によらず一定の値となる.②の力は,φ が小さいほど材料とダイの接触長さが増すため大きな値となる.③の力は,φ が増すほどダイ入口部の曲げ変形がきつくなるため大きくなる.このため,加工力全体としては,ある大きさの φ のときに極小値を示す.加工力に及ぼす諸因子の影響を

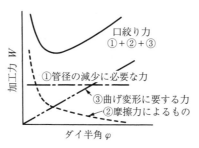

図 5.28 口絞り加工力を決める諸因子と
ダイ半角の関係（模式図）

考えるうえで，上記の関係を理解しておくことが重要である．

5.3.2 口絞り加工の加工力に及ぼす諸因子の影響 [7), 35)〜37)]

口絞り加工の加工力はダイ半角，潤滑，素管寸法，材料特性，工具形状などの影響を受ける．以下にそれぞれの影響について述べる．

〔1〕 ダ イ 半 角

図 5.29 は，絞り型を用いてテーパー加工した場合のダイ半角をパラメータとした加工力 W-押込み変位 L 線図の一例である．同一押込み変位で見ると，加工力はダイ半角 φ が大きくなるほど高くなる．図中の Δd は成形部先端の内径減少量を表し，同一成形量（Δd＝一定）で見ると，成形初期を除けば20〜30°付近に加工力が極小となるダイ半角（最適ダイ半角）が存在する．このダ

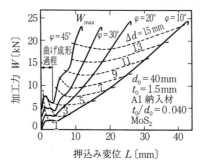

図 5.29 口絞り加工荷重－押込み変位線図に
及ぼすダイ半角の影響 [35)]

イ半角で加工すれば，必要最小の加工力ですみ，円筒部にかかる圧縮荷重もそれだけ小さく，円筒部座屈は生じにくい．

〔2〕潤　　滑

図5.30に示すように，摩擦係数μが高いと，加工力は高くなる．加工力を低減するためにはダイと素管の潤滑状態を良好にすることが重要である．また，摩擦係数μが高いほど成形の進行に伴って，最適ダイ半角φ_mが増大する方向へより大きくシフトする（図5.31）．潤滑状態が悪いと，成形中の最適ダイ半角が大きく変わって，不安定な加工となる．

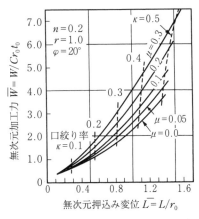

図5.30　口絞り加工荷重−押込み変位線図に及ぼす摩擦係数μの影響[36]

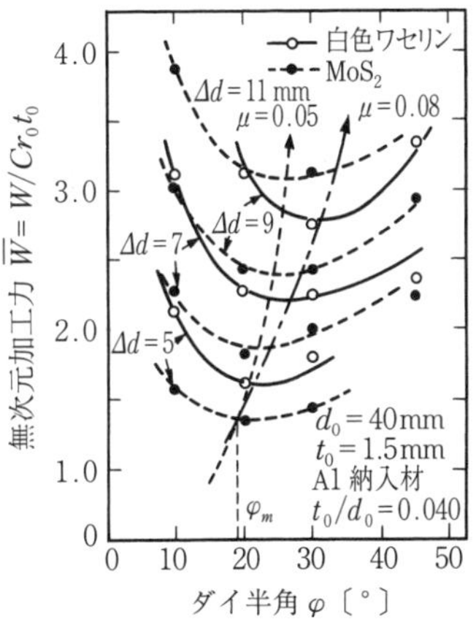

図5.31　最適ダイ半角φ_mに及ぼす潤滑剤の影響[35]

〔3〕素　管　寸　法

加工力に影響する素管の寸法因子としては，素管径d_0と肉厚t_0がある．加工力Wは式(5.10)からわかるようにd_0およびt_0に比例して増減する．薄肉管（$0.02 \leqq t_0/d_0 \leqq 0.04$）では，ダイ入口での曲げが比較的大きいダイ半角$\varphi > 30°$の場合を除いて，$t_0/d_0$の影響は小さい．

〔4〕材　料　特　性

加工力はC値に比例して増減する．このため加工力WはC値および上述の$r_0 (=d_0/2)$，t_0で無次元化した$\overline{W}(=W/Cr_0 t_0)$で表せる．加工力に及ぼす

n値の影響を**図 5.32**に示す．C値が同じであれば，n値が小さいほど加工力は大きくなる．r値は加工力にはほとんど影響しない．

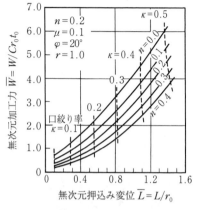

図 5.32 口絞り加工荷重－押込み変位線図に及ぼす n 値の影響[36]

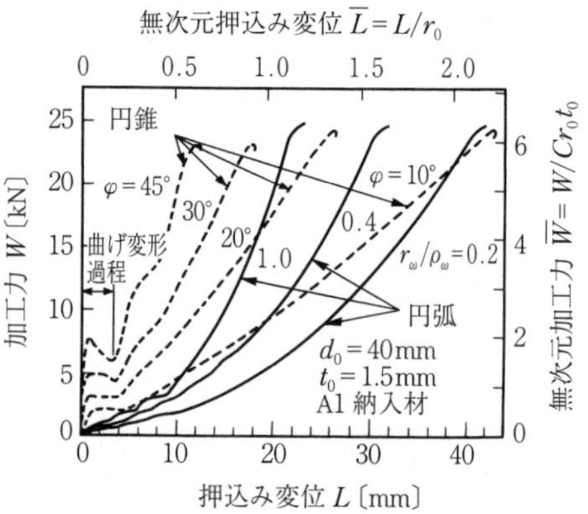

図 5.33 プレス成形による口絞り加工荷重－押込み変位線図に及ぼす型形状の影響（r_ω：ダイ内半径，ρ_ω：円弧大半径）[35]

〔5〕 工 具 形 状

テーパー加工では，ダイ半角 φ が 30°以上になると，ダイ入口での曲げ変形が大きくなる．そこで，円弧状ダイを用いて円弧状成形（曲面加工）を行うと，通常のテーパー加工に比べ，なめらかな加工力 W－押込み変位 L 線図になる（**図 5.33**）．

5.3.3 口絞りの加工力の推定[38]

プレス成形によってテーパー加工する場合の加工力 W（パンチ力）について軟鋼の場合のモノグラフを**図 5.34**に示す．加工力 W は，必要な口絞り率 κ_1（$=r_a/r_0$）の値から図中の点線で示した順序をたどると求まる．実際の作業では摩擦係数 μ の平均値が 0.1～0.3 の値をとることが多いため，$\mu=0.3$ で見積もると，加工力の推定が大きめとなり，安全側に評価できる．同様のチャートがアルミニウムおよび鋼管についても示されている．このほか，偏心口絞り加工における加工力も上界法（UBET）によって計算されている[39]．

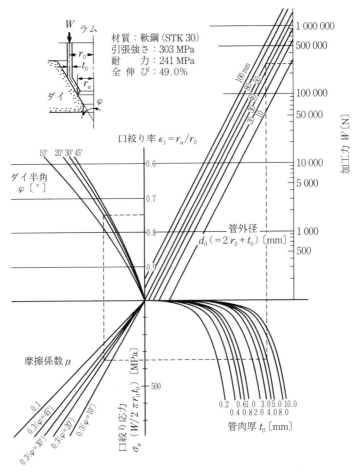

図5.34 プレス成形によるテーパー加工の加工力[38]

近年では,成形形状や加工力は有限要素法(FEM)の汎用コードを用いることによって,容易に求めることができる.特に軸対称成形であれば,二次元軸対称モデルを適用することができ,計算時間も非常に短く有効である[40].

一方,生産現場において,簡便に加工力を求める手法も有効であろう.式(5.10)[35]は比較的簡便そうに見えるが,ストロークを考慮することができない.これらの式では,式を導く過程で,応力状態は図5.2において③$_E$と考え

ているが,有限要素法を用いて解析すると,②$_{Mb}$や②$_E$である[3]. したがって,これらの式では簡単には加工力を求めることができない.一方,周方向応力 σ_θ の変化は小さく,降伏応力 $-\sigma_y$ にほぼ等しい.以下では,周方向応力 σ_θ に着目して加工力を推定する.

薄肉円管の式を用いると

$$p_r = \frac{t_r}{R}\sigma_\theta \tag{5.18}$$

ここで,単位軸方向長さと単位周長における管軸に向かうダイ面圧 p_r,口絞り部の半径 R,半径方向の肉厚 t_r,つまり $t/\sin\varphi$ である.肉厚変化と加工硬化を無視して積分し,$\sigma_\theta = -\sigma_y$ であることを考慮して,軸方向の成形荷重 W を求めると次式を得る.

$$W = 2\beta\pi t_0 S(\tan\varphi + \mu)\sigma_y \tag{5.19}$$

ここで,摩擦係数 μ,無視した肉厚変化と加工硬化などを補完するための係数 β である.

有限要素法と簡便な式 (5.19) との比較結果を**図 5.35** に示す.簡便な式 (5.19) はストロークの影響を考慮することができるとともに,各成形条件が成形荷重に及ぼす影響をおおよそ知るためには使用できるだろう.

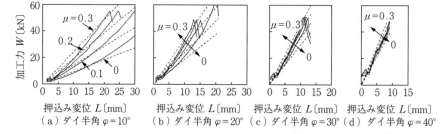

図 5.35 口絞り加工荷重−押込み変位線図における簡便式と有限要素法の比較

5.3.4 口広げの加工力

プレスによる口広げ加工では,フレア加工の場合,パンチ-素管間の摩擦力と,パンチ入口部の管の曲げ変形の効果によって,図5.28の口絞りと同様に加工力が最小になる最適パンチ半角 φ_m が存在する[11].摩擦係数 μ が大きい場合には,φ の小さい範囲で加工力が増大するため,φ_m は図中で右に移動し大きくなる.純アルミニウム管の実験では,おおよそ $15° \leqq \varphi_m \leqq 45°$ である[10].なお,φ_m は薄肉であれば,肉厚/直径比 (t_0/d_0) によって変化しない.また,加工力 W と μ の関係は,**図5.36** のように,μ の増加とともに W はほぼ直線的に増加する[10],[41].これに対し,円弧状の曲面加工では,**図5.37** に示すように曲げの影響が改善され,加工力は円弧の曲率 (r_w/ρ_w) に左右されずほぼ一定になる[10].

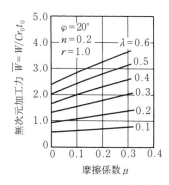 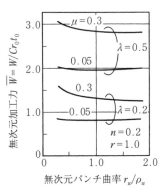

図5.36 プレスによるフレア加工における加工力に及ぼす摩擦係数の影響[10],[41]

図5.37 円弧パンチによる曲面加工の加工力とパンチ曲率との関係[10]

5.3.5 カーリング・反転加工の加工力

プレス成形による反転加工では,カーリングした後,成形荷重が増大し,その後ほぼ一定荷重値に達し,反転状態に至る.このため,カーリング荷重 W_{cur} よりも反転荷重 W_{inv} のほうが大きく,W_{inv} の見積りが重要になる.W_{inv} が円管の座屈荷重 W_B よりも小さいときに反転成形とカーリング成形が,W_{cur} が円管の座屈荷重 W_B よりも小さいときにカーリング成形が可能になる.W_{cur}

と W_{inv} は円管の材質，寸法，工具形状により異なる．

1/4円弧状工具を用いたときの W_{cur} と W_{inv} の一例[42]を図5.38に示す．W_{cur} と W_{inv} はいずれも円弧部半径 r_d が特定の値のときに一番小さくなる．これ以上あるいはこれ以下の r_d の工具を用いて成形すると，成形荷重は急激に増大する．この最小荷重は一般的に Al-Hassani-W.Johnson の式（5.17）で計算される値よりもいくぶん大きい．このときの r_d も同式から与えられるものよりも大きい．また，W_{cur} は外カーリングの場合よりも内カーリングの方が高い[17),18)]．W_{inv} についても同様である．

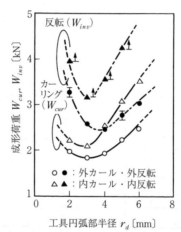

1/4円弧状工具，硬質銅管，外径35 mm，肉厚1 mm，ペースト状二硫化モリブデン潤滑

図5.38 カーリングおよび反転成形荷重に対する工具円弧部半径 r_d の影響[42]

5.4 加 工 限 界

5.4.1 口絞り加工の加工限界と不良変形[2),35)]

口絞り加工の加工限界は座屈，しわ，波打ち変形，およびカーリング変形などの不良変形によって決まる（表5.1）．不良変形には，それぞれ発生しやすい条件がある．例えば，成形部に生ずる2種類のしわ（モード①，②）は薄肉

管になるほど,また n 値が小さい材料ほど生じやすい.しかし,厚肉管でもなんらかの方法で座屈やしわを抑え,高加工度の成形を行った場合に,筋状のせん断帯による不良変形が生じる.なお,薄肉管に見られるモード①のしわは肉厚方向のせん断帯であるとの指摘もされている[43),44)].

加工中にこれらの不良変形の発生時点を特定することは難しいが,5.3.2項で示した加工力 W-押込み変位 L 線図の形状変化から,おおよその発生時点を知ることはできる[35)].モード①,②のしわは加工力の最大点より以前に発生し,ダイ半角が大きくなるほど,また,t_0/d_0 が小さいほどより早い時点で発生する.一方,モード⑤は,円筒部の軸対称座屈であるため,発生時点と加工力の最大点は一致する.

5.4.2 口絞り加工の加工限界に及ぼす諸因子の影響[35),45),46)]

一般に加工限界に影響を及ぼす因子には,管の肉厚/直径比 (t_0/d_0),工具形状(直線,曲線,導入部の有無),潤滑条件,材料特性,拘束工具の有無が挙げられる.

〔1〕 肉 厚 直 径 比

成形部の座屈(しわ)とダイ半角 φ との関係に及ぼす t_0/d_0 の影響を図5.39に示す.φ が小さいほど表5.1に示したモード①のしわが,逆に φ が大きいほ

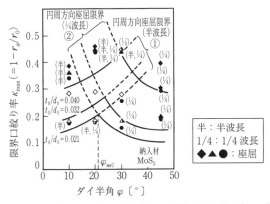

図5.39 成形部の加工限界とダイ半角との関係に及ぼす t_0/d_0 の影響[35)]

どモード②のしわが生じやすい．加工限界は，t_0/d_0 が大きくなるほど向上する．また，t_0/d_0 が増大するほどモード①のしわの発生するダイ半角領域が広がる．

〔2〕工具形状

テーパー加工では，ダイ半角 φ が 30°以上になるとダイ入口での曲げ変形の影響が大きくなるため，波打ち変形（表 5.1 中モード③），カーリング変形（表 5.1 中モード④），口辺部座屈（表 5.1 中モード②）の不良変形が生じやすくなる．そのため，5.3.2 項〔5〕で示した円弧状成形の効果を考えれば，ダイ入口に円弧状の導入部を設けた方が，加工限界の向上に効果がある．

加工限界と有限要素法を用いて予測することの可能性が示されている[40]．軸対称座屈（表 5.1 中モード⑤）は軸対称変形であるため，二次元軸対称解析でも再現できる．一方，縦しわを伴う口辺部座屈（表 5.1 中モード②）は三次元的な変形であり，二次元軸対称の解析での予測は難しいと思われるが，発想の転換により，ある程度予測できる．

図 5.40（a）にアルミニウム円管の口絞りの結果を例として示す．ダイ半角が小さい場合には，接触面積が大きくなり，軸方向荷重が増加し，テーパー部と平行部の境界に軸対称座屈（モード⑤）が生じやすい．この現象は座屈部の管径の増加 δ_D により定量的に評価できる．一方，縦しわを伴う口辺部座屈（モード②）が発生しやすいダイ半角が大きい条件では，図（b）に示す通り，解析ではダイ内面から管の浮き上がりが生じている．周方向の圧縮応力が存在する状態で内面から浮き上がることによって不安定となり，口辺部座屈が生じると考えられる．したがって，口辺部座屈発生の条件をダイ面からの浮き上がり量 δ_W を用いて予測できる．予測と実験を比較した結果を図（c）に示す．摩擦係数 μ が 0.25 であったとすると，単純な指標でありながら，不良変形の予測が可能となる．

〔3〕潤滑[47),48]

加工限界に及ぼす潤滑の効果は，加工限界が円筒部座屈で決まる場合と，成形部座屈で決まる場合とで逆の作用をする．円筒部座屈（表 5.1 中モード⑤）

5.4 加 工 限 界

（a）口辺部座屈予測（ダイ半角 $\varphi = 20°$）

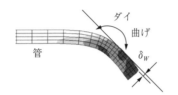

（b）波打ち変形予測（ダイ半角 $\varphi = 45°$）

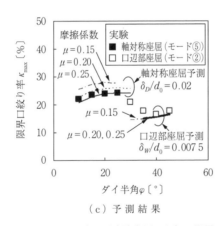

（c）予測結果

図 5.40 有限要素法を用いた加工限界の予測

が加工限界となる加工条件では，ダイ表面の仕上げを良好にし，強制潤滑などで摩擦抵抗を減少させるほど加工力が低下し（5.3.2項〔2〕参照），円筒部の荷重負担が低減できるため，加工限界は向上する．反対に，成形部座屈（表5.1中モード①，②）が加工限界となる条件では，成形部の潤滑は，座屈の発生を拘束する摩擦抵抗を低くするため，むしろ好ましくない．

〔4〕材料特性

肉厚 1.5 mm の純アルミニウム硬質材と軟質材の加工限界を比較した結果を図 5.41 に示す。硬質材の $\varphi=45°$ の場合を除き，円筒部の軸対称座屈（モード⑤）で加工限界が決定されるため，円筒部の座屈荷重の高い硬質材の方が加工限界は高い．しかし，肉厚が変わると不良変形のモードも変化して，軟質材の加工限界が逆に硬質材より高くなる場合もある．材料の n 値が大きくなると成形部座屈（モード①，②）を抑制する効果が発現する．このため，成形部の加工限界は n 値の大きい軟質材の方が高くなる．この効果を利用して成形部だけを局部的に焼きなませば，加工限界の向上も図れる．t_0/d_0 とダイ半角によって変化する不良変形の概要は図 5.42 のようになる．

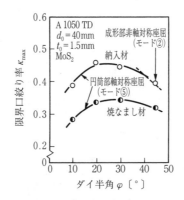

図 5.41 プレス成形による円錐口絞り加工における加工限界の一例[46]

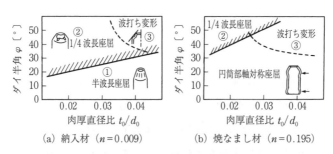

図 5.42 円管の t_0/d_0 とダイ半角 φ による不良変形の変化（プレス成形によるテーパー加工）[37]

5.4 加 工 限 界

〔5〕 拘 束 工 具

加工限界に及ぼす円筒部外側拘束の効果を図5.43に示す．軟質材を通常の自由口絞りした場合では，円筒部座屈（モード⑤）と成形部座屈（モード②）が生じている．外側拘束した軟質材の口絞りでは，モード⑤の座屈は抑制され，モード⑥の座屈が発生するようになる．それに伴い加工限界も向上する．外側拘束は，円筒部座屈に対しては効果的であるが，成形部座屈が発生する硬質材，およびダイ半角 $\varphi \geqq 45°$ の加工条件では効果はない．このような場合，円筒部の外側拘束法と柔軟工具（ゴム）による成形部の内側拘束法を併用するとよい[49]．

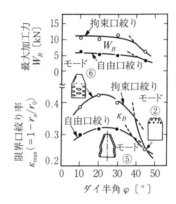

図5.43　加工限界に及ぼす円筒部外側拘束の影響（純アルミニウムO材）[45]

円管の周方向の拘束を弱めることによって加工限界が向上する「逃げありダイを用いた回転口絞り成形」が，図5.44に示す通り提案されている[6),50]．逃げありダイは軸対称な円錐の一部からなる加工面と，それとなめらかに接続された逃げ面からなる．逃げありダイと管材を相対的に回転させ，押し込むことによって成形する．逃げ部の存在によって，座屈の原因となる軸方向荷重と，しわの原因となる周方向応力を抑制することができ，高い口絞り率を得ることができる．

総接触角 γ_C（図(b)）は不良変形モードの種類と加工限界を支配する因子の一つである．成形現象は，総接触角 $\gamma_C=360°$ では円錐ダイを用いたプレス

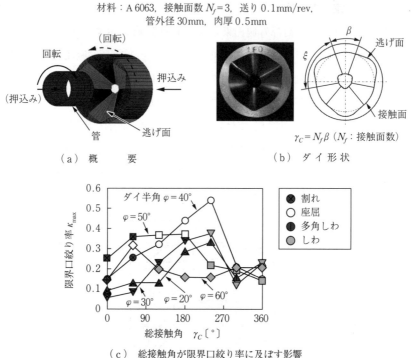

(c) 総接触角が限界口絞り率に及ぼす影響

図5.44 逃げありダイを用いた回転口絞り成形

成形と近く，$\gamma_C=0°$ではスピニング加工に近い．ダイ半角 $\varphi=40°$の場合，γ_C が小さい場合は割れが生じ，γ_C が大きい場合にはしわが生じ，$\gamma_C=240°$にて限界口絞り率が最大となる．このように周方向の工具拘束の適正化によって，従来のプレス成形やスピニング加工に比べて，工具の1送りでの成形限界は最大となる．ただし，スピニング加工では，工具1送りでの成形量は小さくても繰り返し加工することによって，非常に高い口絞り率を達成することができる．

5.4.3 口広げ加工の加工限界と不良変形

プレスによる口広げの加工限界は，**表5.2**に示すように口辺部の破断（割れ），カーリングなどの型なじみ不良および円筒部の座屈で決定される．また溶接管では熱影響部近傍で割れが生じる，あるいは，溶接部がかなり硬化して

5.4 加 工 限 界

表 5.2 口広げ加工における割れおよび形状不良変形の様式

発生箇所	成 形 部				
モード	①	②	③	④	⑤
形 態	割れ	波打ち変形	カーリング変形	溶接部／割れ	溶接部／h
成形条件	φ：小 口辺部のε_θの子午線 方向こう配：小	約 $30° < \varphi$	約 $60° < \varphi$	—	φ：大
材 料	硬質材 (n 値：小) t_0/d_0：小	—	—	溶接管	溶接管 (溶接部の硬さ：大)

発生箇所	円 筒 部	
モード	⑥	⑦
形 態	座屈	座屈
成形条件	自由口広げ (拘束工具なし) φ：大	円筒部拘束口広げ
材 料	軟質材 (n 値：大) t_0/d_0：小	軟質材 (n 値：大) t_0/d_0：小

いる場合にはモード⑤のようにほかの部分より高くなることがある．

破断による加工限界は管端部のひずみこう配とよい相関があり，円錐や円弧など工具形状に依存しない[51]．すなわち，円錐パンチ半角 φ が大きいほど，あるいは円弧パンチの曲率半径 ρ_ω が小さいほど破断限界は高い．破断限界より前に円筒部で座屈限界に達すると，加工限界は口絞りと同様，表 5.2 のモード⑥，⑦のような座屈で決定される．円錐状成形の場合，不良変形は口絞りと同様，波打ち変形とカーリング変形である．カーリング変形はパンチ半角 φ がある角度以上になると生じる[26),27)]．

偏心口広げ加工特有の不良変形としては，大きく口広げる位置での割れや極端な減肉が挙げられる（**図 5.45**）．また管端が極端に傾斜して切捨て代が大き

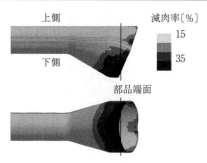

図 5.45 偏心口広げ加工後の形状および減肉率分布[52]

くなる場合もある.

5.4.4 カーリング・反転加工の加工限界と不良変形

プレス成形によるカーリング・反転加工の場合は，工具導入部近傍あるいは円筒部側壁に生ずる座屈（**図 5.46**（a）〜（c）），端末に生ずる破断（図（d））などにより，成形限界が決定される．このうち，座屈は前述のように W_B と W_{cur} あるいは W_{inv} の関係で定まるが，曲げ半径 r_d が小さい場合に生じやすい．内カーリング・内反転の場合は W_{cur} と W_{inv} が外カーリングと外反転の値よりも大きいため，座屈に対する注意が特に必要である．

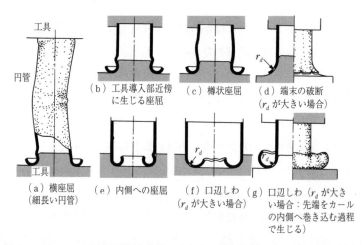

図 5.46 カーリング成形限界を律するおもな不整変形（r_d は工具円弧部の半径）

一方，r_d が大きい場合，外カーリングでは端末が破断しやすく[15)〜18)]，内カーリングの場合は口辺しわ（図（f））の発生を伴う．また，r_d が大きいと，外カーリングでは先端をカールの中に巻き込む段階でカール縁に口辺しわ（図（g））を生じることもある．

ステンレス鋼管のように加工硬化の大きい管材のカーリング成形を行う場合，円管の工具導入部近傍に座屈が生じやすく，カーリング成形しにくい．このような場合には，工具を高周波加熱し[25)]，成形部を局部焼なましすることにより，成形荷重 W_{cur} と W_{inv} を下げ，これらが座屈荷重 W_B 以下になるようにして成形を行うようにすればよい．また，座屈防止策あるいは成形荷重低減策にもなるが，図 5.47 のように端末をテーパー状に前加工し，カーリング成形するのも有効である[21)]．

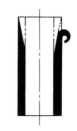

図 5.47 先端を薄肉にした円管のカーリング（座屈防止効果あり）[21)]

全面接触回転成形では，摩擦発熱による局部焼なまし効果があり，内カーリング成形する場合には，円筒部側壁に生じる座屈を防止するための外側面拘束治具が不要になる場合がある．一般に回転成形では，成形力の軸方向の成分がプレス成形に比べると小さい．特に，スピニング成形，偏心回転成形，揺動回転成形などのように，工具が端末に局部的に接触して行われる成形では，成形力はきわめて小さくてすむ．このため，座屈しやすい薄肉管のカーリング成形に有利である．

5.4.5　加工限界の向上法[2)]

口絞り加工や口広げ加工の加工限界の向上には，不良変形を抑制することが必要である．加工限界に及ぼす諸因子の影響から，プレス成形の場合，加工限界の向上法をつぎのようにまとめることができる．

（a）外的因子

① 工具と素管間の摩擦力の制御[47),48)]

② 拘束工具による円筒部の耐座屈性強化[53]
③ 拘束工具[53]および柔軟工具（ゴム[49]）による成形部のしわ抑え
④ 円弧状導入部による口絞りダイ・口広げパンチ入口部の局所的な曲げ変形の緩和[44]
⑤ 工具形状および工具諸元の改善[37],[54]
⑥ 多工程化による円筒部の荷重負担軽減[55]

あるいは上記の⑤と⑥を組み合わせた多工程加工における各工程の工具形状を適正化してもよい．例えば図5.45の偏心口広げの不良変形に対して，**図5.48**に示すように，初期工程から偏心パンチで口広げせずに，同心パンチで

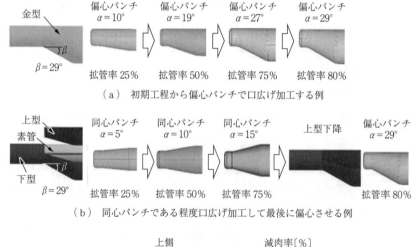

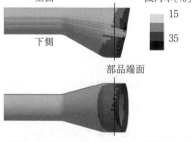

（c）（b）の工程で加工した場合の加工後の形状および減肉率分布

図5.48 偏心口広げ加工の不良変形の対策例

ある程度口広げ加工した後に偏心させると改善できると報告されている[52].

(b) 材料因子

① 局部焼なまし[45),47),56)], 局部加熱[57),58)]による被加工材の変形抵抗の制御と成形部の高延性化
② 肉厚制御による円筒部の荷重負担能力の向上(円筒部の増肉と成形部の減肉)
③ 適正な材料特性(n値, r値, C値ほか)をもつ管材の選定
④ 低温加工法の導入による高延性化と耐座屈性の強化[59)](銅やアルミニウムの口広げ加工)
⑤ 溶接部の均質化[60)](特に口広げ加工)

これら外的因子や材料因子のほか,プレス以外の方法で行うことも有力である.回転成形法は適正加工条件を選べば,プレス加工より加工限界を高くすることができる.冷間加工としては①スピニング成形,②ローラー工具を用いた回転端末成形法[4),61)],熱間加工としては,③型と素管の摩擦熱を利用した回転口広げ加工[62)]などがある.上記の③の方法は,局部加熱法の考え方を導入したもので,相性のよい管材と型材料の組合せがあり,一般に自己潤滑性のある鋼管は適している.ローラー工具を用いる方法の特徴は,プレス加工による方法よりも加工限界が高い.

やはり回転成形法に属するが,工具と素管を相対的に揺動回転させる揺動回転成形法も有力である.その特徴として以下の二つが挙げられる.①プレス加工による成形で生じる型なじみ不良変形(カーリング,波打ち変形)の抑制,②一つの工具で種々の工具曲面(包絡曲面)を創成させることによる工具省略化(セミダイレス化)の達成.これらの特徴はスピニングなどにも共通する事項であり,それらと競合する加工技術といえる.

5.5 加 工 精 度

5.5.1 口絞り加工の精度[9),36),46),56)]

口絞り加工の際に着目すべき精度は，肉厚分布と成形品高さである．概して減径率の大きい先端部分は増肉する傾向にあり，子午線方向に肉厚は一定とはならない．また，各部は軸方向に伸び縮みするために成形品高さは素管高さと異なる．肉厚分布を考察するためには肉厚ひずみ ε_t に，成形品高さを考察するためには子午線ひずみ ε_ϕ に着目すればよい．

肉厚分布と成形品高さには，ダイ半角 φ ，摩擦係数 μ や材料の異方性が影響を及ぼす．ダイ半角 φ の影響を図 5.49 に示す．φ が小さいほどダイ接触境界側で ε_ϕ が負になる領域が広がる，つまり，成形品が低くなる．摩擦係数 μ の影響を図 5.50 に示す．μ が大きくなると ε_t の極大点は成形部の内側に移り，ε_t のレベルは全域で大きくなる，つまり，全体に増肉する．また，ダイ接触境界付近で ε_ϕ の負の領域が広がる，つまり，μ が大きくなると成形品は低くなる．

垂直異方性（r 値）および面内異方性（r_φ 値，r_θ 値）の影響を図 5.51（a）

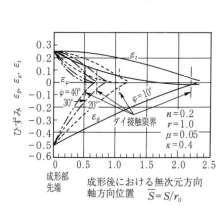

図 5.49 プレス成形による円錐口絞りのひずみ分布に及ぼすダイ半角 φ の影響[36)]

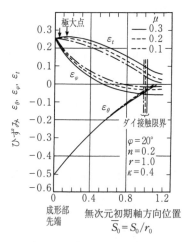

図 5.50 プレス成形による円錐口絞りのひずみ分布に及ぼす摩擦係数 μ の影響[36)]

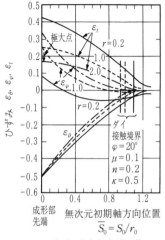

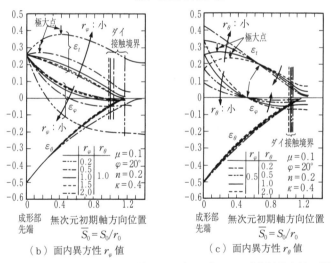

図 5.51 プレス成形による円錐口絞りのひずみ分布に及ぼす塑性異方性の影響[36]

〜(c)に示す．r 値が大きいほど肉厚分布 ε_t の一様化に適し，子午線方向には引張変形となりやすい（図(a)）．r_φ 値が小さくなるとダイ接触境界側の ε_t を増加させ，ε_φ の負の領域を大きくする（図(b)）．この現象は r_φ 値が 1.0 より小さい場合に顕著になる．一方，r_θ 値が小さくなると成形部先端側で ε_t は増大し，ε_φ は減少する（図(c)）．そしてダイ接触境界側ではこれとは逆に

なる.また,n値はひずみ分布にほとんど影響を与えない.

以上のことから,成形部の肉厚分布を均一にするには,r値およびr_θ値が大きく,r_φ値が小さい方がよく,成形部先端を厚肉にして強度を向上させるにはr値およびr_θ値の小さい材料がよい.また,素管の初期変形抵抗分布を**図 5.52**のように最終の加工度に合わせて変化させれば,成形部の肉厚分布を均一化できる[56].すなわち,低加工度の場合には先端部よりも内側を加熱または焼なましをし,高加工度では逆に,先端部近傍のみを加熱または焼なましをすればよい.このほか,成形後の肉厚分布を制御するため,各種の変肉厚加工が成形前に行われる場合もある[21].

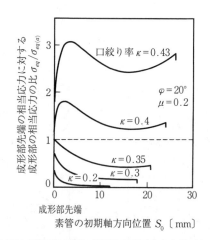

図 5.52 円錐状口絞り成形部の肉厚分布を均一にするために必要な変形抵抗分布(計算)[56]

口絞り加工後の製品高さと加工前の素管高さを比較すると,製品高さが初期の素管高さよりも高くなることがある[9),36),46].この現象は,ひずみ分布(図 5.51(a))からわかるようにε_φが正で,子午線方向に伸ばされることに起因する.初等解析によると,素管高さH_0と製品高さHが等しくなる臨界口絞り率とダイ半角φとの関係[9]は

$$\varphi = \cos^{-1}\left[(2-\kappa_H)\left\{\frac{1+(1-\kappa_H)^{-1/(1+r)}}{4}\right\}\right] \tag{5.20}$$

で表され,等方性材料($r=1$)の場合,$\varphi>25.5°$では製品高さは素管高さより高くなることはない(**図5.53**).したがって,材料歩留まりの向上や軽量化の観点から,設計段階で両者の関係を把握しておくことが大切である.

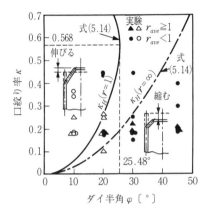

図5.53 プレス成形による円錐状口絞りにおいて製品高さ H と素管高さ H_0 が等しくなる臨界口絞り率 κ_H(実験点,白点:$H>H_0$,黒点:$H<H_0$)[9]

5.5.2 口広げ加工の精度

プレス成形による口広げ加工では,パンチから管が離れることがあるため,外形形状の精度向上が重要となる.パンチを用いるフレア加工などでは,パンチなど,工具の形状が急変する箇所では素材が工具になじみにくい.例えば,前出の図5.18に示すように,段付き加工では拡管した後の平行部において素管は工具になじまずに波打つように大きく変形する.さらに,口辺部の(2~5)t_0 の部分は外に返るように変形する[21].このように段付き加工でもフレア加工の波打ち変形と同様,形状精度には注意を要する.この現象はパンチ半角 φ が大きいほど著しい.したがって,形状・寸法精度を出すためには図5.19のように段付き成形後に拡管した円筒部をしごき加工する[21].

成形部の肉厚精度を向上するには,加工中の材料流動,変形挙動を正しく理解しておくことが重要である.プレスによる口広げ加工では成形部の子午線方向ひずみが成形部全域で圧縮になり,肉厚は先端部で減少するが,根元部に向かうに従い増肉される.加工度が高くなると,その増肉部は先端部の方へ拡大する[63].成形部を均肉化してその精度や上述の形状精度を高めるためには,

管の内外面に金型を用いる必要があり,そのときの加工も図5.19のようにしごきを加えるとさらに向上する.表面精度を向上するには,ローラー工具を用いた回転加工が有効であり,それによると,加工表面はバニシ面が生成されるため高精度な仕上げ面が得られる[5]).

5.5.3 カーリング・反転加工の精度

プレスを用いたカーリング・反転加工では,円管の①偏肉,②工具軸と円管軸のずれ,③ダイセットの平行度不良など取付けのわずかな不整がカールの形状に影響を及ぼし,特にr_dの大きい工具を用いた場合,カールの形状不良が顕著に現れる.図5.54はカールと反転の形状不良を示したものである.ほとんどの場合,変形部が工具から離れ自由変形になるために生じることから,図5.55のように,①導入部に案内部を設ける,②r_dをあまり大きくしない(円弧状工具を用いる場合),③移動案内リングを用いることにより,形状不良の防止が図られることが多い.一方,回転成形では工具軸と円管軸が多少一致していなくとも,軸対称な形状にカーリング成形できる利点がある.

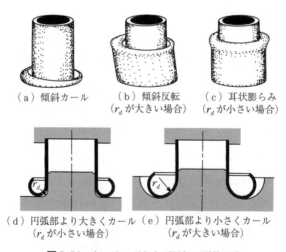

(a)傾斜カール　(b)傾斜反転　(c)耳状膨らみ
　　　　　　　(r_dが大きい場合)　(r_dが小さい場合)

(d)円弧部より大きくカール　(e)円弧部より小さくカール
　(r_dが小さい場合)　　　　(r_dが大きい場合)

図5.54　カーリングおよび反転の形状不良

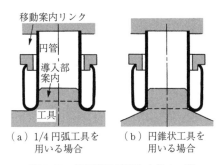

(a) 1/4円弧工具を用いる場合　　(b) 円錐状工具を用いる場合

図 5.55　反転形状精度向上策の一例

5.6　工程設計・型設計

5.6.1　プレスによる口絞り加工用パンチ・ダイ設計

〔1〕　工　程　設　計

図 5.56 の口絞り（管細め）加工の1回の加工で可能な絞り率（$(d_0-d_1)/d_0$, d_0：絞り加工前外径，d_1：加工後外径）は，加工速度にもよるが，20〜28％程度である．これ以上を必要とする場合は，数工程に分けて加工する．ダイ半角 φ は 20〜30°付近が最適で，導入部は R 形状が適する．また，管端部には図 5.57 のような不良変形部が発生するため，素材の長さはその分だけ長く

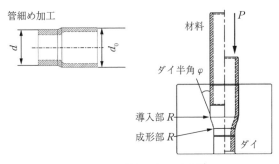

図 5.56　管細め加工ダイ[64]　　　　図 5.57　管端部不良変形部[64]

見積り,成形後,不良変形部は切断処理する[64]。

〔2〕 型 設 計

テーパー加工では一般にダイ半角 φ が 30°以上になるとダイ入口部の曲げ変形の影響が大きくなる.そのため,円錐ダイには,加工荷重の上昇が緩やかとなるように円弧状の導入部を設けた方がよい.型設計では以下の指針に沿って導入部半径 r_d を決定する.図 5.58(a)のように,ダイ入口部には式 (5.1) に表される曲率半径 ρ_f の曲げ変形部が生じる.なお,理論的に曲げだけが生じる場合には,$\rho_f = \sqrt{t_0 r_0 / 4(1-\cos\varphi)}$ となるが,通常は曲げ・曲げ戻しが加わるため,前出の式 (5.2) となる.素管を導入部と接触させるためには,r_d は ρ_f より大きくすべきである.式 (5.21) はクロージングができる円弧ダイの曲率半径 ρ_C を示し,r_d は ρ_C 最大値よりも小さく設定する.実際には,クロージングが完了する前に座屈,しわが生じ,加工限界となるため,式 (5.22) に示す限界口絞り率 $\kappa_{\max}$ に達するときに円弧状となる曲率半径 ρ_B よりも小さくすべきである.すなわち,r_d は,$\rho_f < r_d < \rho_B$ の関係となる.加工限界向上を要求する場合には,ρ_B に近い値を採用する[45]。

$$\rho_f = \sqrt{\frac{t_0 r_0}{2(1-\cos\varphi)}} \qquad (再掲 5.2)$$

$$\rho_C = \frac{r_0'}{1-\cos\varphi} \qquad (5.21)$$

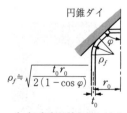
(a) 自由口絞りにおける曲げ変形

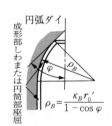
(b) 円弧状口絞りにおける口絞り限界

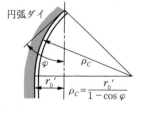
(c) クロージング完了

図 5.58 円錐状口絞り導入部半径の適用範囲[45]

$$\rho_B = \frac{\kappa_{max} r_0'}{1 - \cos \varphi} \tag{5.22}$$

図5.59に示す曲面加工のための曲線（円弧）ダイを設計する場合，直線ダイを基本とする2通りの考え方ができる．一つは円錐状成形の管断面に内接する円弧ダイにする方法（図（a）），もう一つは円弧ダイの弦が直線ダイになるようにする方法（図（b））である．この場合，図5.60に示した加工限界の比較結果から図（b）のように設計した方がよい．ダイ半角φが40°以上では図（a）でもよい．また，図5.61のようにダイ面圧分布も型形状を円弧にすることで均一化され，型強度上も有利となる．

管細め加工においてダイ半角45°の絞り工程設計事例を示す．図5.62に，

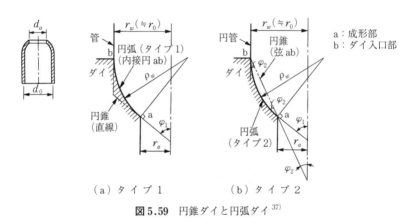

（a）タイプ1　　（b）タイプ2

図5.59　円錐ダイと円弧ダイ[37]

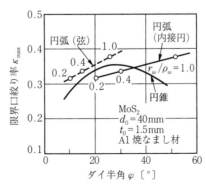

図5.60　口絞り加工限界に及ぼすダイ形状の影響[37]

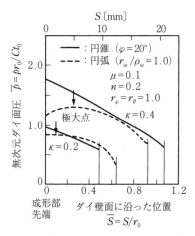

図 5.61 口絞り加工におけるダイ面圧分布に及ぼす型形状の影響[37]

第1工程：30°絞り　　第2工程：45°絞り

図 5.62 絞り工程製品例（ダイ半角 45°）

異なるダイ半角を有する二つのダイを用いた2工程口絞りの例を示す．直径54mm，肉厚2mmの機械構造用炭素鋼管を素管とし，第1工程でダイ半角30°のテーパー部を，第2工程で45°のテーパー部を有する形状に絞っている．第2工程の成形工程を**図 5.63** に示すが，円筒部および成形部の座屈抑制のため，外側・内側の併用拘束としている．外型により外側拘束を実施後，内側拘束パンチにて45°成形を実施する[64]．

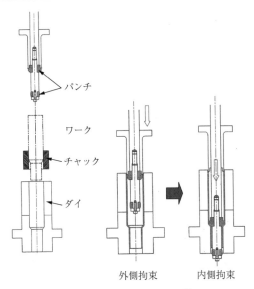

図 5.63 拘束金型の構造[64]

5.6.2 プレスによる口広げ加工用パンチ・ダイの型設計

　口広げ加工の工具面圧は口絞りと同様に工具入口部が最大であるが，ほぼ一様に分布する．そのレベルは加工度を増すに従い低下し，面圧自体も口絞りと比べきわめて小さく，型強度はそれほど要求されない[65]．

　パンチによる口広げ加工は，パンチ半角がカーリング変形抑止となる角度以下で行う必要がある．カーリング変形は，**図 5.64** に示すように，前出の式 (5.13)[65] で与えられる曲げ戻しにより円錐状成形が継続できるために必要な最小曲げ半径 ρ_m が，管がダイになじみ始めるときの曲げ半径 ρ_f より大きいとき発生する[12),13)]．その曲げ半径 ρ_f は式 (5.23) で表される[7]．ここで式 (5.13) は理論上で与えられ，また式 (5.13) をもとにした実験式は，式 (5.24) で表される[13]．このカーリング変形開始角度 φ は，式 (5.13) によると約 45°となり[12]，式 (5.24) からは約 51°が得られる．型設計の立場から，①パンチ半角 φ を φ_S より小さく（実験では約 60°）[26),27)] 設計する，②図 5.64 中の ρ_{f1} 以上の r_d をもつ円弧状導入部を設け，カーリング開始角度を

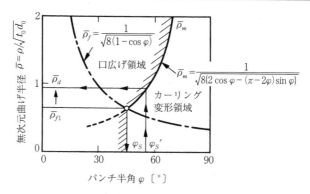

図5.64 フレア加工におけるカーリング変形開始条件[2]

$\varphi_S \rightarrow \varphi_S'$ へと大きくする[2]，などが考えられる．②は工具面圧も緩和する．

$$\rho_f = \sqrt{\frac{t_0 d_0}{8(1-\cos\varphi)}} \quad (5.23)$$

$$\rho_m = \sqrt{\frac{t_0 d_0}{8\{2\cos\varphi - (\pi-2\varphi)\sin\varphi\}}} \quad (\text{再掲}5.13)$$

$$\rho_m = \sqrt{t_0 d_0 \left[\frac{0.28}{\sqrt{8\{2\cos\varphi - (\pi-2\varphi)\sin\varphi\}}+0.36}\right]} \quad (5.24)$$

5.6.3 型材料・コーティング

加工限界の向上，製品精度向上に対し，型の摩擦低減の効きが大きく，型材料，表面処理技術，コーティング技術の選択組合せが重要な因子となる．

表5.3は端末加工型に採用している型材料例[66),67)]を示す．型の材料の選定は，被加工材との摩擦改善による加工限界の向上だけでなく，耐摩耗，耐かじり性など金型の長寿命化や品質の安定化にも大きな影響を与える因子である．そのため，金型に加工時に加わる摩擦，力により型材質を選定する．特に絞りダイ，広げパンチには大きな面圧が加わるため，型の表面処理を含めた硬い材料を選定している．型材質はダイス鋼，ハイス鋼（焼入れ表面処理が必要）から超硬，セラミックまである．一般的には加工度が厳しくなるにつれ，ダイス鋼→ハイス鋼→超硬の順に使われる．

5.6 工程設計・型設計

表5.3 加工に使用する金型材料例[66]

項 目	単 位	金型材料					(参考比較) 金属材料	
		工具鋼		超硬合金	セラミックス			
		ダイス鋼	高速度鋼		窒化ケイ素	ジルコニア	炭素鋼	ステンレス鋼
		SKD11	SKH3	WC+Co	Si_3N_4	ZrO_2	S 45 C	SUS 304
硬 さ	[HV]	653	800	1 150	1 850	1 250	245	200
密 度	[g/cm^3]	7.7	8.6	14.3	3.3	6.0	7.8	7.9
抗折力	[MPa]	—	1 800*	3 200	1 400	1 800	700*	520*
ヤング率	[GPa]	210	210	550	310	210	210	200
破壊靱性	[$MPa \cdot m^{1/2}$]	—	—	12.6	7.5	6.0	—	—
熱膨張率	[$\times 10^6/K$]	12.0	11.2	5.7	3.4	10.5	10.7	17.1
熱伝導率	[$W/m \cdot K$]	29.3	21	100	25	3	44	16
熱衝撃抵抗	$\triangle T$ [℃]	—	—	900	800	300	—	—

*引張強さ

　セラミックは硬度が高く，被加工材の鉄との親和性が低いため焼付きを起こしにくいという利点があり，特に面圧が高い加工には有効である．ただし，加工において熱がこもりやすい，高温での強度低下，チッピングなど衝撃に対して弱いなど注意が必要である．代表的な材質としては窒化ケイ素，ジルコニアがある．

　また，工具鋼（ダイス鋼，ハイス鋼など），超硬にはさらに滑り性向上，焼付き防止，寿命向上としてセラミックコーティングを施すことがある．**表5.4**に代表的なコーティング皮膜の種類[67]を示す．製法は気相合成法で，化学蒸着法（CVD）と物理蒸着法（PVD）がある．CVDは800～1 000℃の高温，減圧雰囲気下で化学反応により皮膜を合成する．PVDは真空槽内で皮膜金属をイオンビームなどで蒸発，イオン化させ，金型に蒸着させる．処理温度は500

表5.4 加工に使用する金型材料コーティング例

種 類	名 称	膜硬度 [HV]	製 法	特 徴
TiC	炭化チタン	3 000	PVD/CVD	・硬度に応じて使い分け ・製造が容易 ・多層も可
TiN	窒化チタン	2 000		
TiCN	炭窒化チタン	2 500		
DLC	ダイヤモンドライクカーボン	1 000～2 000	PCVD (Plasma CVD)/PVD	・硬度の制御可 ・300℃以下での使用が必要

℃以下である．それぞれ工法の特徴として，CVD は高温での化学反応であり，膜厚が厚くできること，膜の密着性がよいこと，型の内面にもコーティングが可能といった利点があるが，高温での処理のため，型の熱膨張，熱応力の影響に注意が必要である．PVD は処理温度が低いことによる熱影響が少ないという利点が大きい．注意すべき点は，深い溝や型の内側にはコーティングが回り込まないため膜厚が薄くなる，皮膜の密着性がやや劣るなどである．最近は CVD の低温処理技術（プラズマ CVD 法），PVD 法での密着性を向上するための開発・実用化が進んでいる．

必要な型の用途に応じて，型材質の選択，最適な処理方法，コーティングの種類の選択が必要である．なお，表には最近の DLC（diamond-like carbon）処理についても参考のため記載した．

引用・参考文献

1) 西村尚・遠藤順一・真鍋健一：塑性と加工，**19**-214（1978），918-925.
2) 真鍋健一：塑性と加工，**30**-339（1989），481-488.
3) 久保木孝・梶川翔平：第 144 回日本塑性加工学会チューブフォーミング分科会研究例会講演前刷集，(2017)，15-23.
4) 丸尾智彦：日工マテリアル，**2**-6（1984），36.
5) 金山公三・田崎義男・福田正成：塑性と加工，**29**-333（1988），1049-1056.
6) Kuboki, T., Abe, M., Yamada, Y. & Murata, M.：CIRP Annals-Manufacturing Technology, **64**（2015），269-272.
7) 真鍋健一・西村尚：塑性と加工，**23**-258（1982），650-657.
8) 北澤君義・小林勝：塑性と加工，**28**-316（1987），481-487.
9) 真鍋健一・西村尚：塑性と加工，**23**-256（1982），451-457.
10) 真鍋健一：学位論文（東京都立大学），(1985).
11) 真鍋健一・西村尚：塑性と加工，**24**-264（1983），47-52.
12) 北澤君義・小林勝・山下修市：塑性と加工，**29**-331（1988），845-850.
13) 北澤君義・小林勝・山下修市：塑性と加工，**29**-333（1988），1043-1048.
14) 北澤君義・小林勝・山下修市：昭和 62 年度塑性加工春季講演会講演論文集，(1987)，513-514.
15) Al-Hassani, S.T.S., Johnson, W., Lowe, W.T.：J. Mech. Eng. Sci., **14**-6（1972），370.

16) Al-Hassani, S.T.S.：Proc.15th Int. Machine Tool Design & Research Conf.,（1974），571.
17) Al-Qureshi, H. A. et al.：Design Eng. Conf., ASME paper 76-DE-9（1976）.
18) Al-Qureshi, H. A. & Morais, G.A.：Design Eng. Conf., ASME paper 77-DE-35（1977）.
19) Kinkead, A. N.：J. Strain Analysis, **18**-3（1983），177-188.
20) 真鍋健一：塑性加工便覧,（2006），755-758，コロナ社.
21) 中村正信：パイプ加工法,（1982），日刊工業新聞社.
22) 浜西洋一・加藤和明：第205回塑性加工シンポジウムテキスト,（2001），37-43.
23) 中村正信・飯郷昭二・新倉保・根本俊次：プレス技術, **17**-7,（1979），21-39.
24) Engel, H. E.：Patent-Anmeldeschrift P3422040.
25) Гобунов, М.Н. et. al.：Кузнеу- Штамл. Лроизв., 2 (1975), 16.
26) 一之瀬和夫・増田泰二：軽金属, **29**-11（1979），483-490.
27) 北澤君義・小林勝：塑性と加工, **28**-323（1987），1267-1274.
28) 一之瀬和夫・増田泰二：塑性と加工, **26**-288（1985），25-31.
29) Guist, L. R. & Marble, D.P：NASA Technical Note, TND-3622（1966），9-10.
30) 加藤和明・遠藤和彌：塑性と加工, **46**-530（2005），211-215.
31) アルミ缶リサイクル協会：日本の飲料用アルミニウム缶需要量,（2015）.
32) 小出政俊・鶴田淳人：神戸製鋼技報, **55**-2（2005），75-80.
33) 大和製罐株式会社：特許第5937337号.
34) 伊藤哲夫・辻本和弘・大越俊幸：軽金属, **52**-2（2002），82-87.
35) 真鍋健一・西村尚：塑性と加工, **23**-255（1982），335-342.
36) 真鍋健一・西村尚：塑性と加工, **23**-260（1982），878-885.
37) Manabe, K. & Nishimura, H.：J. Mech. Working Tech., 10（1984），287-298.
38) 宮川松男・西村尚・島宗民夫：マシニスト, 3（1969），6-11.
39) 木内学ほか：生産研究, **32**-12（1981），5.
40) 久保木孝：塑性と加工, **55**-646 (2014)，989-994.
41) 真鍋健一・西村尚：第31回塑性加工連合講演会講演論文集,（1980）.
42) 北澤君義・清野次郎：平成3年度塑性加工春季講演会講演論文集,（1991），639-640.
43) Schmid, W.et al.：12th Beinn Congr. Int. Deep Drawing Res. Group, **2**（1982），31.
44) 北澤君義・小林勝・辻出睦：第39回塑性加工連合講演会講演論文集,（1988），509-512.
45) 真鍋健一・西村尚：日本機械学会論文集 C編, **51**-463（1985），641-647.
46) 真鍋健一ほか：アマダ技術ジャーナル, **19**-93（1986），19.

47) 宮川松男・朴戴鍠：塑性と加工, **4**-26（1963）, 163-170.
48) 宮川松男・朴戴鍠：塑性と加工, **7**-62（1966）, 142-144.
49) 森茂樹・真鍋健一・西尾尚・田村公男：昭和63年度塑性加工春季講演会講演論文集,（1988）, 479-482.
50) Kuboki, T. & Kominami, A.：Metal Forming,（2012）, 547-550.
51) 真鍋健一・西村尚：昭和57年度塑性加工春季講演会講演論文集,（1982）, 219-224.
52) 田村翔平・井口敬之助・水村正昭・坂上武彦：平成28年度塑性加工春季講演会講演論文集,（2016）, 155-156.
53) Аверкиев, Ю. А.（木下訳）：塑性と加工, **1**-4（1960）, 349-356.
54) 宮川松男・朴戴鍠：塑性と加工, **3**-17（1962）, 397-405.
55) 古屋譲・落合和泉・北山行男：塑性と加工, **7**-61（1966）, 73-82.
56) 真鍋健一：プレス技術, **25**-9（1987）, 86.
57) 高橋啓三：チューブフォーミング分科会研究例会前刷集, 84-4-4（1984）.
58) 住金機工株式会社：カタログ.
59) 小林勝・北澤君義・浅尾宏・中川忠夫・加藤勝彦・田子清貴：昭和57年度塑性加工春季講演会講演論文集,（1982）, 647-650.
60) 阿高松男・高沢昭貞：塑性と加工, **30**-339（1989）, 497-504.
61) 例えば, 丸尾智彦：第36回塑性加工連合講演会講演論文集,（1985）, 225-228.
62) 小林勝・北澤君義・田子清貴：昭和57年度塑性加工春季講演会講演論文集,（1982）, 643-646.
63) 真鍋健一・西村尚：塑性と加工, **24**-266（1983）, 276-282.
64) 安藤弘直・森川彰信：塑性と加工, **53**-614（2012）, 208-212.
65) 真鍋健一・西村尚：軽金属, **34**-8（1984）, 439-445.
66) 日本タングステン株式会社：製品カタログ（2019）.
67) 山縣一夫：素形材, **52**-10（2011）, 12-17.

6 スピニング，スエージング，回転成形

6.1 インクリメンタルフォーミングとしてのスピニング，スエージング，回転成形

　スピニング，スエージング，回転成形では，管材（被加工材）は局部的に逐次成形（インクリメンタルフォーミング）されて目的形状に塑性加工される．このため，プレス成形と比べると，①成形荷重低減，②成形性向上がその利点となる一方で，③成形速度が遅いという欠点もある．インクリメンタルフォーミングのもう一つの特徴である④金型省略（金型削減）については，1980年代から対応可能な技術が登場してきた．この④の進展により，マンドレルのような製品形状と同じ輪郭形状を有する総型の省略が可能になり，⑤異形成形も可能になった．なお，回転成形（rotary forming）は，「棒・板・管状のブランクを回転させ，工具との局部的な接触で製品形状を創成する加工の総称」[1]と定義されている．一方，管材を固定してロールを管材のまわりに回転させる成形は，古くからローリング（rolling）と呼ばれている[2]．この場合，ロールから見ると管材はロールのまわりを相対的に回転することになり，この相対的な意味でローリングは回転成形と同じ変形様式になる．そこで，本章では，管材のまわりを工具（ロール，型）が回転する成形を含めて回転成形と呼ぶことにする．

　スピニングや回転成形は，逐次張出し，逐次絞り，逐次しごきの変形様式を有するインクリメンタルフォーミングであるのに対して，スエージングは逐次

鍛造の変形様式を有するインクリメンタルフォーミングである．管材の逐次鍛造については，板材の逐次鍛造に見られるような④についての技術開発は進んでいない．既往のスエージングでは，矩形断面形状化や内面スプライン溝付与などの異形成形が一部可能となっているものの，マンドレルやダイの形状転写を前提としている．一方で，高精度なマンドレルを用いることにより，医療分野で重要になる高精度な内表面を有する製品を得ることも可能になり，自由表面の肌あれを伴う④と高精度化はトレードオフ的な関係にある．

6.2 スピニング

1990年代後半から管材のスピニングに関する一つの技術革新が始まった．非軸対称形状のスピニングの登場である．板材の場合と同様に，管材の場合もしごきスピニング（回転しごき加工）と絞りスピニングが可能であるが，非軸対称スピニングは絞りスピニングについての技術革新である．

管材スピニングは，専用のCNCスピニング加工機のほかに，板材に用いられているCNCスピニング加工機あるいは旋盤を用いても行うことができる．絞りスピニングとしごきスピニングで使用するローラー形状は異なるが，ローラー形状，ローラーの材質，そして潤滑条件は基本的に板材のスピニングと同一であるため，そのデータベースを共有できる．なお，張出し成形となる拡管，口広げ，フランジもスピニングで成形可能になるが，これらの大半はローリング[2]で行われるため，6.4節回転成形のところで述べる．

6.2.1 回転しごき加工

図6.1に示すように，回転しごき加工[3]（チューブスピニング[4]，フローフォーミングとも呼ばれる）により，管材を薄肉にして長くすることができる．この場合，図6.1 (a) に示すローラー移動方向とメタルフロー方向が一致する前方回転しごき加工と，図6.1 (b) に示すように，ローラー移動方向とメタルフロー方向が逆になる後方回転しごき加工の二つの方法がある[3],[4]．

6.2 スピニング

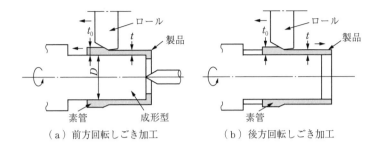

(a) 前方回転しごき加工　　　(b) 後方回転しごき加工

図 6.1 管材の回転しごき加工 [4]

前方回転しごき加工の場合，管材のクランプ方法が煩雑になる．一方，後方回転しごき加工の場合，クランプ方法は簡便になるものの，成形型（マンドレル）に偏心があると偏肉が生じ，結果としてゆがみが発生してしまうため，偏心を抑える管理が必要になる [3),4)]．成形型の真円度と振れは，それぞれ 0.01 mm 以内および 0.03 mm 以内が推奨され，高精度の場合には，それぞれ 3 μm 以内および 0.01 mm 以内 [5)] とされている．

図 6.2 に示すように，フランジ部に張力を付与しながら3ロールでしごきスピニングを行う成形機が開発され，直径 500 mm，肉厚 0.5 mm の SUS 304 溶接管から直径 500 mm，肉厚 0.2 mm の SUS 304 薄肉大口径管へのしごきスピニングに成功している [6),7)]．

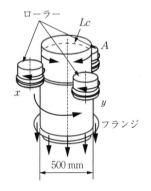

図 6.2 薄肉大口径管材のスピニング [6)]

6.2.2 絞りスピニング

管材の中間部は，**図6.3**に示すように管材を回転させ，多パスの絞りスピニングを行うことにより絞る（ネッキング）こと[8]ができる．この場合，管材の半径方向への送り量を小さくして，管材の軸方向へ逐次送りを繰り返す点がポイントとなる．外径76 mm，肉厚2.8 mm，長さ200 mmのSTKM 38管材のマフラー成形では，管材を590 rpmで回転させ，ロール送り0.3 mm/revの6往復のパススケジュールで，外径50 mm，長さ62 mmのネッキングの成形例が報告されている[8]．

管材端末を口絞り成形する絞りスピニングには，管材を回転させる場合と，管材を静止（固定）してロールを公転させる場合がある．後者の場合，**図6.4**

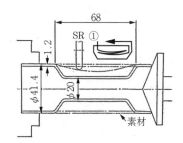

図6.3 管材中間部の絞りスピニング（ネッキング）[8]

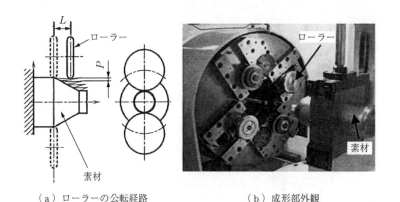

（a）ローラーの公転経路　　　　　　（b）成形部外観

図6.4 管材端末の絞りスピニング（管材静止・2ロール公転）[9]

に示す2ロール[9]，あるいは3ロールが用いられ，固定された管材のまわりをロールが公転する（同軸の絞りスピニング）．パススケジュールが適切でないと口辺しわが発生する[9]．プレス口絞り成形では，テーパー部は端末に向かって単調に増肉化するのに対して，スピニングでは，端末で増肉となるものの，テーパー中央部では素管部よりも減肉する[10]．この減肉現象はスピニングに特有な現象であり，管材を回転させたスピニングの場合にも生じる[11]．管端の増減肉はロールのパススケジュールに依存し，ロールを管端側から戻すパススケジュールを組むと，口辺部を厚くできる[11]ことが知られている．管材を静止（固定）して2ロールを公転させた場合の口絞り成形例[9]を**図6.5**に示す．外径約101 mmのステンレス鋼電縫管（SUS 409，TIG溶接管）の口絞り率約80％の口絞り成形となっている．

図6.5 管材端末の絞りスピニング（提供：株式会社三五）

端末のクロージング（ドーミングと呼ばれることもある）は，管材を回転させる方式で行われる．**図6.6**に示すように，管端を局部加熱して，ローラーを円弧状パスで移動させることによりクロージングが行われる．成形中もバーナー加熱が行われる．高圧ガスボンベの場合には，中心部の合わせ部が溶ける

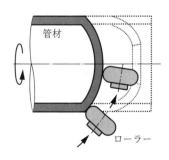

図6.6 管材端末クロージング（ドーミング）

温度が必要となるため，1 000℃以上の加熱が必要とされている[9]．

絞りスピニングのパススケジュールの決定は重要である．成形形状の画像情報をもとにファジイ推論により最適なパススケジュールを自動的に決定しながら絞りスピニングを行う方法が開発され，バーナー加熱を併用したマグネシウム合金管端末の絞りスピニングへ適用されて，その有効性が明らかにされている[12]．

6.2.3 偏心・傾斜スピニング

上記の同軸の絞りスピニングで口絞り成形された自動車触媒ケースは，口絞り端部の中心軸と素管部中心軸が同軸となるため，収納スペース的な制約を受ける場合があり，この課題を解決するために，偏心・傾斜の口絞りを可能にするスピニング[13]～[15]が開発されている．この成形は，図6.7に示すように，3ローラーが管材のまわりを公転するとともに，この公転軸（端末加工部の中心軸）に対して1パスごとに管材の中心軸を偏心（オフセット），あるいは，傾斜させる4軸のCNCスピニング成形機で成形される[15]．偏心スピニングのパススケジュール[15]を図6.8（a）に，傾斜スピニングのパススケジュール[15]を図6.8（b）にそれぞれ示す．また，成形例を図6.9に示す[15]．なお，同軸の場合と同様に偏心・傾斜の場合も口絞りテーパー部に減肉現象が発生する[15]．

図6.7 管材端末の偏心・傾斜スピニング成形機
（4軸CNC，提供：株式会社三五）[15]

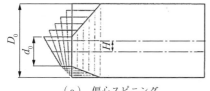

（a）偏心スピニング

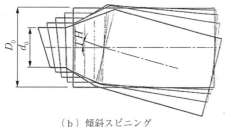

（b）傾斜スピニング

図 6.8　偏心・傾斜スピニングの
パススケジュール [15]

図 6.9　偏心・傾斜スピニング成形例
（自動車触媒ケース，提供：株式会社
三五）[15]

6.2.4　同期スピニング

　管材を回転させる絞りスピニングにおいて，**図 6.10** に示すように管材の回転とローラーの運動を同期させることにより，異形断面形状の成形が可能になる[16),17)]．管材に対するローラーの相対的な運動により形成される工具包絡面形状に管材が成形される点は，板材のインクリメンタルフォーミングと同様で

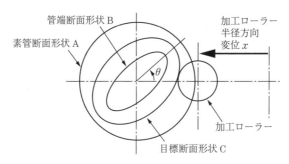

図 6.10　管材の CNC 同期スピニングの原理（ワークとローラーの接触）[16]

ある．図6.11に示す5軸2ローラーのCNC成形機が開発されている．成形例を図6.12に示す．端末のみならず管材中央部への異形断面形状の付与も可能になっている．さらに，図6.13に示す湾曲管の成形も可能になっている[18]．

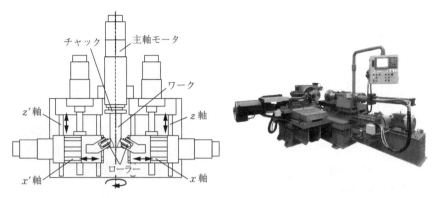

図6.11 管材のCNC同期スピニング成形機（2ローラー，提供：株式会社大東スピニング）

図6.12 管材のCNC同期スピニング成形例
（提供：株式会社大東スピニング）

図6.13 CNC同期スピニングによる湾曲管の成形例[18]

6.3 ロータリースエージング

ロータリースエージングについては，1960年代に米国で発行された技術専門書[19),20)]や論文[21)]に述べられており，加工法の基礎部分については，現在に至るまで大きな発展は見当たらない．変形現象がきわめて複雑であるため，成形の成否を握るノウハウ部分については未解明な点が多く残され，金型省略化

についても手付かずの状態にある．管材のロータリースエージングの成形例を図 6.14 に示す．管材の半径方向への逐次圧縮成形（逐次鍛伸）となるため，この特徴を生かして管材端末や管材中間部の縮管，ワイヤー等とのかしめ加工，管材引抜き時の口付け作業，内面スプラインや矩形断面などの管材の異形成形，難加工材の成形などに効果を発揮してきた．

図 6.14　管材のロータリースエージング成形例（提供：株式会社吉田記念）

6.3.1　スピンドル回転方式

ハウジング静止（固定）・スピンドル回転のロータリースエージングを図 6.15 に示す．スピンドルの回転に伴い，図 6.15（a）の状態でバッカー（ハンマー）がローラーに接触してダイを回転中心方向に押し込むことにより，管

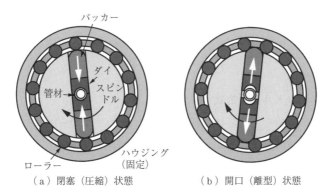

図 6.15　管材のロータリースエージングの原理（スピンドル回転方式）

材は一対のダイによる対向形式で圧縮される．この状態からバッカーの位置が図 6.15（b）に示すローラー間に移動すると，遠心力によりダイが開口し，そのタイミングで管材がダイ内部にわずかに挿入される．スピンドルの回転に従動して管材も回転するが，その回転はスピンドルよりも遅い．しかし，この回転差があるために管材の圧縮場所は管材の周方向へ逐次移動する．スピンドルの回転数は 300〜500 rpm/min 程度であり，打撃数は約 1 000〜5 000/min に達する場合が多い．管材はこの逐次成形過程で半径方向に圧縮応力を受ける一方で，その管軸方向には引張応力が作用していないため，静水圧の高い状態で成形が行われる．このため成形性は高く，難加工材の成形にも適している．この逐次圧縮鍛伸の過程を管軸方向の断面内で見ると，**図 6.16** に示すように，メタルフローの分水嶺を境にして入口側のテーパー部では管材が入る方向とは逆向きにメタルフローが生じるため，テーパー角 θ が 8°を超えると挿入装置が必要になる場合がある [20]．図 6.15 に示した 2 ダイのほかに 4 ダイや 3 ダイがある．4 ダイの使用が一般的に多いが，極小径管の場合には 2 ダイが用いられる [22]．

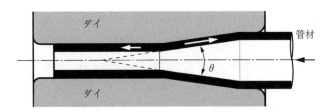

図 6.16 管材ロータリースエージングの管軸方向メタルフロー

6.3.2 スピンドル静止方式

ハウジング回転・スピンドル静止（固定）のロータリースエージングを**図 6.17** に示す．この方式には 4 ダイが用いられることが多く，スピンドル静止（固定）のために管材は静止したままで，ダイにより 2 軸の逐次圧縮を受ける．このため，矩形断面などの異形断面形状の成形が可能になる．

6.3 ロータリースエージング

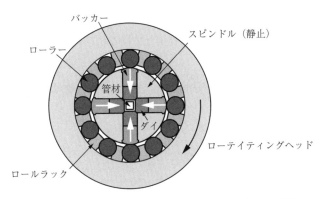

図 6.17　管材のロータリースエージングの原理（スピンドル静止方式）

6.3.3　ダイクロージング方式

ロータリースエージングで管材の中間部を絞る場合には，図 6.18 に示すようにくさび（シム）を用いて，ダイの開口量を制御する[19),20)]．まず図 6.18 (a) に示すようにくさびの押込み量を小さい状態にしてダイの開口を大きくし，管材を挿入する．つぎに図 6.18 (b) に示すように，くさびを押し込んでダイ開口量を小さくして管材の中央部のロータリースエージングを行う．その後，成形後にくさびの押込み量を小さくしてダイを開口させて管材を取り出す．成形過程中にくさびの押込み量を制御しながらロータリースエージングを繰り返すと，管材の軸方向に周期的な凹凸輪郭を有する製品が得られる．

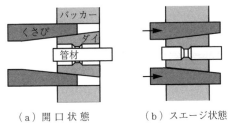

（a）開口状態　　　（b）スエージ状態

図 6.18　ダイクロージング方式（管材の中間部のスエージング）

6.3.4 ハウジング回転・スピンドル低速回転方式

上述の 6.3.1 項で述べたスピンドル回転方式で管径の大きな管材を成形する場合，管材の周速が大きくなり，作業上危険な状態になる[19),20)]．このため，管径の大きな管材に対しては，ハウジング回転・スピンドル低速回転（約 20 rpm[23)]）方式により，管材の周速を小さくしてロータリースエージングが行われる．

6.3.5 マンドレルスエージング

図 6.19 に示すようにマンドレルを用いてロータリースエージングを行うことにより，図 6.20 に示すようなスプラインや矩形穴などの異形形状を管材内面に付与することができる[19),20)]．マンドレルを用いない空の状態でロータリースエージングを行うと，管内面の肌あれが顕在化する．一方，マンドレルを用いた状態でロータリースエージングを行うと，マンドレル表面形状の転写が良好であるため，マンドレル表面が平滑であれば，管内表面は肌あれがつぶれて平滑な面に仕上がる．一例を図 6.21 に示す．平滑表面を有する直径 0.09 mm のピアノ線をマンドレルとして用い，ステンレス鋼管（SUS 304）を 2 ダイでロータリースエージングし，内表面の粗さを 0.4 μm に抑えることに成功（後続の内面研磨が可能）している[22)]．医療分野で細胞の採取や分析に用いる管材には，採取中の細胞を傷つけないために内表面の粗さを極低く抑えた極小径管が必要になっている[22)]．マンドレルにはピアノ線のほかにハイスの線材が用いられる場合がある．

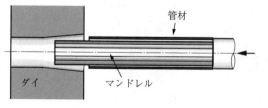

図 6.19 マンドレルスエージング

図 6.20 マンドレルスエージングされた管材断面例

6.3 ロータリースエージング

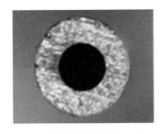 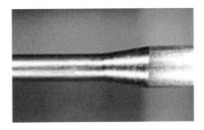

（a）断面真円　　　　　　　（b）加工部割れ剥離なし

図 6.21 ステンレス微小径管の高精度スエージング（絞り部内径最小：$\phi 0.09$ mm，テーパー角最大：20°，内径精度：± 0.01 mm，素管の内面粗さ：Ra 0.8 μm 程度，スエージ後の内面粗さ：Ra 0.4 μm 程度）[22]

6.3.6　ダイ穴のクリアランス

ロータリースエージングでは，図 6.22（a）に示すダイ穴の左右に付与されたクリアランス（逃げ量）がきわめて重要になる．このクリアランスを含めたダイ穴形状としては，2 円弧でつくられた近似的な楕円穴が古くから推奨されている[20]．この場合，クリアランスは図 6.22（b）に示すように，厚さ s のくさび（シム）を入れて 120°の場所を境に直径 D の丸穴を研削であけることにより得られる．この D は幾何的な関係から次式で定まる[20]．

$$D = (d^2 + sd + s^2)^{1/2} \tag{6.1}$$

ここで，d はダイテーパー部入口では管材外径（初期外径）であり，成形部で

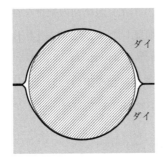 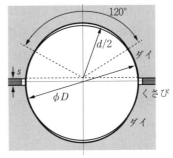

（a）ダイ穴の左右クリアランス　　　（b）付与法：2 円弧ダイ穴

図 6.22　ダイ穴のクリアランスとその付与法

はその場所の管外径である．s の推奨値は管の材質と肉厚/直径比やマンドレル使用の有無により変化する[20]．一つの目安として $D=1.02〜1.15d$ の経験値が推奨されている[24]．

6.4 回 転 成 形

　管端の口絞り成形，口広げ成形，フランジ成形，カーリング成形を行う回転成形（ローリング）については，1960年代に米国で発行された技術専門書[2]で詳細に述べられている．これらの端末成形はスピニングでも可能であるが，回転成形は大半の場合，1パスで完了するため，生産性の点でスピニングよりも優れている．プレス成形と比べた場合のメリットは，管端と型工具の軸対称接触状態の回避に起因した成形荷重の大幅低減とこれによる座屈抑制効果，溝付きやローラー付きの型工具を用いた場合に顕在化する逐次ひずみ配分効果に起因した延性向上，そして回転対称性の高い成形が容易になる点などがメリットになる．回転摩擦発熱を利用した局部加熱口絞り[25]によるクロージングなども古くから知られていたメリットであった．これらの成形はインクリメンタルフォーミングではあるものの，端末成形形状と一対一対応した輪郭を有する型工具（総型的な利用）を用いていたため，金型省略化はほとんど進展しなかった．しかし，1980年代に入ると揺動回転成形[26]が登場し，総型の代わりに工具包絡面を用いた形状付与が可能になり，工具包絡面の創生を可能にするCNC成形機も開発され[27]，金型省略化が進展した．また，口辺しわやカーリング，波打ち現象などの形状不良現象抑制[26]やメタルフロー制御[27]という新しい可能性も明らかにされてきた．この工具包絡面を用いた形状付与の考え方から，板材の張出し成形タイプのCNCインクリメンタルフォーミングが生まれた．

　管材中間部や管端部近傍にビード形状を付与するビーディングも回転成形（ローリング）で行うことが多い．この回転成形では付与するビード断面形状がローラー形状の転写という意味で総型的となるものの，管材の直径が変わっ

ても一対のローラー対で成形できるため,この部分については金型省略化状態と考えられる.

6.4.1 回転広げ成形

管端の回転口広げ成形は,管材を固定してその周囲を工具が公転する方法(ローリング)と,管材を回転させる方法のいずれの方法でも可能である[28].これらの二つの方法では,管材と工具の相対的な運動が同一となるためである.前者の方法を**図6.23**に示す.図6.23(a)に示すように,口広げ成形部の輪郭と同一輪郭のダイ(管材の固定具)と工具(空回り)を用いて,管軸とこのまわりを公転する工具の間に偏心を与えて管軸方向に工具を移動させる[2]と,インクリメンタルフォーミング状態となる.このため,プレス口広げ成形に比べて成形荷重が大幅に低減するとともに,工具接触部への効果的なひずみ付与が可能になる.図6.23(b)に示すように,管軸の半径方向に工具を移動させると,成形力の軸方向成分はさらに低減する[2].プレス口広げ成形で座屈しやすい加工硬化指数の高い管材に有効である.この半径方向移動によりフランジ成形も可能になる[2].ただし,フランジの口広がり率は小さい.口広がり率の大きなフランジは,管軸に対して傾斜したロールを成形目的のフランジ面に沿って半径方向に移動させる1パス回転成形と,円錐状回転口広げ成形を行った後に円錐部をロールで平坦化する2パス回転成形で可能になるが,いず

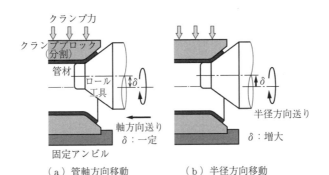

(a) 管軸方向移動　　　　(b) 半径方向移動

図6.23 管材端末の回転口広げ成形(管材固定・ローラー工具公転の場合)

れの場合も管内にマンドレルを入れて管材がフランジ根元部で管の内側に座屈しないようにする必要がある．この根元部の座屈は，工具接触部の子午線方向のメタルフローの分水嶺が根元側に近くなっていることに起因して生じる．インクリメンタルフォーミングのため，管材と工具の接触面積率を小さくすることにより，プレス成形で問題になるカーリングや波打ち（曲げぐせ）などの不整変形モードの発現を完全に抑制することができる[29]．

管軸と工具軸が同軸となる場合には，管端と工具がプレス成形の場合と同様に全面接触となるが，工具表面にローラーを取り付けて[30]局部的な接触状態にすると，インクリメンタルフォーミング状態になるため，上記の回転口広げ成形に近い効果が得られる．

6.4.2　回転口絞り成形

管端の回転口絞り成形は，回転口広げ成形の場合と同様に，管材を固定してその周囲を工具が公転する方法（ローリング）と，管材を回転させる方法のいずれの方法でも可能である[28]．これらの二つの方法では，管材と工具の相対的な運動が同一となるためである．後者の方法を図 6.24 に示す．口絞り成形部の輪郭と同一輪郭の工具（空回り）を用いて，管軸と工具軸の間に偏心を与えて管軸方向に工具を移動させると，インクリメンタルフォーミング状態（偏心口絞り成形状態）[31]となる．このため，プレス口絞り成形に比べて成形荷重が大幅に低減するとともに，工具接触部への効果的なひずみ付与が可能になる．成形荷重低減に起因して口絞り成形根元部に生じる座屈の抑制効果も得ら

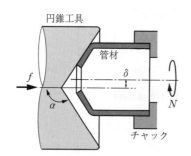

図 6.24　管材端末の回転口絞り成形
　　　　（偏心口絞り成形）

れるため，成形限界は向上し，口絞り率は0.6を超える．この偏心をある値以上に設定すると，**図6.25**に示すように，口辺しわの発生を完全に抑制することが可能になる[31]．同様に偏心の設定に起因して，内カーリングや曲げぐせ（波打ち）の完全な抑制も可能になる[31]．管端末と工具の接触面積率を小さくしてインクリメンタル変形の度合いを高くすることにより，これらの不整変形の抑制が可能になる[31]．管軸の半径方向に工具を移動させても同様な効果が得られる．

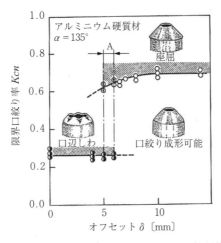

図6.25 偏心回転口絞り成形による口辺しわの抑制効果[31]

図6.26に示すように，管材内部にマンドレルを配置して，凹状断面のローラーを回転する管材の半径方向に移動させる1パスで，垂直クロージングに近い内フランジの成形が可能になる[32]．

管軸と工具軸が同軸となる場合には，管端と工具がプレス成形の場合と同様に全面接触となるが，**図6.27**に示すように，円弧工具に油溝を付与して回転口絞り成形を行うと，局部的な接触状態になるため，口辺しわ抑止と円弧状口絞り成形が可能になる[33]．**図6.28**に示すように溝を付与して局部的な接触状態[34),35)]にすると，インクリメンタルフォーミング状態になるため，上記の回転口絞り成形に近い効果（口辺しわ抑止と成形限界向上）が得られる．なお，

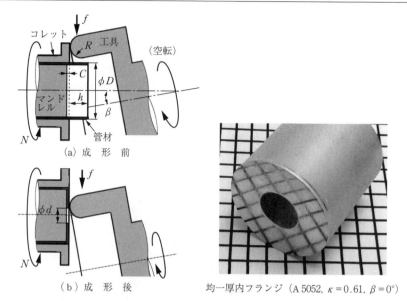

均一厚内フランジ（A 5052, $\kappa = 0.61$, $\beta = 0°$）

図 6.26 管材端末の1パス回転内フランジ成形[32]

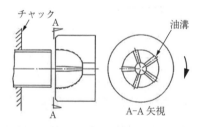

図 6.27 表面に油溝を有する円弧状工具を用いた回転口絞り成形
（提供：株式会社チューブフォーミング）[33]

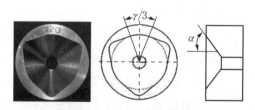

図 6.28 逃げ溝を有する回転口絞り成形用円錐工具（溝の存在によりインクリメンタルフォーミングの効果が発現，提供：電気通信大学 久保木孝教授）[34]

6.4 回転成形

回転口絞り成形で全面接触状態のまま回転口絞り成形を行うと，摩擦発熱により口絞り成形部が局部軟化して熱間成形状態となるため，成形荷重が低減し，成形限界が向上する[25]が，この場合はインクリメンタルフォーミングとは異なる変形状態となる．

6.4.3 回転ビード成形

管材中間部や管端部近傍にビード形状を付与する回転ビード成形は，外ビード成形と内ビード成形のいずれにおいても，図 6.29 に示す管材を固定する方式（ローリング）と管材を回転させる方式でそれぞれ成形可能である．ローラーの反対側を受け型あるいは受けロールで拘束し，ローラー接触部のみを逐次張出し成形あるいは逐次絞り成形する．受けローラーや受け型（押え型）がないと管材は弾性変形で管軸方向にたわむとともにへん平化するため，形状付与が困難になる．小径管になると管内に入れるローラー工具の剛性が確保しにくい状況になるため，管径約 19 mm（3/4 インチ管）以上が回転ビード成形の目安とされている[2]．付与するビード断面形状は軸方向断面で見るとローラー形状の総型的な転写となるが，インクリメンタルフォーミングであるため，形状付与性はよく，真円度の高いビード付与が可能になる．

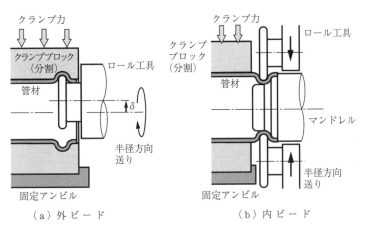

図 6.29　管材端末の回転ビード成形（ロール公転・管材静止タイプ）

6.4.4 揺動回転成形

型省略化を目的にしたインクリメンタルフォーミングの一つである．この成形では，管材に対して工具の相対的な運動によりつくられる工具包絡面を金型の代わりに用いる．このため，一つの工具を用いただけでさまざまな形状に管材端末を成形することができる．**図6.30**（a）に示すように管材を回転させ，円錐工具を傾斜させて管材軸方向に移動させた場合，半頂角γの円錐面状の工具包絡面が得られる．この工具包絡面を用いると，図6.30（b）に示すように端末は口広げ成形される[29]．また，図6.30（c）に示すように口絞り成形も可能になる[26]．揺動回転成形では，管端と工具の接触面積率を特定の値以下に設定することにより，プレス口広げ成形や口絞り成形の形状不良現象となるカーリングや曲げぐせ（波打ち），口辺しわを完全に抑制することができ，成形限界も向上する[26),29]．**図6.31**に示すように専用のCNC成形機も開発され，パススケジュールに依存してフランジの肉厚分布が変化するというメタルフロー制御の可能性も明らかにされている[27]．円錐工具の代わりに棒状工具を用いると，**図6.32**に示すように棒状工具のパススケジュールを変化させて，成形部根元側に生じる座屈をつぶしながら口広げ成形することが可能になる[36]．

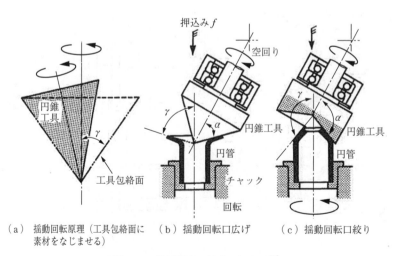

（a）揺動回転原理（工具包絡面に素材をなじませる）　（b）揺動回転口広げ　（c）揺動回転口絞り

図6.30 管材端末の揺動回転成形[26]

6.4 回転成形

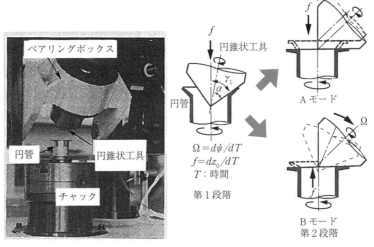

(a) CNC 成形機の成形部外観　　(b) フランジ成形のパススケジュール

図 6.31　管材端末の CNC 揺動回転成形機とフランジ成形の工具パススケジュール[27]

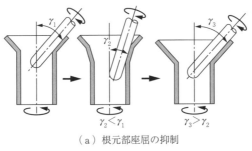

(a) 根元部座屈の抑制

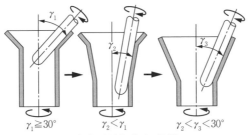

(b) 先端部破断の抑制

図 6.32　揺動回転口広げ成形中の根元部座屈と先端部破断の発生を回避する棒状工具のパススケジュール[36]

6.4.5 傾斜フランジ成形

この成形法を**図6.33**に示す．まず図6.33（a）に示すように揺動回転成形で管材を固定し，管材軸に対してζ_1だけ傾斜した軸を中心に円錐ローラーを公転させて管端を傾斜口広げ成形する．つぎに図6.33（b）に示すようにロールを用いて傾斜フランジ面を平坦化することにより図6.33（c）に示す傾斜フランジを成形することができる[37]．

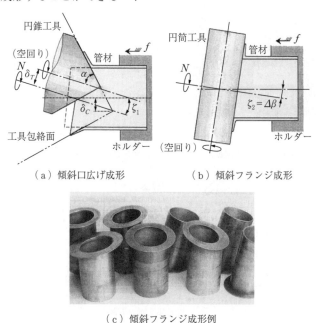

（a）傾斜口広げ成形　　（b）傾斜フランジ成形

（c）傾斜フランジ成形例

図6.33　管材端末の傾斜フランジ成形[37]

6.5　角管端末のインクリメンタルフランジ成形

板材のインクリメンタルフォーミングの場合と同様にCNCフライスを用いると，**図6.34**に示すように角管端末の口広げ成形やフランジ成形が可能になる[38]．成形時間を問題にしなければ，汎用CNC工作機械を用いたチューブフォーミングがインクリメンタルフォーミングにより可能になることを示している．

図 6.34 CNC フライスを用いた角管端末の口広げ成形とフランジ成形
（A 6063，一辺 30 mm 正方形断面管，肉厚 1.5 mm）[38]

引用・参考文献

1) 日本塑性加工学会編：塑性加工用語辞典，(1998 年)，136，コロナ社．
2) Kervick, R.J. & Springborn, R.K.：Cold Bending and Forming Tube and Other Sections, (1966), 185-205, ASTME.
3) ASM handbook committee：Metals Handbook, **4** (1969), 317-322, ASM.
4) 日本塑性加工学会編：スピニング加工技術，(1984)，74，日刊工業新聞社．
5) 日本塑性加工学会編：スピニング加工技術，(1984)，181，日刊工業新聞社．
6) Kuboki, T., Takahashi, K., Sanda, K., Moriya, S. & Ishida, K.：Mater. Trans., **53**-5 (2012), 853-861.
7) 三田和彦・守屋進・石田啓輔・佐久間優・村田眞・久保木孝・高橋奈生人：平成 22 年度塑性加工春季講演会講演論文集，(2010), 185-186.
8) 日本塑性加工学会編：スピニング加工技術，(1984)，135，日刊工業新聞社．
9) 高田佳昭・高橋洋一：塑性と加工，**54**-628 (2013), 403-407.
10) 安藤弘直・森川彰信：塑性と加工，**53**-614 (2012), 208-212.
11) 日本塑性加工学会編：スピニング加工技術，(1984)，86，日刊工業新聞社．
12) Yoshihara, S., Mac Donald, B., Hasegawa, T., Kawahara, M. & Yamamoto, H.：J. Mater. Process. Tech., **153**-154 (2004), 816-820.
13) 入江徹：特許第 2957153 号．
14) 入江徹：特許第 2957154 号．
15) 新藤健二・石垣賢三・加藤和明・入江徹：第 50 回塑性加工連合講演会講演論文集，(1999), 173-174.
16) 荒井裕彦・藤村昭造・岡崎巧：第 56 回塑性加工連合講演会講演論文集，(2005), 687-688.
17) 荒井裕彦：平成 26 年度塑性加工春季講演会講演論文集，(2014), 199-200.
18) 荒井裕彦：平成 28 年度塑性加工春季講演会講演論文集，(2016), 157-158.

19) Kervick, R.J. & Springborn, R.K.：Cold Bending and Forming Tube and Other Sections,（1966），205-220, ASTME.
20) ASM handbook committee：Metals Handbook, **4**（1969），333-346, ASM.
21) Kegg, R.L.：Trans. ASME, J.Eng. Ind.,（1964），317-325.
22) 多田基史・相澤淳一：塑性と加工, **58**-683（2017），1094-1098.
23) 日本塑性加工学会編：回転加工,（1990），218-223, コロナ社.
24) 中村正信：パイプ加工法,（1982），48, 日刊工業新聞社.
25) 岡村俊一・田中秀穂：精密機械, **43**-512（1977），898-904.
26) 北澤君義・小林勝・丸野浩昌：塑性と加工, **29**-330（1988），767-774.
27) 北澤君義・小林勝・飯田実：塑性と加工, **33**-380（1992），1080-1083.
28) 北澤君義：塑性と加工, **30**-345（1989），1395-1402.
29) 北澤君義・小林勝・丸野浩昌：塑性と加工, **30**-344（1989），1259-1266.
30) 丸尾智彦：日工マテリアル, **2**-6（1984），36.
31) 北澤君義・小林勝・飯田実：塑性と加工, **30**-339（1989），563-569.
32) 北澤君義：平成28年度塑性加工春季講演会講演論文集,（2016），159-160.
33) 中村正信・丸山清美・久保田晶之・中村友信・大木康豊：パイプ加工法 第2版,（1998），118-119, 日刊工業新聞社.
34) 村田眞・小南敦嗣・久保木孝：平成20年度塑性加工春季講演会講演論文集,（2008），221-222.
35) Kuboki, T., Abe, M., Yamada, Y. & Murata, M.：CIRP Annals-Manuf. Tech., **64**-1（2015），269-272.
36) 北澤君義・清野次郎：機論 C編, **57**-539（1991），2453-2459.
37) 北澤君義・西田正樹：第50回塑性加工連合講演会講演論文集,（1999），459-460.
38) 松原茂夫：第45回塑性加工連合講演会講演論文集,（1994），761-762.

7 切断，輪郭・穴あけ，バーリング

7.1 概論

　管材を成形して部品として用いるためには，まず管材を素材として必要な寸法に切断する必要がある．また，管材の端面に必要な形状の輪郭を与えたり，管壁に種々の形状の穴を設けたり，バーリング加工も必要である．

　管材を素材として切断する方法は種々あり，おのおのの部品の特徴に応じて使い分けられている[1]．管端に輪郭を設けるための加工，管壁に穴を設ける方法も種々あるが，これらもおのおのの部品の特徴によって使い分けられている[2]．管材のバーリング加工は，剛体引抜き方式，クロスピン方式，逐次バーリング方式があり，部品の寸法，特徴により使い分けられている．

　被加工材としての管材が板材と異なる特徴は，それ自身が変形に対する剛性をもつこと，閉じた断面であるため，内側への工具の挿入に制限があること，工具の作動の方向が肉厚方向に限定できないことなどである．管材の切断，輪郭・穴あけ加工，バーリング加工を行う際には，これらの特徴を十分把握しておく必要がある．

7.2 管の切断加工法

　管を切断する方法には，表7.1に示すように，さまざまな方法がある．ここでは，塑性加工による代表的な切断法について述べる．なお，詳細について

表7.1 管の切断方法

応用原理		加工方法	断面形状	かえり	斜め切断	異形管	薄肉管	長い管	短い管	切くず処理	生産速度	設備費用
塑性変形法	押込み変形	ロール押込み,切断	□	□	−	−	−	◎	□	◎	○	◎
		張力付加ロール押込み切断	○	□	−	−	−	◎	−	◎	○	○
		切削後ロール押込み切断	○	□	−	−	−	◎	◎	△	△	□
	せん断	突切り切断法	△	○	−	△	△	○	−	○	◎	○
		二重突切り法	□	○	−	△	△	○	−	○	◎	□
		心金せん断法	○	◎	−	○	○	△	◎	○	○	□
		心金二重せん断法	□	◎	−	○	○	○	◎	○	○	□
除去加工法	切削	バイトによる切断	◎	△	−	−	−	○	○	△	○	○
		帯鋸による切断	○	□	○	◎	△	○	○	○	○*	○
		回転鋸による切断	○	□	△	○	○	○	○	○	○*	○
		砥石ディスクによる切断	○	□	○	◎	○	○	○	□	□*	○
	溶断	レーザー切断	○	□	○	◎	◎	○	○	◎	○	△
		プラズマ切断	□	□	○	◎	○	○	○	□	○	□
		ワイヤ放電加工	○	□	○	◎	◎	□	□	◎	△	□

◎最良　○良好　□普通　△よくない　−不可能
*多数同時切断可能

は,本シリーズ第4巻『せん断加工』も合わせて参照されたい.

7.2.1 ロール押込み切断法

　ロール押込み切断法は図7.1に示すように,管の外周から,先端がくさび状のロールを管と相対的に回転させながら,半径方向に押し込んで切断する方法である.異形管の切断や斜めの切断はできないが,切りくずが出ない,心金を用いずに切断できる利点から,古くから管の切断に広く用いられている.ロールを回転させる場合と,管を回転させる場合があるが,管が長い場合やコイル材を切断する場合は,ロールを回転させることが多い.

　ロールによる切断面には,ロールの角度によるテーパーが付くことは避けら

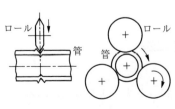

図7.1　ロール押込み切断

れないが,このほかに図7.2に示すような外周部への盛り上がりと,内側への大きなかえりが発生する.また,n値の大きな材料では,盛り上がりの量は少ないが,加工条件によっては,切断部の径が

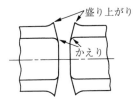

図7.2 ロール押込み切断
した管の断面（n 値小）

少し細くなることがある．

　かえりを防止するには，管に張力を加えながらロール切断する．張力を加えるため，かえりの発生前にくさびの先端で引張破断が生じて，かえりは発生しない．この場合，その部分は図7.3に示すような破断面になる．また，盛り上がりを防止するためには，図7.4に示すように，あらかじめ旋削で溝を入れておき，それからロール切断するとよい．

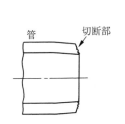

図7.3 張力付加ロール押込み切断した管の断面

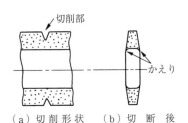

（a）切削形状　（b）切断後

図7.4 切削後ロールの押込み切断した管（リング）の断面

　ロールの押込み力は，使用するロールの形状を薄いくさびの集合とみなし，管の素材の半無限体に押し込む力として，すべり線場の理論で計算するとほぼ推定できるが，一般には実測により求められている．ロールは，通常，放射状に3または4個並べられるが，ロールの径は，摩耗の観点からロール間の干渉がない範囲でできるだけ大きい方がよい．ロールの先端に設けられるくさびの角度は，一般的には20〜60°の間で選定されるが，精度の観点から小さい方がよいので強度的に問題ない範囲で小さい角度とするのがよい．

7.2.2 突切り切断法

管の剛性を利用して，図7.5に示すような外径側から押し込むブレード状のパンチと，外径側で管を固定する二つのダイによって切断する方法である．パンチの厚さのスクラップが発生するが，外側のパンチの上下動のみで切断できるので，切断速度は最も大きく，広く用いられている．また，装置が簡単なので，フライングカットで切断することができ，100 m/min 以上で走行中の管を止めずに切断している例もある．

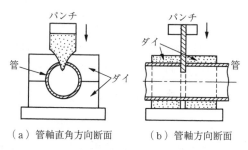

(a) 管軸直角方向断面　　(b) 管軸方向断面

図7.5　突切り切断

この加工法では，管の内側に支えるものがないため，内側にへこみを生じやすい．これを防止するために，パンチを押し込む前に，図7.6に示すように，横からのパンチで管の上の部分のみ厚みを減らすように削っておく方法がある．これを二重突切り法という．機構が複雑で専用機を要し，切断速度も少し遅くなるが，へこみを抑制できる．

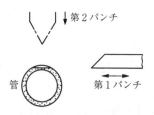

図7.6　二重突切り法における第1パンチの切削後の断面形状

この加工方法では，**図7.7**に示すように，切断行程の最初は押込み変形とせん断変形による突き破りになるが，途中で抜きかすを介したせん断となり，場合によっては，最後に中央部だけパンチとダイによるせん断になるなど，せん断状態は行程の中で複雑に変化する．かえりはそれほど大きくない．この加工法の問題は，図に示すようなパンチの当たる部分のへこみの発生である．このへこみを後で修正する必要がある場合も多いが，上述した二重突切り法を適用してへこみを抑制できる．

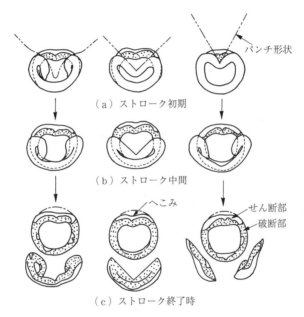

図7.7 突切りせん断におけるパンチ形状と切断経過による変形状況

加工力については，行程中にせん断状態が変化するが，シヤー角が自然につくので，管の断面の1/4の面積の二つの面を一度に打ち抜く程度の荷重と考えればよい．パンチについては，抜きかすの節約とへこみを少なくする観点から，パンチの厚みはできるだけ薄い方がよい．ただし，抜きかすを介したせん断部分では，パンチ破損が生じやすいので，その強度を考慮して厚みを決定しなければならない．パンチの先端角度はへこみを抑制する観点から小さい方が

よいが，これも強度との兼ね合いで 40～90°くらいで選定される．ダイについては，分割してパンチより先に降りてくるカム機構を適用することで，管を強く保持することができ，へこみを抑制させることもある．

7.2.3 心金を用いた切断法

管内にあらかじめ心金を入れて，その端面を内側のせん断加工刃として作用させることにより，つぶれがなく，また抜きかすの発生しない切断を可能とする方法に，図 7.8 に示す心金せん断法，および図 7.9 に示す心金二重せん断法がある．

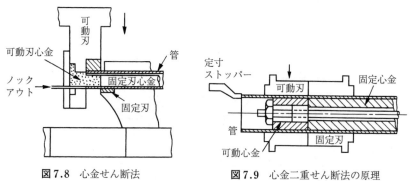

図 7.8 心金せん断法　　　　図 7.9 心金二重せん断法の原理

図 7.8 に示す心金せん断法は，金型をフローティングダイセットにセットしておくことで，プレスがあれば特別な装置がなくてもよいという利点がある．しかし，可動側の心金は強度上長くすることができず，ノックアウトのための固定側のダイもオーバーハングさせなければならないなどの制約から，きわめて短い管の切断にのみ用いられる．また，この加工法は，素材である管内への心金の挿入にひと工夫を要する．図 7.9 に示す心金二重せん断法は，心金切断法が有する長い管の切断ができない，心金に管を被せるのが困難であるという課題を，相互にずれることのできる心金を固定側の心金ホルダーのみで支えることにより解決している．可動心金は，ばねを用いて戻す機構を適用している．可動刃の動きは，心金のずれを少なくするために，管の肉厚より少し多い

7.2 管の切断加工法

だけの上下・左右動に限られている．素材である管の精度向上や心金をずらす機構の進歩もあり，6mの素材から，管径6.35～150 mm，肉厚0.152～6 mm，切断長さ3～600 mmのものを，突切り法につぐ速い速度で切断する装置もある．

心金せん断法は，一般には突切り切断法よりもよい切断面を得られるが，肉厚が厚い場合は，せん断面において左右両端側に二次せん断などが発生することがある．心金二重せん断法は，せん断による切断法の中では最もよい断面が得られる．心金せん断法の加工力については，管の断面を一度に切断する荷重を見込めばよい．ただし，どの方法でも同じであるが，押えばねに対する力やカムを動かす力などは別に見込まなければならない．また，心金せん断法では，ダイセットが戻った初期状態で，可動側と固定側の心が確実に合うようにすることがポイントである．

7.2.4 切断加工事例

直径9.53 mm，肉厚0.3 mmの銅管に，引張力をかけながらロール切断したときの切断面写真を**図7.10**に示す．テーパーは付いているが，かえりもなく破断面も少ない．ただし，ロール切断された端面近傍は加工硬化するため，後加工で拡管を行う場合には，面取り，焼なましなどをするか，または端末を避けて拡管する必要がある[3]．**図7.11**に直径6.3 mm，肉厚0.6 mmの銅管を突切り法により切断したときの切断面写真を示す．へこみ，だれ，パンチ側面でこすられた痕などがわかる．

図7.10 張力付加ロール押込み
切断した銅管の切断面

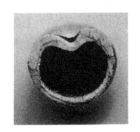

図7.11 突切りせん断した
小径銅管の切断面

7.3 管端の輪郭加工と穴あけ加工

管の端面の輪郭加工や穴あけ加工には**表7.2**に示したように種々あるが,ここではせん断を利用した加工法について述べる.

表7.2 管の輪郭・穴あけ加工方法

応用原理		加工方法	断面形状	かえり	形状自由度	薄肉管	長い管	切くず処理	生産速度	設備費用
塑性変形法	せん断	突破り穴あけ*	△	△	□	△	◎	□	◎	○
		パンチとダイによるせん断	○	○	○	○	−**	○	○	○
		パンチと二つのダイによるせん断	○	○	□	□	−**	○	○	○
	塑性流動	フロードリル加工*	△	△	△	□	◎	◎	◎	○
除去加工法	切削	ドリル加工*	◎	△	△	△	◎	△	△	○
		フライス加工	◎	△	○	△	◎	△	□	□
	溶断	レーザー切断	○	○	◎	◎	◎	□	○	△
		プラズマ切断	□	○	○	○	◎	□	○	△
		放電加工	◎	◎	◎	◎	△	□	△	△

◎最良 ○良好 □普通 △よくない −不可能
*穴加工のみ, **管胴部穴の場合

7.3.1 輪郭加工

管の端面輪郭のせん断加工においては,心金せん断法によるせん断加工と同様,フローティングダイセットに,**図7.12**に示すようなパンチとダイをセットしておいてせん断加工を行う.1回に切断する輪郭の幅は円周の1/4程度とする.この場合,かえりは外周側に出る.かえりを内周側に出すためには,**図7.13**に示すような型を用いるが,この場合,1回で切断する幅はダイの強度の関係から円周の1/6程度となる.管の両端に同じ切欠形状がある場合は,**図7.14**に示すように,管の下側にもう一つのダイを設けておき,同じパンチを抜き通すことにより,一度に両側の切欠きを加工できる.

輪郭切断の場合,1回に切断する幅を1/4以下程度にすれば,一般の打抜きの切断面と同様なよい精度の断面が得られる.図7.14に示す打抜きの場合,

7.3 管端の輪郭加工と穴あけ加工　　　　　　　　249

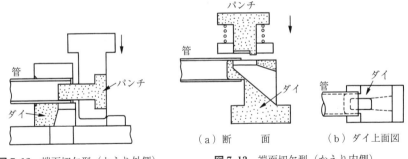

図7.12 端面切欠型（かえり外側）　　　図7.13 端面切欠型（かえり内側）

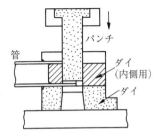

図7.14 パンチと二つのダイによる切欠型

抜きかすがダイ穴の大きさにならうので，それにより抜かれた下側の穴は，パンチにならった上面の穴より少し大きくなる．また，下側の穴はほとんどせん断面になる[4]．

　加工力は，一般の打抜きの場合と同じである．図7.14に示す打抜きの場合でもほとんど同じである．管の内側に入る部品に関しては，剛性および強度について，十分な配慮をする必要がある．断面急変部の仕上げや焼入れには特に注意が必要である．

7.3.2 穴あけ加工

　管の穴あけ加工では，板材と異なり管材に剛性があるため，内側にダイを用いずに穴あけを行う場合がある（**図7.15**）．このときは，管の剛性でパンチ力を受けるため，押込みとせん断の合成された打抜きとなる．また，管材では向かい合う管壁の両方に一度に穴あけを行うこともあるが，この場合は，**図7.16**

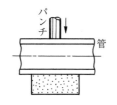
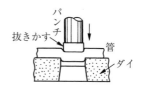

図7.15 ダイなしの穴あけ　　図7.16 スクラップによるせん断

に示すように，加工の前半で抜かれた抜きかすがパンチ先端に残り，後半に抜かれる材料はパンチのエッジ部で直接打ち抜かれるのではなく，比較的やわらかい抜きかすで打ち抜かれる．そのため，クラックの発生が遅れて切断面はフィニッシュブランキングに近いものとなる．

　管端に近い穴の場合は，図7.17（a）に示すようにフローティングダイセットにセットした型で打ち抜く．かえりを内周側に出す場合は，図（b）に示す型を用いる．この場合は，管端から奥の方での穴抜きも可能であるが，抜きかすを確実に排除できるようにしなければならない．管の壁の両側に通る穴がある場合は，図7.18に示すように，管の下側にもダイをセットして，同じパンチで抜き通す．

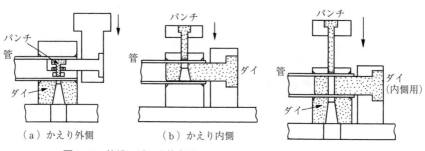

（a）かえり外側　　　（b）かえり内側
　図7.17 管端に近い穴抜き型　　　図7.18 パンチと二つのダイによる貫通穴の打抜き型

　加工力は，一般の打抜きの場合と同じである．輪郭加工と同様，管の内側に入る部品に関しては，剛性および強度について，十分な配慮をする必要がある．

　管の穴あけ加工は，板の穴あけ加工に比べて有利な点として，外周の拘束で

板面内に高い圧縮力を生じさせやすいことである．これを利用して，片状黒鉛鋳鉄管のようにもろい材料の穴抜きに成功した例もある[5]．

7.3.3 輪郭・穴あけ加工事例

図7.19に軟鋼板を深絞り加工して，直径21.5 mm，肉厚1.55 mmの管状にし，図7.14に示した方法で輪郭加工した例を示す．

図7.19 パンチと二つのダイによる貫通切欠品（軟鋼深絞り品）

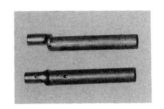

図7.20 銅管への穴あけ加工例（かえり内側）

また，**図7.20**に直径18 mm，肉厚1.8 mmの鋼管とそれを管細め加工した部分に，それぞれ逆の側から図7.17（b）に示す方法で穴あけ加工した例を示す．

7.4 バーリング加工

バリ（burr）は突起やギザギザを意味し，加工に際して残った小さな突起状のものを指すが，バーリング（burring）は突起を形成することであり，穴張出し成形を指し，下穴をあけ縁部を円筒状に立ち上げる加工法である．管のバーリング加工は，管壁に穴あけ加工を行った後，穴縁を立ち上げる加工であり，**表7.3**に剛体工具を用いた代表的なバーリング加工法とその特徴を示す．液圧によるバーリング加工は4章「ハイドロフォーミング」を参照されたい．管のバーリング加工は，管から分岐形状を加工するのに用いられ，配管系の分岐部や自転車の継手，自動車のエギゾーストマニホールドといったパイプ構造品の継手，分岐部に適用されている．また，管内側へのバーリングは，ねじの

表7.3 バーリング加工方法

名　称	剛体引抜き方式	クロスピン方式	逐次バーリング方式
加工概要			
工　数	○	○	△
金　型	×	○	○
技管素管径比	×	○	◎
真円度	×	×	○
冷間加工	×	△	○
加工力	×	○	◎
設　備	○	△	×

下穴加工などに利用されている.

　管のバーリング加工は板の伸びフランジ成形や穴広げと同じ変形様式であるが，被加工材が板でなく管であり，曲率をもっているため，分岐断面が円であっても，下穴を円でなく楕円にして分岐高さが周方向で均一になるような考慮が必要である．図7.21にバーリング加工による分岐部形成の素管および分岐管の形状を示す．また，バーリング加工での穴広げ率λは，素管径D，枝管径dおよび立ち上がり高さhの関係から素管側面に三次元の楕円形状を求め，下穴周長である楕円周長（L_0）を計算し，分岐管周長πdと比較することで，式（7.1）に示すように求めることができる．

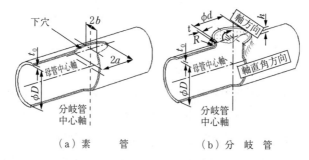

図7.21　バーリング加工による分岐部形成の素管および分岐管の形状

$$\lambda = \frac{\pi d - L_0}{L_0} \tag{7.1}$$

7.4.1 液圧バルジ方式

管材の外周を金型で拘束し,素管内部に液圧を負荷しながら管端部を軸方向へ圧縮させることで,素管の一部分を分岐形状に変形させた後,分岐頂部を切断して製作する方法[6]である.この方式では,枝管形状にならった金型形状が必要となるため,金型コストの面で多品種少量生産には適さないが,自動車部品などで実用化[7]されている.内圧負荷圧力と軸方向圧縮量の適正化[8),9)]を図ることにより,枝管部高さを大きく,また枝管部の肉厚減少を抑制し,枝管の肉厚の均一化を図ることができる.

7.4.2 剛体引抜き方式

これは素管壁面にあらかじめ下穴をあけ,剛体プラグを素管内部に挿入した後,下穴に対して垂直方向に剛体プラグを引き抜き,下穴縁部を隆起させて枝管部を成形する方法[10]である.**図7.22**に剛体プラグを用いた引抜き方式の工程を示す.剛体プラグを母管の軸方向から挿入し,引上げ用治具を母管外側から楕円形状下穴へ挿入して,母管内部で結合させる.この剛体プラグを楕円形状下穴中心と剛体プラグ中心を一致させるようにして母管の外側へ引き上げる.枝管部の一体成形方法としては最も汎用的であるが,素管径と剛体プラグ径の関係から,枝管径/素材管径比=1.0の分岐管は成形できないといった成形可能分岐管径比(枝管径/素管径)に制限がある.また,素管材料の変形能

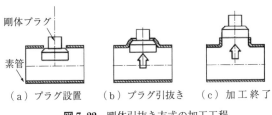

図7.22 剛体引抜き方式の加工工程

により部分的に加熱して加工する[11]ため設備や工数が増えたり，枝管径ごとに剛体プラグが必要で金型費がかさむなどという課題がある．

7.4.3 クロスピン方式

T-drill industries Inc. が開発した成形方法で，T-ドリル方式とも呼ばれている．開くと円錐になるような2本のピン工具を用いることにより，一つの工具で多様な分岐管径比（枝管径/素材管径）に対応できるという特徴を有する[12),13)]が，適切な潤滑剤を使用しないとピン工具と被加工材の接触部に焼付き凝着が生じたり，延性の小さい素管では部分的に加熱を施すため設備や工数が増えるという課題がある．**図 7.23** にクロスピン方式による分岐管成形の概要を示す．成形ヘッド下穴に挿入し，ピン工具を展開，クロス状のピン工具として回転させながら引き上げることで，下穴縁部を隆起させて分岐管を成形する．成形ヘッドに取り付けられた面取りカッターで，ピン工具を引き抜いた後に分岐端部の端面処理を行える．

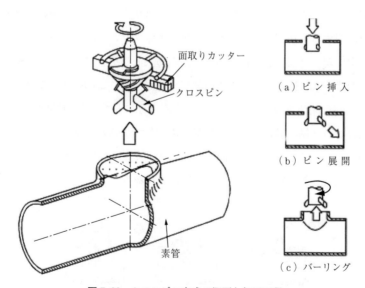

図 7.23　クロスピン方式の概要と加工工程

7.4.4 逐次バーリング方式

逐次バーリング方式は，板材を対象にして研究されてきたインクリメンタルフォーミングを応用し，棒状工具による板材のバーリング加工[14]を管材に展開した方法[15]である．図7.24に示すように，従動回転する棒状工具を用いて，その移動により下穴縁部を立ち上げて，分岐端部の任意の部分を変形させる加工法[16]である．図7.25に棒状工具を用いた逐次バーリング方式の加工工程を示す．

これまで述べた三つのバーリング加工方式に関し，枝管の成形限界について検討する．成形限界を向上させるために，枝管端部肉厚減少率を均一化すればよいが，剛体引抜き方式およびクロスピン方式では工具半径が一定のため，それぞれ図7.26 (a), (b) に示すように，分岐端部肉厚減少率分布を成形中に変化させることができない．また，枝管径/素管径比 (d/D) が大きい場合は，枝管端部の場所に応じた変形を付与することが重要であるが，剛体引抜き方式およびクロスピン方式では，下穴縁の場所に応じた変形を付与できない．これに対し，棒状工具を用いた逐次バーリング方式では，図 (c) に示すように，成形中に分岐端部の各位置に適した変形を付与し，成形中の肉厚減少率分布を変化させながら，最終的に肉厚分布を均一化させられる[16]．

具体的には，第1工程として図7.25 (b) に示すように，軸直角方向部は

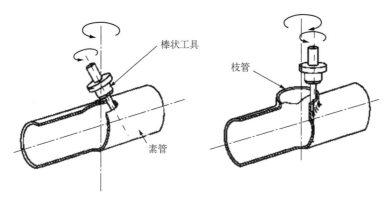

図7.24 棒状工具を用いた逐次バーリング方式の概要

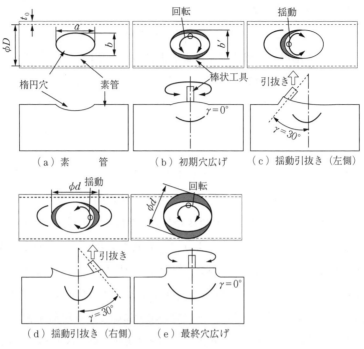

図7.25 棒状工具を用いた逐次バーリング方式の加工工程

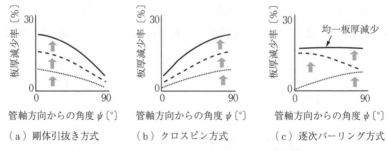

図7.26 各分岐管加工方式での枝管端部肉厚減少率の推移

押広げ成形し，つぎに図 (c)，(d) に示すように棒状工具を揺動させながら，軸方向の分岐部寸法が所定の分岐管径になるよう軸方向を立ち上げ，最後に図 (e) に示すように，棒状工具の公転半径を大きくしながら，所定の分岐管径にまで軸直角方向を押し広げて，分岐部を成形することにより実現される．

逐次バーリング方式は，揺動回転機構が必要かつ加工時間がかかるという課題があるが，インクリメンタルフォーミングの特徴である金型レス化と成形限界の向上が期待できる．

7.4.5 バーリングの加工事例

図7.27にアルミ合金（A 5083-O）材，素管径100mm，肉厚1mmの素管側面に，棒状工具を用いた逐次バーリング成形により，枝管径100mmの分岐管を成形した例[17]を示す．また，同方法により，アルミ合金（A 5083-O）材，素管径400mm，肉厚3mmの素管側面に，分岐管径比（d/D）がそれぞれ400mm，360mm，320mmの分岐管を成形した例[17]を**図7.28**に示す．このように，棒状工具を用いた逐次バーリング方式では，さまざまな枝管径を有する分岐管を成形できる．

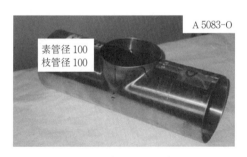

図7.27 逐次バーリング加工例

図7.28 種々の枝管径の
バーリング加工例

引用・参考文献

1) 日本塑性加工学会編：プレス加工便覧，(1975)，192，丸善．
2) 中川威雄：塑性と加工，**23**-255 (1982)，307-311．
3) 白水宏典・二橋岩雄：塑性と加工，**23**-255 (1982)，290-294．
4) 落合和泉：塑性と加工，**23**-255 (1982)，296-300．
5) 小池俊勝・山県裕：塑性と加工，**31**-351 (1990)，474-478．
6) Christensen, W.L.：Metal Forming，**29**-10 (1995)，36-43．

7) 遠藤順一：塑性と加工，**35**-400（1994），511-515.
8) 淵澤定克・北村和幸・奈良崎道治・鋤本己信・渡辺勲：塑性と加工，**36**-408（1995），80-84.
9) 淵澤定克：塑性と加工，**30**-339（1989），473-477.
10) 住友金属工業：プレス技術，**34**-7（1996），112.
11) 岡田健一・浅尾宏・渡辺忍：塑性と加工，**32**-364（1991），583-587.
12) Atkey, M.：Machinery and Production Engineering, **141**-3637（1983），22-23.
13) 渡辺了悦：配管技術，**32**-14（1990），138-141.
14) 北澤君義：軽金属，**49**-6（1999），233-237.
15) 北澤君義ほか：昭和63年度塑性加工春季講演会講演論文集，(1998)，491-494.
16) 寺前俊哉・真鍋健一・上野恵尉・中村敬一・武田弘志：塑性と加工，**48**-553（2007），125-129.
17) 寺前俊哉・真鍋健一・上野恵尉・中村敬一・武田弘志：塑性と加工，**50**-581（2008），560-564.

8 接合

8.1 概要

　管材の接合法のうち，接合工程で塑性変形を生じさせて，それを直接利用する技術は，つぎの四つの接合機構のうち，少なくとも一つを伴う．
- ① 接合体と被接合体との（もしくは接合体どうしの）接触面における残留接触圧力
- ② 接合体と被接合体との（もしくは接合体どうしの）構造締結
- ③ 被接合体に設けた溝への接合体の塑性流動
- ④ 接合体と被接合体との（もしくは接合体どうしの）接触面における金属原子の拡散

なお，ここで，接合体とは接合工程で塑性変形を伴うものであり，被接合体とは塑性変形を伴わない（伴ったとしても微小な塑性変形を伴う）ものを表すものとする．接合体が円管の場合，①の接合法では，円管を工具で拡管もしくは縮管して被接合体に接触させる．接合力は，工具をはずした後に接触面に残る接触圧力および接触面積と，接触面の摩擦で決まる．②の接合法では，接合体を塑性変形させて，物理的に構造締結させる．この接合法で接合したものを分離する場合，接合体および被接合体の一方もしくは両方が塑性変形する．③の接合法では，接合体を塑性変形させるときの肉厚方向の塑性流動に配慮する．接合力は，被接合体に設けた溝に接合体の一部が入り込むアンカー効果で得られる．④の接合法では，接合面にある酸化膜などの表面皮膜を壊して新生面を

露出させる.接合力は,面圧,接触面積,表面皮膜の壊れやすさ,熱,相対滑り量などによる.

円管部材の結合形態と用途で分類すると表8.1のようになる.円管と接合されるのは,円管,薄肉部材,厚肉部材,軸部材,管継手が挙げられる.用途は,配管のみならず,衝撃吸収部品,ばね,軽量構造部品などである.各結合形態で利用される接合機構については,具体的な製品ごとにさまざまであるが,円管どうしや薄肉部材との接合では接合機構②が主となる.厚肉部材や軸部材との接合では,それらの剛性を利用する①や,溝を設けた②,③を適用することができる.

以下,本章では用途別に塑性接合法を解説する.

表8.1 円管部材の結合形態と用途

No.	結合形態	用途	具体例*
1	円管(または缶)と薄肉部材	・容器 ・衝撃吸収部品	缶詰・飲用缶(②),ペール缶・ドラム缶(②),洗濯機ステンレス槽(②),自動車用バンパ(②)
2	円管と厚肉部材	・集合管 ・軽量回転部品 (外径>軸長さ) ・ねじりばね	ボイラ(①,②),回転円盤(①,③),カムシャフト(①,②,④),自動車用サスペンション(①,②)
3	円管と軸部材	・段付き軽量部品 (外径<軸長さ)	複写機のローラー・シート送り機構(①,②),自動車機構部品(①,③),建築構造部材(②,④)
4	円管と管継手	・流体用配管	メカニカル形管継手(①,②)

*①接合体と被接合体との(もしくは接合体どうしの)接触面における残留接触圧力
②接合体と被接合体との(もしくは接合体どうしの)構造締結
③被接合体に設けた溝への接合体の塑性流動
④接合体と被接合体との(もしくは接合体どうしの)接触面における金属原子の拡散

8.2 おもに配管で使われる塑性接合

8.2.1 ローラー拡管法

〔1〕概　要

ローラー拡管法は,図8.1[1)]に示すようなチューブエキスパンダーを用いて図8.2に示す拡管過程で接合部材(管材)を内側から変形させ,被接合部材

8.2 おもに配管で使われる塑性接合

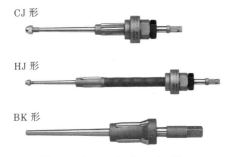

CJ形

HJ形

BK形

図 8.1　チューブエキスパンダー

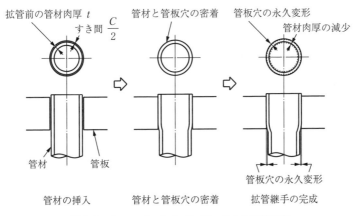

図 8.2　チューブエキスパンダーによる拡管過程

（管板）と密着させる冷間塑性加工法である．図 8.3 に示すように，チューブエキスパンダーは，テーパーの付いたマンドレルと周方向に均等配置した複数のローラーが基本構成要素である．ローラーはマンドレルに対してある角度傾いて配置させている．それによりチューブエキスパンダーを管材に挿入してマンドレルを回転させると，管材の内面に転がり接触するローラーがマンドレルを管材軸方向に前進させ，マンドレルのテーパーによってローラーが半径方向へ移動して拡管する．管材はローラーの数だけの多角形状に変形しながら拡管され，管材の外面が管板の穴に接触する．さらに拡管が進むと管板穴も広げることとなり，マンドレルには急激に大きな回転力が必要となる．管材は薄肉のため，先に塑性変形し始める．そして，管材の半径方向の変形は，管板によっ

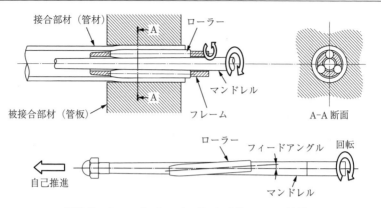

図8.3 チューブエキスパンダーによるローラー拡管

て拘束されているので,管材は軸方向(前後)へ伸びる.管板穴は弾性変形して元の寸法よりも少し大きくなるため,拡管した後にチューブエキスパンダーを取り去ると管板穴が縮まり,管材の外面を圧縮して締め付ける残留接触圧力が生じる.結果,管材に固着力が与えられ,同時に気密性も保たれる.

〔2〕 **マンドレルとローラーについて**

図8.3に示すようなローラー自己推進平行管広げ式の場合,中心にテーパーの付いたマンドレルと,これを取り巻いて円周を等分して配置された3〜5個のローラー,およびローラーを保持するフレームの三つの主要部品から構成されている.マンドレルのテーパーは1/50〜1/25が普通であり,テーパーの大きいものほど加工速度が速く,また,工具の全長を短くすることができる.ローラー軸は,マンドレル軸に対して少し傾むけてフィードアングルをもたせる.これによって,マンドレルは回転させるだけで自動的に軸方向に送られることになる.このフィードアングルが大きければ拡管作業が速くなる.

〔3〕 **接 合 条 件**

ローラー拡管作業での最重要ポイントは,与えられた管材と管板の組合せにおける最適な残留接触圧力で固着させるための管広げ率を定めることである.また,**図8.4**[1)]に示すような複数の管板穴がある管板への接合の場合,接合状態が均一になるように施工する必要がある.いままでに経験のない管材・管板

図 8.4 複数の管板穴がある管板への接合作業の例 [1]

の形状，材質であれば，まず，実寸法・同一材質のモデルで最適な管広げ率を確かめるのが安全でよい方法である．拡管部の特性を調べる方法は，①残留接触圧力の測定，②残留応力の測定，③管材の引抜き・押出し試験などがある．

最適な管広げ率を，すべての管材について一様に管理するためには，加工によって生じる管材の寸法変化が一定になるように設定寸法まで拡管する方法と，マンドレルを回転させるトルクが設定値になったところで回転を停止させ，管広げ率を一定に管理するトルク制御方法とがある．そして，最適な管広げ率を表現する方法として，以下に示す肉厚減少率 W_t や内径増加率 W_d がある．

$$W_t = \frac{t_1 - t_2}{t} \times 100 \,[\%] \tag{8.1}$$

$$W_d = \frac{d_2 - d_1}{d_1} \times 100 \,[\%] \tag{8.2}$$

ここで，加工前の管材の肉厚 t，管材と管板穴が接触したときの管材の肉厚 t_1，加工終了後の管材の肉厚 t_2，管材と管板穴が接触したときの管材の内径 d_1，加工終了後の管材の内径 d_2 である．なお，t_1 と d_1 は測定することが困難であるため，管材と管板穴が接触するまでの肉厚の変化はないものとして，つぎの簡便式が用いられる．

$$W_t = \frac{d_2 - (d + C)}{2t} \times 100 \ [\%] \tag{8.3}$$

$$W_d = \frac{d_2 - (d + C)}{(d + C)} \times 100 \ [\%] \tag{8.4}$$

ここで，加工前の管材の内径 d，加工前の管材外径と管板穴との直径すき間 C である．

肉厚減少率と残留接触圧力との関係は**図 8.5**[2)]のようになる．残留接触圧力には上限があり，管内径を大きく広げすぎると残留圧縮圧力が小さくなり，固着力が低下してしまう．一般に肉厚減少率 W_t は 5～10%，内径増加率 W_d は 1～1.2% が最適であるといわれている．さらに大きな肉厚減少率，内径増加率とした場合には管板穴を塑性変形させてしまい，残留接触圧力が著しく低下する．

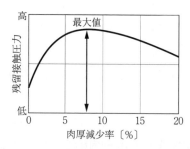

図 8.5 肉厚減少率と残留接触圧力との関係[2)]

トルク制御方法は，電動，油圧，空圧の回転駆動機を使用し，最適な管広げ率となるときの駆動機に流れる電流値や油空圧を測定し制御する．そのため，繰り返し拡管したときの管広げ率が安定する．

熱交換器などの数百～数千本の管材をローラー拡管する場合に，すべての管材の寸法変化を測定することは時間がかかってしまい大変なため，トルク制御方法で拡管し，抜き取りで寸法変化の測定を行い，最適な管広げ率になっていることを確認し，管理することが合理的である．

〔4〕 **接合部の特性に影響する因子**

十分な固着力と高い気密性をもつ接合部は，最も適した弾塑性変形を与えることによって得られる．最適な接合条件には，管材と管板材料の機械特性や寸法，チューブエキスパンダーの仕様などが影響を及ぼす．

接合部の長さについては，長いほど大きい接合強度が得られるが，圧力容器

構造規格などにならって設計された管板の厚さで十分に安全な継手をつくることができる．

管材の固着力，気密性を生み出す管材と管板穴との残留接触圧力は，ほぼ管材の肉厚に比例するが，管材の肉厚が厚くなると施工や入手性が困難になるため，適正な肉厚を選ぶ必要がある．

管材と管板穴のすき間は，良好な継手をつくるために適当な値にしなければならない．多くの実験の結果，すき間の大きさは一般に管材の外径の1%がよいという説と，管材の肉厚の10%がよいという説がある．ボイラー管では0.7〜1.0 mmが適当とされている．

管材の外面と管板穴の加工精度も接合強度に影響を及ぼす．接合部は一種の摩擦継手であるため，摩擦抵抗を増す要因によって接合強度は増大する．一方で，気密度を担保するためには，接触面が平滑で，かつ正しい円筒形であることが要求される．このため，管板穴は一般にドリル加工後にリーマー仕上げする．また，固着力と気密性を補強するため管板穴にグルーブを加工する場合がある．特に使用圧力が高い場合には，グルーブを付ける例が多い．

拡管によって管材の拡管部の肉厚が薄くなった分，管材は管軸方向に伸びる．熱交換器のように多数本の管材を管板に固着させる場合，管材の伸びにより管板が反ったり，管材がたわんだりするため，拡管をする順序に注意を要する．

8.2.2 液圧拡管法

〔1〕概　　　要

液圧拡管法は，**図8.6**のように超高圧水を管材内面に直接作用させ，管内面を圧力で均一に広げる拡管法である．液圧拡管法もローラー拡管法と同様に接合部材（管材）を内側から変形させ，被接合部材（管板）と密着させる冷間塑性加工法である．拡管に必要な圧力は，管材質，管外径，肉厚によって異なるが，通常100〜400 MPa程度の高圧が必要になる．液圧拡管法には超高圧水を発生・制御するコントロールユニットと，図8.6に示すような管材内に挿入し，超高圧水を管材に作用させるアクアマンドレルと，**図8.7**[2)]に示すような

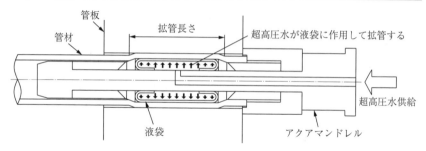

図 8.6 液圧拡管法の原理

図 8.7 液圧拡管法による拡管作業[2]

アクアマンドレルを保持し，超高圧水を供給するガンユニットからなる装置を用いる．

〔2〕特　　　長

液圧拡管法は，ローラー拡管法に比べ以下の特長がある．
① 管内をローラーで何度も押しつぶさず，一括で広げるためフレーキングが発生しない．
② ローラーによる圧延効果がないため，肉厚減少がほとんどなく，管軸方向への伸びがない．
③ 肉厚の厚い管材（肉厚が管外径の 15% を超える管）でも拡管することができる．
④ アクアマンドレルを長くすることで，500 mm を超える長い幅も一挙に

拡管することができる．
⑤ 拡管用液体として水を使用しているので，作業環境を汚すことがない．
⑥ ローラー拡管法では拡管時の回転反力を作業者が保持する必要があり大きな負担となるが，液圧拡管法では超高圧水により拡管するため，回転反力が発生せず，拡管時の作業者への負担が非常に少ない．

〔3〕 拡 管 条 件

液圧拡管法の場合，拡管後の残留接触圧力を「内圧を受ける厚肉円筒の式」から解析することが可能であり，拡管に必要な圧力は，使用する材料の材質，寸法，機械的性質から計算できる．

① 管材を塑性変形させるための拡管圧力：P_0〔MPa〕

$$P_0 = \frac{\sigma_{st}}{2}(K^2-1) \tag{8.5}$$

② 管材と管板に残留応力を発生させるための最小拡管圧力：$P_{\min}$〔MPa〕

$$P_{\min} = \frac{2\sigma_{st}}{\sqrt{3K^4+1}} \times \frac{k^2-1}{k^2(1+\mu)} + \frac{\sigma_{st}(k^2-1)}{2} \tag{8.6}$$

③ 管板が塑性変形してしまう拡管圧力：$P_{\max}$〔MPa〕

$$P_{\max} = \sigma_{sp} \times \frac{k^2-1}{k^2+1} + \frac{\sigma_{st}(k^2-1)}{2} \tag{8.7}$$

ここで，管材の降伏応力 σ_{st}〔N/mm^2〕，管板の降伏応力 σ_{sp}〔N/mm^2〕，管板のポアソン比 μ，管材の半径比 K（＝管外径/管内径），管板の半径比 k である．管板の半径比 k は，管板穴のピッチ P と管板穴の穴径 H から算出する．

$$k = \frac{2P-H}{H} \tag{8.8}$$

拡管圧力を正確に算出するためには，実際に使用する管材と管板の降伏応力（σ_{st} と σ_{sp}）が必要になるが，算出を簡便にするため各国の工業規格で定められた降伏応力の最小値で求めることが多い．この数値で算出した場合，算出結果の圧力よりも2，3割程度大きな圧力で拡管することで，必要とした固着力が得られやすい．

8.2.3 ローラー拡管法と液圧拡管法による加工事例

ローラー拡管法,液圧拡管法ともに多管式の各種熱交換器の管材と管板の結合に活用されている.適用されている機器の代表的なものは以下の通りである.

① 発電用蒸気タービンの補機としての復水器および給水加熱器
② 石油精製装置用熱交換器
③ 石油化学装置用熱交換器
④ 冷凍機器
⑤ 大型空調機器

図8.8[3]に復水器における管継手例を示す.伝熱管を管板に塑性接合し,管材の固着力および管材外面と管板穴間の気密を保持することを目的としている.

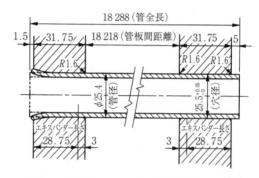

図8.8　復水器における管継手例（単位：mm）[3]

8.2.4　メカニカル形管継手

〔1〕概　　　要

給水,給湯をはじめ冷温水,冷却水,消火用水などの建築用配管に使用される一般配管用ステンレス鋼鋼管（JIS G 3448）の接合には,メカニカル形管継手が用いられる.「メカニカル形」とは,管および管継手を加熱または溶接することなく,原則として施工現場で管を切断または加工し,管継手に内蔵したシール部材や抜け出し防止機構によって機械的に接合できる構造をもつ接合方

表8.2 メカニカル形管継手の呼称[4]

呼び圧力	接合方式	呼び方
10Kおよび20K	プレス式	呼び圧力 10K 8 Su～300 Su 呼び圧力 20K 8 Su～100 Su
	拡管式	
	ナット式	
	転造ねじ式	
	差込み式	
	カップリング式	

呼び圧力10Kは1.0MPa, 呼び圧力20Kは2.0MPaを最高使用圧力とする.

式をいう. 表8.2に示すように6種類に分類される[4].

このうち,「プレス式」および「拡管式」では, 建築現場で管材の縮径もしくは拡管を行い, 継手と接合を行う. 本項では, この2方式について紹介する.

一般配管用ステンレス鋼鋼管 (JIS G 3448) は, 高層建築に対応させたパイプとして1980年に建築設備用途に特化し, 制定された. 従来の配管用ステンレス鋼鋼管と比べ薄肉とすることで軽量化を図り, 施工性の向上が図られている. 呼び方は「Su」とし, ほかの規格と区別した. 材質は, SUS 304, SUS 315 J1, SUS 315 J2, SUS 316の4種類で規定されている. 各規格の外径比較を表8.3に記す.

表8.3 各管種別の外径比較 (一部抜粋)

Su管[*1] (JIS G 3448)		Sch管[*2] (JIS G 3459)		鋼管[*3] (JIS H 3300)	
呼び方 (Su)	外径[mm]	呼び径 (A)	外径[mm]	呼び径 (A)	外径[mm]
10	12.70	10	17.3	10	12.70
13	15.88	15	21.7	15	15.88
20	22.22	20	27.2	20	22.22
25	28.58	25	34.0	25	25.58
30	34.0	32	42.7	32	34.92
40	42.7	40	48.6	40	41.28
50	48.6	50	60.5	50	53.98
60	60.5	65	76.3	65	66.68

[*1] 一般配管用ステンレス鋼鋼管
[*2] 配管用ステンレス鋼鋼管
[*3] 建築用銅管

〔2〕 ダブルプレス式管継手

プレス式管継手の一例として，ダブルプレス式管継手について説明する．構造および製品仕様を**図8.9**に示す[5]．継手は，カール部にゴムリングが装着されており，この継手に差込み長さを示すラインマークを付けたパイプを差し込む．差し込んだ後に締め付けるための工具およびその接合状況を**図8.10**に示す[5]．専用締付け工具にセットしたダイの凹部へゴムリング装着した継手凸部（カール部）を合わせて，その両側を同時にプレスしている（ダブルプレス）．フレア部（パイプ差込み部）の中央より継手端部までを六角および楕円縮径することにより，管と継手が密着変形し，十分な接合強度が得られる．また，ゴムリングの圧縮変形により水密保持する構造となっている．パイプの差込み深さを**図8.11**に示す．L1およびL2は差込み深さを示し，L1が標準差込み深さである．L2は差込み不足の状況ではあるが，ゴムリングの水密保持がなされる最少の差込み深さである．

この継手の特長は，パイプの差込み不足L2が発生した場合でも，パイプがゴムリングを通過していれば，シール性能を発揮することである．また，さら

製品仕様	
名　称	材　質
① 本体	SUS 304
② エッジ部	
③ フレア部	
④ カール部	
⑤ ゴムリング	耐熱性ブチルゴム
⑥ パイプ	JIS G 3448
⑦ ラインマーク（差込み代）	

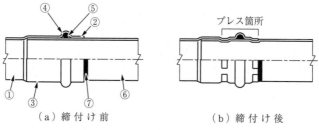

（a）締付け前　　　　　　（b）締付け後

図8.9 ダブルプレス式管継手の構造（パイプ接合部）[5]

8.2 おもに配管で使われる塑性接合

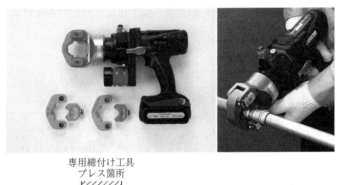

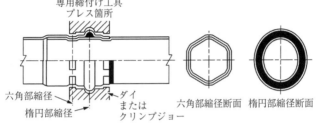

図 8.10 ダブルプレス式管継手の締付け工具[5]および接合状況

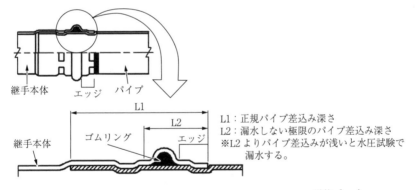

L1：正規パイプ差込み深さ
L2：漏水しない極限のパイプ差込み深さ
※L2よりパイプ差込みが浅いと水圧試験で漏水する。

単位〔mm〕

	13 Su	20 Su	25 Su	30 Su	40 Su	50 Su	60 Su
L1	28	32	36	53	61	68	78
L2	13	15	19	25	27	30	31

図 8.11 ダブルプレス式管継手の差込み深さ[5]

272　　　　　　　　8.　接　　　　　合

なる差込み不足でパイプがゴムリングを通過しなければ漏れは発生するが，その場合でも抜管しにくい．これらの特徴が施工現場での施工不良対策となる．

〔3〕 **拡管式管継手**

拡管式管継手の一例を**図8.12**に示す[5]．

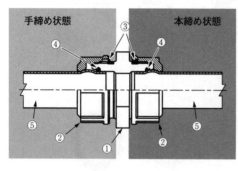

図8.12　拡管式管継手の構造（締付け状態）[5]

継手に接続するパイプの拡管には，**図8.13**に示すような専用拡管工具を用いる．拡管では，まず，バリ取りを終えたパイプに袋ナットを正しく装着し，専用拡管工具ガイドロッド奥の拡管部まで差し込む．つぎに，工具の作動スイッチを入れると，拡管が開始され，アタッチメント内に装着された拡管ゴムの圧縮変形によりパイプが外側に押されて，パイプ管端に拡管形状を成形する．

組立てでは，拡管したパイプを継手本体に差し込み，袋ナットを手で回し，確認リングに当たるまで仮締めする．本締めには，パイプレンチなどの工具を

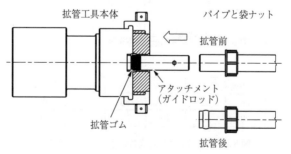

図8.13　拡管式管継手の専用拡管工具[5]

8.3 おもに構造物の組立てで使われる塑性接合

使用し,継手本体と袋ナットのつば面が密着するまで締め付ける.袋ナットを締め込むことでパイプの拡管部分が本体に押し付けられ,本体装着のゴムリングに適切な圧縮で水密保持効果が得られ,管と継手が確実に接合される.

拡管したパイプを継手に差し込み,袋ナットを締め付けた状況を**図 8.14** に示す[5].接合(締付け)の良否は施工後に外から目視で確認でき,袋ナットの締込み量が不十分な場合には確認リングが見える.また,もし,接続するパイプの管端を拡管しないまま袋ナットを締め付けた場合や,手締めのままで本締めを忘れた場合には,水圧試験時に漏れが発生し,異常が発見できる.

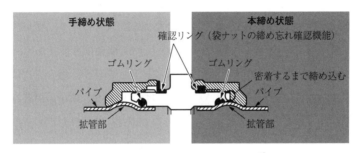

図 8.14 拡管式管継手の締付け状況[5]

〔4〕 管継手の接合強度

継手の接合強度を表す性能規格は,ステンレス協会規格「SAS 322：2016 一般配管用ステンレス鋼鋼管の管継手性能基準」が規定されており,管継手本体,胴の気密性能,負圧性能,水圧性能など10種類の性能項目を満たす必要がある.

8.3 おもに構造物の組立てで使われる塑性接合

8.3.1 薄肉材の結合

〔1〕 缶の胴体のはぜ折りかしめ結合[6]

缶の胴体の結合には,通常**図 8.15** に示すように,はぜ折りかしめ(ロックシーミング)という方法が使用される.はぜとは「鉤」と書き,先の曲がった

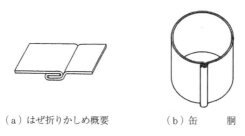

(a) はぜ折りかしめ概要　　(b) 缶　　胴

図 8.15　はぜ折りかしめと缶胴

ものを引っかけて使う器具を意味する．図 8.16 に示すように，プレス加工でL形に曲げた板と，L形の先をカールさせた板を突き合わせて，プレスで巻き込む形で結合する．通常1種類のパンチを用いて結合は可能である．図 8.16 では左右の板材の厚さが異なり，また板面に段差があるが，結合方式は胴体の結合と変わらない．業界ではかしめ缶と呼ばれているが，菓子，海苔，お茶などの容器に多く使われている．なお，液体など中身に密閉性が求められる場合には溶接胴体が用いられる．

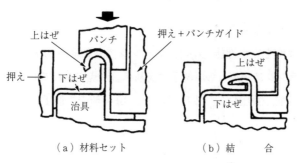

(a) 材料セット　　(b) 結　　合

図 8.16　はぜ折りかしめ工程[6]

〔2〕 **缶胴体と底板，蓋の結合**[7]

缶胴体と底板，蓋の結合には巻締め（シーミング）が採用されている．はぜ折りかしめした胴体と底板，蓋の接合したものは3ピース缶と呼ばれ，深絞り，しごき加工で製作した底付き容器（缶）と蓋の接合品は2ピース缶と呼ばれている．その結合方法を図 8.17 に示す．通常2工程（2種のロール）を用

8.3 おもに構造物の組立てで使われる塑性接合　275

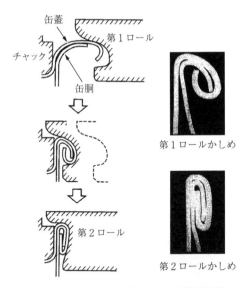

図 8.17　巻締め加工工程とかしめ部断面形状

いて胴体と底板，蓋を回転させながら結合する．端部を曲げ加工された缶胴と缶蓋を合わせ，おもに第1ロールで両部材を巻き込む曲げ加工を行い，第2ロールで巻き込まれた形状を押しつぶす作業を行う．ビール，ジュースなどの飲用缶，缶詰の缶から大形のペール缶，ドラム缶など，この結合法は幅広く用いられている．液体用容器では，境界にシール材などを用いて漏れなどを防止している．通常の容器は図 8.18（a）に示したようにダブルシーム（5層構造）であるが，ドラム缶の場合には国際規格などにより，落下強度を高めるため図

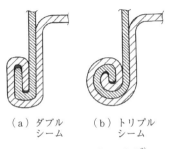

図 8.18　シーム部の断面[8]

(b）に示すトリプルシーム（7層構造）が適用されるようになっている[8]．

〔3〕 **洗濯機のステンレス洗濯槽**[6]

図8.19にステンレス洗濯槽の概要を示す．ステンレス槽の加工工程は，まず脱水用に多数の穴あけ加工を施し，またディンプルなど凹凸加工したステンレス薄板を円筒状に曲げ加工した後に，両端をはぜ折りかしめして胴板を製作する．ついで，あらかじめプレス加工した底板と上リングを胴板に巻締め加工する．なお，上リングは洗濯槽の剛性向上のためであり，使用しない場合もある．

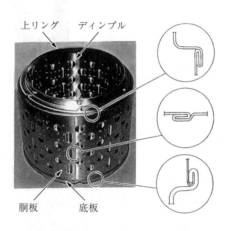

図8.19 洗濯機のステンレス洗濯槽[6]

8.3.2 塑性流動結合法

〔1〕 **塑性流動結合法の原理**[9]

塑性流動結合法は，1980年代初めに開発された．その原理を図8.20に示す．まず，2部材を結合する場合，硬質側の部材Aには結合のための溝（以下，結合溝という）を加工しておく（図(a)）．部材Aと軟質側の部材Bを位置決め治具にセットし，部材Bの端面の一部をパンチで加圧することによって部材Aの溝に塑性流動させて，機械的な噛合いを得て結合する．部材A，Bとも硬質な場合は，軟質な部材Cを追加して，3部材を治具で位置決めした後，中

8.3 おもに構造物の組立てで使われる塑性接合　277

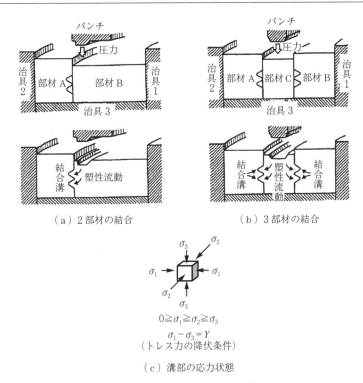

(a) 2部材の結合

(b) 3部材の結合

$0 \geqq \sigma_1 \geqq \sigma_2 \geqq \sigma_3$

$\sigma_1 - \sigma_3 = Y$
(トレス力の降伏条件)

(c) 溝部の応力状態

図 8.20　塑性流動結合の原理[9]

間の軟質部材 C を加圧して，硬質な部材 A，B の溝に塑性流動させて結合する（図 (b)）．部材 C は薄肉円筒であるが，薄板を円筒状に曲げてもよい．

塑性流動する領域の静水圧応力 $(\sigma_1+\sigma_2+\sigma_3)/3$ は負となる（図 (c)）．また，部材間，治具1～3による変形の拘束と摩擦のために，パンチによる加圧部の面圧 $(-\sigma_3)$ は変形抵抗 Y の4～6倍になる．

図 8.20 の原理図は切断面を示しており，部材 A，B は円筒品である．軸方向に部材 A が短く，部材 B が長ければ中空軸と円盤の結合であり，中実軸と円盤の結合では治具1が不要になる．部材 A，B の形状，寸法により多様な部品の結合が可能になる．また，部材の形状，寸法に応じて半径方向の変形の拘束，軸方向の結合荷重の支持が必要である．本技術の特長を以下に示す．

① 異材間や硬脆材の結合が容易であるなど，材料の組合せの制約が少ない．

② 部材間の嵌合（組立て）後に加圧部結合するために部材間の相対的な移動がなく，軸方向の位置決め精度がよい．

③ 部材間のはめ合いは隙間ばめ，あるいは中間ばめのため生産性が高い．

〔2〕 塑性流動結合の基本データ

以下に，軸と円盤の塑性流動結合に関して図8.21に示す基礎実験により基本的な特性を示す[10]．これは図8.20 (b) 3部材結合において，治具1のない中実軸の場合である．厚さ10 mm, 外径50 mmの円盤に調質鋼（硬さHRC 40程度）を，また直径20 mmの軸にSKD 11（硬さHRC 60程度）を用い，軟質の結合材にS 30 Cを用いている．

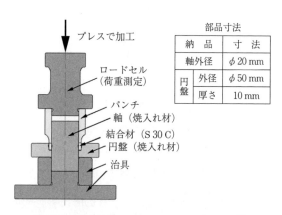

図8.21　3部材塑性流動結合の基礎実験概要[10]

図8.22は加圧荷重によるパンチ面圧とパンチ押込み量，および結合溝への材料の流動状態を示す．塑性流動結合は部材間の嵌合を行った後に加圧して結合するために，パンチの押込み量（加圧ストローク）は小さく，通常の機構部品で1 mm程度以下である．パンチ面圧（荷重）の増加とともに2本溝への充填率（溝部材料流入面積/溝部面積）は単調に増加して，パンチ面圧1 200 MPaにおいて約57％，2 000 MPaにおいて約95％である．結合材 S 30 Cの引張強さが500 MPa程度であるが，塑性流動結合の場合は円盤と軸部材間の拘束によって，非常に高い静水圧下で結合が行われているといえる．

図8.23に結合荷重（結合部パンチ面圧）が結合強度に及ぼす影響を示す．

8.3　おもに構造物の組立てで使われる塑性接合　279

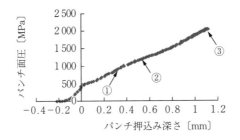

	①	②	③
パンチ面圧〔MPa〕	935	1 225	2 047
平均溝充填率〔％〕	23.7	57.3	95.3
結合溝部の断面写真			

図 8.22　パンチ面圧とパンチ押込み量，結合溝への塑性流動状態[10]

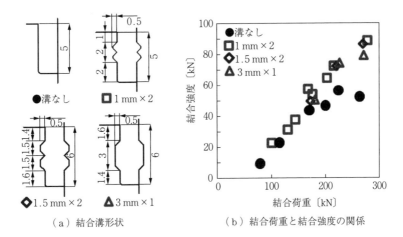

（a）結合溝形状　　　　（b）結合荷重と結合強度の関係

図 8.23　結合強度に及ぼす溝形状，結合荷重の関係[10]

結合溝 4 種類（溝のない場合も含めて）の結果である．これからわかることは，①結合強度は結合溝の有無によらず結合荷重に比例して高くなっており，100〜180 kN の結合荷重に対してその 20％程度を得ることができる．②結合溝がない場合は，結合荷重が 200 kN 以上に増加しても結合強度は 50 kN とほぼ一定で増加していない．③結合溝がある場合は結合荷重の増加（300 kN まで）

とともに，結合強度は90 kNと高くなっており，結合溝の効果が示されている．④3種類の結合溝の形状の影響は顕著ではない．結合荷重が100〜180 kNの範囲では結合強度に摩擦力の効果が期待できるが，より高強度を得るには結合溝によるアンカー効果が必要であることが示されている．

中空軸の場合は，図8.24に示すように，マンドレルを用いて中空軸の内側への変形を抑止し，結合溝への材料の流動を促進することで円盤との塑性流動結合を行う[11]．ここでは，円盤の外径を50 mm，内径D_0を20 mm一定とし，中空軸は外径D_0を20 mm，内径D_iを0 mm（中実軸）から17 mm（肉厚1.5 mm）まで変えている．図8.25は中空軸の内径と結合強度（軸戻し強度）との関係の実験結果（4条件）と有限要素法による解析結果（9条件）である．軸外径D_0 20 mmに対して内径D_iが15 mmにおいても中実軸の80％程度の強度を有しており，中空軸においてもこの結合法が利用可能であることが示されている．この実験結果と解析結果がほぼ等しいために，実験では求めることが困難な二つの強度の構成内訳を解析結果から推定した．図8.26は中空軸の結合強度に及ぼす結合溝部のせん断強度と円筒部の締付けによる摩擦強度の解析結果である．これによれば，中空軸が薄肉になるほど円筒部の締付け強度は低下するが，溝部の結合強度は肉厚によらずほぼ一定であり，薄肉材には特に結合溝によるアンカー効果が重要であることが示されている．

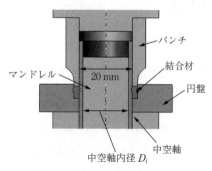

図8.24　中空軸と円盤の塑性流動結合[11]

8.3 おもに構造物の組立てで使われる塑性接合

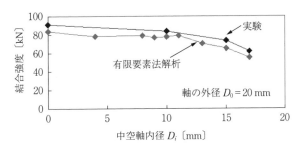

図8.25 中空軸の内径が結合強度に及ぼす影響[11]

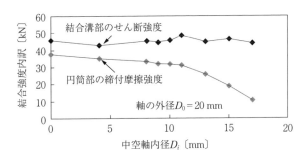

図8.26 中空軸の内径が結合部強度の構成割合に及ぼす影響（有限要素法解析）[11]

〔3〕 塑性流動結合技術の活用事例

塑性流動結合技術の活用事例の一部を以下に示す．いずれも部材は管材ではないが，中空形状を含んでおり，塑性流動結合がチューブ状製品に有効な技術であるといえる．

図8.27 は船外機用フライホイール部品である[9]．従来は冷間鍛造したセンターピース（穴付き部品）とホイール（円盤状）をリベット9本で結合し，また，ホイール（中空）とリングギヤを6本のボルトで結合していたが，これらを塑性流動結合に転換して全長を 46 mm から 42 mm に短縮している．

図8.28 は自動車用ガソリンインジェクタである[12]．コアとヨーク（中空形状），コアとノズルなど合計4か所に塑性流動結合が適用されている．これらは従来のレーザー溶接から工法転換されたものであり，高精度化と生産性の向上，また設備投資の低減が可能になっている．

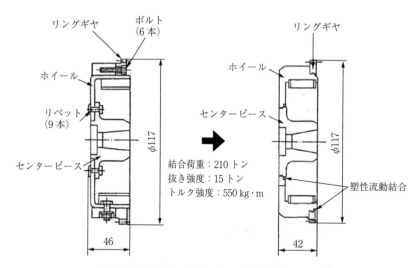

図8.27 船外機用フライホイール部品（単位：mm）[9]

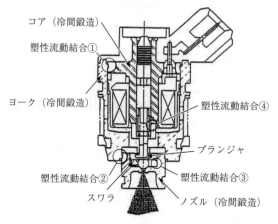

図8.28 ガソリンインジェクタの塑性流動結合[12]

図8.29は中空2段ギヤへの塑性流動結合を試みた事例である[11]．通常は小歯車の切削加工時に大歯車との干渉を避けるためにスペースが必要であるが，薄肉の小歯車を切削加工後に塑性流動結合すれば省スペース化が可能となる．

塑性流動結合法の原理でも述べたように，硬脆材の接合も十分に可能であ

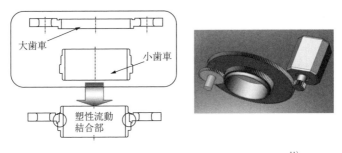

図 8.29 2段ギヤの塑性流動結合による省スペース化[11]

る[13]．アルミニウムダイカスト部品と鋼軸との結合が自動車エンジンの可変バルブタイミング機構のアクチュエータハウジングの組立てに使用され，実用化されている[14]．従来のボルト締結と比べ，質量低減18％，コスト低減34％などの効果を得ている．

8.4 その他の接合法

口広げ加工の一種であるプレスによる段付き加工や口絞り加工である管細め加工（5.2節参照），ロータリースエージング（6.3節参照）は接合の際にも利用される技術である．金属製の工具のみならず，**図 8.30** のようにゴムを拡管

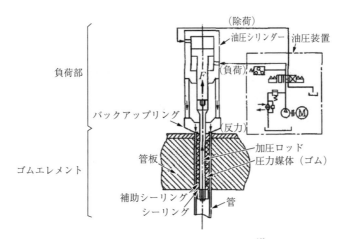

図 8.30 拡管工具にゴムを用いる例[15]

工具とする場合もあり，熱交換器や配管などにおける接合に適用されることもある[15].

電磁コイルに瞬間的に大電流を流すことで生じる磁場を利用する電磁成形法も接合に利用されている（**図 8.31**）．1960 年代から米国製の実用機が存在し，当時，日本国内でも円管を対象とする研究が行われた[16]．その後も研究が行われ[17),18)]，国内では 2000 年代中頃からアルミニウム合金製量産部品の接合法として利用されている[19]．なお，電磁成形法では電磁コイルを管材の内側に設置することで拡管が，外側に設置することで縮管が可能である．**図 8.32** は，電磁拡管が自動車のアルミニウム合金製バンパーの組立てに適用された例である．

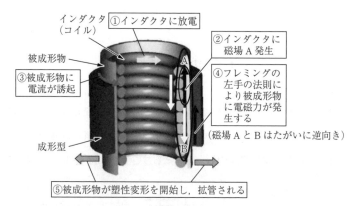

図 8.31 管材の電磁成形[20]

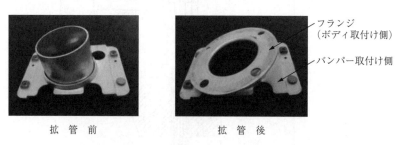

図 8.32 電磁拡管によるアルミニウム合金管の接合例[21]

摩擦圧接法は，接合する部材どうしを高速で擦り合わせて，そのときに生じる摩擦熱で部材を軟化させると同時に圧力を加えて接合する方法である[†1]．金属材料の摩擦圧接については JIS Z 3607：2016 で規定されている．円管については，アルミニウム合金管と炭素鋼管との摩擦圧接などが研究されている[22]．近年の実用例としては，アルミニウム合金製の耐震トラス部材の組立てへの適用が挙げられる（図 8.33）[23]．2000 年に建築基準法の構造部分が改正され，日本国内でもアルミニウム合金が鉄骨造と同様に使用できるようになった．また，鋼管では，その両端に中実材を摩擦圧接して作製した中空構造軽量シャフトが開発されている（図 8.34）．

図 8.35 はシェービング接合法がカムシャフトの組立てに利用された例である．シェービング接合では，硬い部材（図中ではシャフトローレット部）が軟

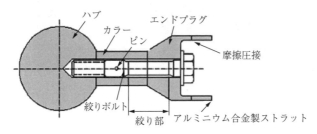

図 8.33 摩擦圧接の適用例[23]

図 8.34 中空構造軽量シャフト[†2]

[†1] 一般社団法人摩擦接合技術協会：http://www.jfja.or.jp（2019 年 2 月現在）

[†2] 株式会社 JST：http://www.akiyama-ss.co.jp/jisseki/keiryou.html（2019 年 2 月現在）

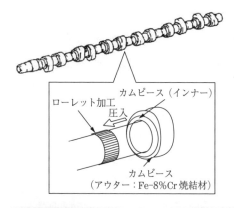

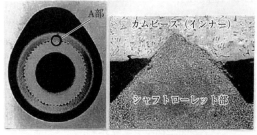

図8.35 シェービング接合によるカムシャフト組立ての例[24]

らかい部材（図中ではカムインナーピース）を少量削りながら接合するため，接合両面の密着度が高く，また，新生面での接合となる．

引用・参考文献

1) 株式会社スギノマシン：「チューブエキスパンダ＆アクセサリ」カタログ，18 (2015).
2) 株式会社スギノマシン：「チューブエキスパンダ＆アクセサリ」カタログ，2 (2015).
3) エキスパンダ加工研究会編：エキスパンダ加工技術総覧，(1966), 139, 丸善.
4) ステンレス協会：ステンレス配管ガイド 2019.
5) 株式会社ベンカン：カタログ，(2017).

6) 村上碩哉・川本清四郎・鹿森保・江波俊明：塑性と加工, **34**-391 (1993), 905-909.
7) 太田高裕・田浦良治・大塚実・田宮世紀：三菱重工技報, **35**-1 (1998), 64-67.
8) ドラム缶工業会：会報ひびき, 34 (2012), 6.
9) 金丸尚信・東海林昭・立見榮男・神山高樹・佐用耕作：日立評論, **64**-2 (1982), 147-152.
10) 村上碩哉・高田将典・西川翔一郎・金丸尚信・井村隆昭：平成21年度塑性加工春季講演会講演論文集, (2009), 187-188.
11) 村上碩哉：第322回塑性加工シンポジウムテキスト, (2017), 1-8.
12) 村上碩哉・大津英司・金丸尚信：平成9年度塑性加工春季講演会講演論文集, (1997), 237-238.
13) 村上碩哉・川目信幸・鈴木行則・和田部雅司：第65回塑性加工連合講演会講演論文集, (2014), 81-82.
14) 日経BP社編：日経ものづくり8月号, (2014), 37-39.
15) 吉富雄二・蒲原秀明・大村慶次・高田忠：塑性と加工, **28**-322 (1987), 1128-1132.
16) 寺本純・清田堅吉：精密機械, **38**-3 (1972), 303-307.
17) 村田眞・根岸秀明・鈴木秀雄：塑性と加工, **25**-283 (1984), 702-708.
18) 鈴木秀雄：塑性と加工, **30**-339 (1989), 489-496.
19) 津吉恒武・橋本成一・橋村徹：神戸製鋼技報, **59**-2 (2009), 17-21.
20) 津吉恒武・橋本成一：神戸製鋼技報, **62**-1 (2012), 96.
21) 後藤崇志・今村美速・海読一正・水柿剛：溶接学会全国大会講演概要, (2012).
22) 例えば, 川井五作・小川恒一・時末光：軽金属, **49**-11 (1999), 559-563.
23) 檜山裕二郎・大久保昌治：軽金属, **60**-2 (2010), 93-99.
24) 江上保吉・丹治亨：塑性と加工, **52**-603 (2011), 439-442.

9　特徴的な加工事例

9.1　その他の加工

本節では，これまでに紹介されていない特徴的な加工事例や研究段階における加工事例について紹介する．

9.1.1　管　鍛　造

厚肉管を二次成形する場合，大きなエネルギーが必要であるため鍛造加工を適用する事例がある．厚肉管を鍛造加工する場合，大きく分けて管の側壁面を圧縮する場合と，管の軸方向に圧縮する場合の二つの手法がある．厚肉管の壁面を圧縮する場合，図9.1に示すように，管材の側壁部周辺に複数の傾斜が付与されたパンチで鍛造加工することによって，変肉厚形状が付与される[1]．同図に示すように，管内部にマンドレルを挿入し，形状の精度を上げている．一方，厚肉管を軸方向に圧縮する場合，図9.2に示すように，管材に心金を挿入し，管外周を完全拘束して圧縮すると，圧下率50％の場合，初期肉厚の

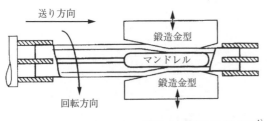

図9.1　管鍛造の模式図[1]

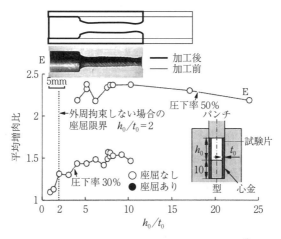

図9.2　厚肉管の外周拘束における軸方向圧縮[2]

約2.2倍程度の厚肉化が可能となり，配管部品への適用が可能になる[2]．また，完全に拘束せず，管外周とダイとの間にクリアランスを設けて段付き形状にすることも可能である．

9.1.2　つぶし加工

自転車の前ホーク，あるいは荷台の取付け部など，つぶし加工による例は多くある．加工上の注意点は，急激な断面形状の変化を避けること，塑性関節の発生箇所を予知して割れを防止すること，さらに溶接部の位置を考慮することが挙げられる[3],[4]．図9.3（a）～（c）に示すつぶし加工は，管内部にゴムを挿入もしくは内圧を負荷し，パンチを押し込むことにより，形状を付与する．図（d）のように，管内部になにも挿入せずにオーバル成形する場合もある[5]．また，図9.4に示すように，管材に液体を封入し，パンチを押し込むもしくは型を移動させることによって内圧 p を上昇させ，型やパンチの形状に沿った変形をさせる液封成形がある[6]．本手法は，自動車部品のフロントアームなどに適用されている[7],[8]．さらに，鋼管を対象として，図9.5に示すように，通電加熱を利用し，管材を熱して容易にプレス加工が可能となる[9]．

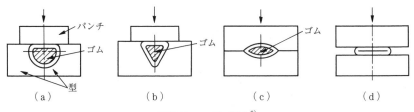

図 9.3 つぶし加工[5)]

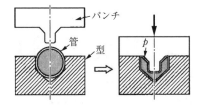

図 9.4 液封成形[6)]

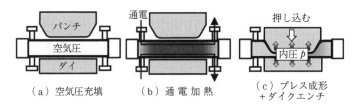

図 9.5 通電加熱を利用したチューブフォーミング[9)]

9.1.3 異 形 加 工[10)]

異形加工とは管材の一部を異形断面に成形することである．成形法の一例を図 9.6 に示す．加工動作は以下となる．

① パンチを先行させ，外側をダイで絞る．
② ダイを停止し，内側のパンチを引き抜き，外側ダイとの間でしごき加工を行う．
③ パンチを引抜き後，ダイを後退させ加工は終了する．

しごき加工のため，精度・面粗度のよい製品の加工が可能であるが，加工度が高いため多工程での加工が必要となる場合もある．

ダイ形状とパンチ形状の組合せにより，図 9.7 に示す各種の異形断面形状

9.1 その他の加工

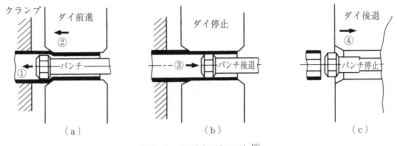

図 9.6 異形成形加工法[10]

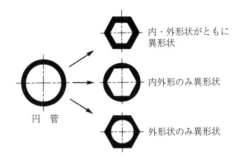

図 9.7 異形成形ダイ・パンチ例

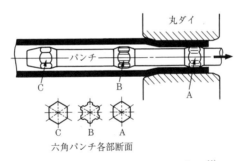

図 9.8 丸ダイと六角パンチによる加工[11]

に成形することが可能である．図9.8の例は，ダイ穴は丸型で絞り，外径をくわえ込んで，異形にしたい内側のパンチを引き抜いて成形する．この場合，異形の度合いが大きい，つまり，肉厚変化の大きい場合には，ブローチ加工と同じように内側のパンチを図中Bのように段差を付けている．複合動作が必要なため専用機械となる場合が多い．加工には，しごきに適する油圧を採用す

図 9.9　異形成形製品例

る場合が多い．加工製品例を図 9.9 に示す．

9.1.4　バテッド管

自転車には「軽さ」と「強さ」という相反する性質が同時に要求されるため，構造部材として使用される中には特殊な管がある．そこで，変肉厚を有する管として，バテッド管が挙げられる[11]．バテッド管は軸方向に肉厚を変化させた管であるが，自転車に使用される管は強度の必要な両端部の肉厚は厚くし，中間部は薄くして軽量化を図った管である．スポーツ車の前三角部やホークステムなどに使用されているものは一般に外径が一定であり，長手方向に肉厚が変化していることは，外観上わからない．図 9.10 に製造方法を示す[12]．図（a）は一部をロールで絞り肉厚を薄くし，その後全体を引き抜き外径を揃える方法，図（b）は段差の付いた心金を入れ引き抜く方法，図（c）は一部をバルジ加工して肉厚を薄くし，その後全体を引き抜き外径を揃える方法，図（d）は外側を金型で拘束し段差の付いた心金を入れ，心金の小径側を据え込む方法，図（e）は引抜き加工中に心金を出し入れする方法である．引抜き加工，ロール加工，バルジ加工，据込み加工（アプセット加工）など，これらの複合加工が適用されている．図 9.11 に示す引抜き加工の場合，引抜き用プラグを移動させ，金型動作と同期させながら加工することにより，任意の位置に肉厚が異なる部分を有する管を製作することができる[†]．

[†]　株式会社三五：http://www.sango.jp/products_technology/processing/pull_out/1（2019年 2 月現在）

9.1 その他の加工

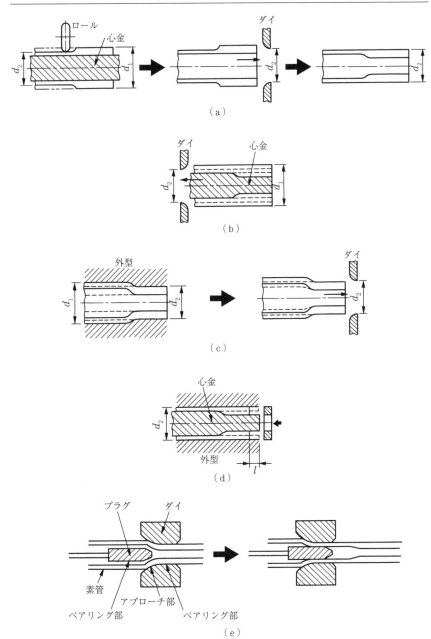

図 9.10 バテッド管の加工方法[12]

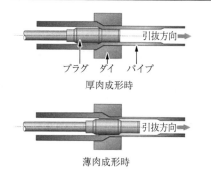

図 9.11 引抜き加工によるバテッド管の加工方法†

9.1.5 レーザーによる管材肉厚増肉法

管材に曲げ加工やバルジ加工を施す場合，管材の肉厚は薄くなり，強度が低下し破断に至る．したがって，あらかじめ減肉される部分を増肉させれば先のような現象を抑制できる．そこで，図 9.12 に示すように，管材を部分的にレーザーによって加熱し，その後圧縮成形することで高い増肉率を達成できる[13]．

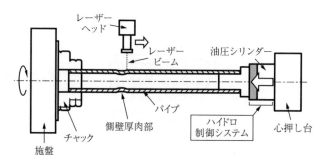

図 9.12 レーザー局所加熱による薄肉管の増肉加工[13]

9.1.6 スパイラル溝付き管・テーパー管

熱交換器用の管材として，内面に溝をらせん状に多数成形した管材を使用す

† 株式会社三五：http://www.sango.jp/products_technology/processing/pull_out/1（2019年2月現在）

9.1 その他の加工

ることによって省エネルギーに寄与できる.そこで,図 9.13 のようにスパイラルの溝が施されたマンドレルを用いて押出し加工を行うことで,内面壁にねじれた突起を付与した円管が得られる[14].一方,正逆 2 方向の曲げと,ねじり形状を自在に組み合わせた新しいロール成形装置の開発により,スパイラル管の成形が可能になる.そのロール成形装置は,図 9.14 に示すように帯板に

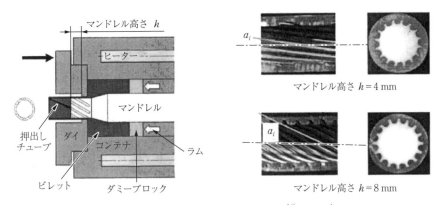

図 9.13 スパイラル溝付き管[14]

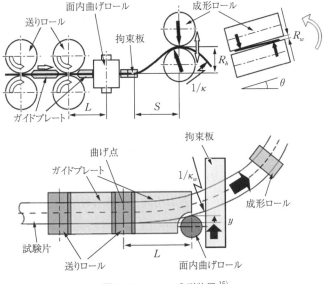

図 9.14 ロール成形装置[15]

面内曲げを付与し，成形ロールを上下に変位させることによって曲げを生じさせる．さらに傾斜させることによってねじりが付与でき，円弧上に曲げられた帯板はねじられ，図9.15のように長尺テーパースパイラル管が製造可能である[15]．

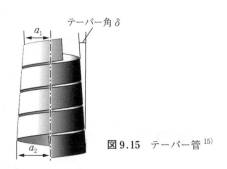

図9.15　テーパー管[15]

9.2　マイクロチューブフォーミング

9.2.1　マイクロチューブの用途，マクロスケールとの違い

近年，微細かつ高精細な部品・部材の製造は，電子電気，情報通信，医療，バイオ，化学分野で用いられる機器の微小化・高性能化をもたらしている．特に医療，化学，バイオ分野では，薬液などの液体もしくはガスなどの気体を流すことが可能な金属マイクロチューブを扱ったマイクロチューブフォーミングの需要は非常に多い．従来のマクロスケールにおける管材は，気体ならびに流体搬送用の配管や，軽量化や高剛性化のための各種構造物の要素部品として用いられ，自動車などの輸送機器用部材として注目されてきた．しかしながら，管材を微小化したマイクロチューブの用途は，単に要素部品の軽量化や高剛性化といった利点を生かしたものだけではなく，マイクロ部品ならではの特殊な用途として用いられることが多い．おもに，半導体検査用コンタクトプローブ，放電加工用電極管，マイクロノズル，光ファイバー，レーザー，マイクロ熱交換器，医療機器，気体・ガスのセンサーなどへの適用が試みられ，一部実用化に至っている．マイクロチューブの寸法の定義については明確なものは存

在しないが，ここではおおむね外径1 mm以下の形状のものをマイクロチューブとして取り扱う．

マイクロチューブを製作あるいは二次加工する際に，これまでのマクロスケールで培われてきたチューブフォーミング技術とは寸法が大幅に微小化しているという点で，寸法効果に注意をする必要がある．図9.16はマイクロスケールにおいてチューブハイドロフォーミングを実施した一例として，考慮すべきおもな寸法効果をまとめたものである．まずマイクロチューブフォーミングでは，金型，工具も微小なものが必要となる．そのため金型，工具自体を加工することが困難になり，精度についても高いものが要求される．またマイクロチューブの場合，内径も極小サイズになるため金型，工具自体の挿入，ハンドリングが非常に困難になることも想定される．つぎに直径 D に対する肉厚 t の比がチューブのマイクロ化とともに増加することが挙げられる．図9.17は冷間引抜きを取り扱う各社のマイクロチューブの製作範囲を肉厚外径比 t/D によって整理したものである[1,2]．おおむね外径1 mm以下のマイクロチューブになると，製作可能な t/D が増加し，マクロスケールと比べて相対的に厚肉のチューブを扱うことになる．例えば，マイクロチューブハイドロフォーミングを想定した場合，t/D が増加すると，より大きな内圧が必要となることがわかる．またマイクロスケールでは，潤滑効果が低下することが知られている．これは寸法の微小化に伴い，潤滑剤の封じ込め効果が効かなくなるからだといわれている[16]．そのため，マイクロチューブフォーミングでは，一般的

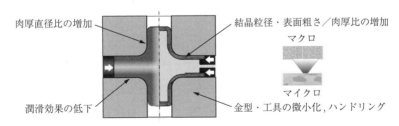

図9.16　マイクロチューブフォーミングにおける寸法効果

---

[1]　株式会社日本特殊管製作所：http://www.nittoku.com/ （2019年2月現在）
[2]　大場機工株式会社：http://www.ohbakiko.co.jp/ （2019年2月現在）

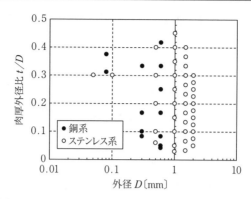

図 9.17 冷間引抜きによるマイクロチューブの製作範囲

に摩擦係数が増加する傾向にある．さらにマイクロスケールでは，肉厚に対する結晶粒径や表面粗さの比が増加することが知られている．例えば材料寸法が1/100になったからといって，結晶粒径や表面粗さも1/100にはならない[17]．そのため結晶粒径や表面粗さが，材料そのものの変形挙動や成形性に大きな影響を及ぼすことになる．実際に，マイクロスケールにおける強度の低下や延性の低下等が知られている[18]．このようにマイクロチューブフォーミングにおいて，上述した寸法効果を考慮することが重要である．

9.2.2 一次加工

金属マイクロチューブを製造する一次加工技術には，引抜き加工に代表される塑性加工法と，原子一つ一つを積み上げるボトムアップ方式やエッチングを利用した物理・化学的手法の二つに大別することができる．

塑性加工法の代表である引抜き加工は，細管化手法として最も一般的な加工法であり，所定のダイにチューブを通すことによって，ダイ出口の断面形状と同じ断面形状をもつ材料を得る方法である．連続かつ高速生産が可能なため，長尺寸法のチューブの製作に適した加工法である．外径の減少に伴い肉厚が増加する空引き，細い管の製作には不向きであるが管内外ともに良好な面を得ることができる固定心金引き，細い管の引抜きが可能な浮きプラグ引き，肉厚を

9.2 マイクロチューブフォーミング

減少させ,通常小径あるいは薄肉管の加工に使われるマンドレル引きが挙げられる[19]. しかしながら,上記の小径管とは数ミリサイズのチューブを意図するもので,金属マイクロチューブのような非常に極小径のチューブを製作する際には,管内にプラグ,マンドレルを挿入することが困難になる. そのため通常,内径 0.5 mm よりも小さい管に対しては空引きが用いられる. 空引きの場合,肉厚が増加し,最終的に内径が塞がってしまうため,微小なマイクロチューブの製作には限界がある. これらの問題点を改善するためにマンドレルに軟らかい材料を用いるソフトマンドレル引き[20],材料内部に液体を充填する流体マンドレル引き[21]が開発されている. 金属マイクロチューブのおもな材種としては外径 80 μm, 内径 30 μm の銅パイプ,外径 50 μm, 内径 20 μm のステンレスパイプが市販されており,このほか,黄銅,ニッケル,コバール,チタン,タンタル洋白,白金,タングステン,インコネル,パーマロイなど各種金属材料のマイクロチューブが市販されている.

マイクロチューブの縮管化については,外側に配置する金型あるいは管内部に挿入する工具の存在が大きな問題となる. そのため金型,工具を用いずに縮管化を実現する手法としてダイレス引抜きが挙げられる[22]. **図 9.18** に示すように,ダイレス引抜きは,素管を局所加熱し,移動させながら引っ張ることで金型,工具を用いずに縮管化を実現する引抜き加工である. 外径 200 μm 以下のマイクロチューブを,金型を用いずに製作することができ,さらには**図 9.19** に示すような日の字断面形状の異形マイクロチューブ[23]の製作にも有効である.

素管を縮径化することによって金属マイクロチューブを製作する手法とは別

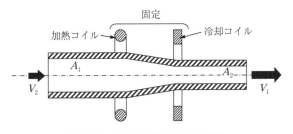

図 9.18 ダイレス引抜きの概略図

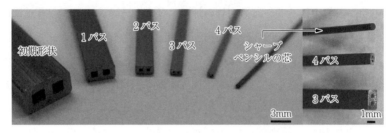

図9.19 ダイレス引抜きによるマイクロ異形管の製作[23]

に，板材からプレス曲げによって板を丸めて金属マイクロチューブを製作する手法が開発されている[†1]．順送プレス加工であるため低コスト，高速，大量生産が可能という利点がある．用途はインスリン用のステンレス注射針である．先端外径が 200 μm，内径 50 μm であり，根元にいくにつれ太くなるテーパー形状となっている．先端が細いテーパー形状にすることによって注射時の痛みを軽減でき，注入抵抗の増大も抑制している．テーパー形状を製作するため，扇形状の板材を順送プレス金型で丸め，その後つなぎ目を溶接してチューブ形状に加工している．

そのほか，マイクロスケールならではのボトムアップ方式によるマイクロチューブの製作方法としては，メッキを応用した電気鋳造法による外径 20 μm，内径 10 μm のニッケル製マイクロチューブが市販されている[†2]．またスパッタリング法による外径 60 μm，内径 30 μm のチタン製マイクロチューブも製作されている[24]．

9.2.3 二 次 加 工

本項ではマイクロチューブフォーミングの二次加工の事例を紹介する．

〔1〕口 広 げ 加 工

マイクロ口広げ加工は，円錐状の金型をマイクロチューブ端部に押し付けることで拡管する加工である[25]．引抜き加工で製作した素管であるマイクロ

[†1] テルモ株式会社：http://www.terumo.co.jp/ （2019年2月現在）
[†2] 株式会社ルスコム：http://www.luzcom.jp/index.html （2019年2月現在）

9.2 マイクロチューブフォーミング

チューブは，プラグやマンドレルを用いない空引きが採用されることが多く，ダイに接触する管外面に比べて管内面の表面粗さは大きくなる傾向にある．特にマイクロスケールでは，管の肉厚に対する表面粗さの大きさが相対的に大きくなる傾向がある．特に外径500 μm，肉厚50 μm のマイクロチューブの口広げ加工では，円錐金型と接触するのは管内面であるため，管内面の表面粗さや円錐金型の表面性状，潤滑状態が，口広げ限界に大きな影響を及ぼす（**図9.20**）[26]．そのためマクロスケールに比べて，金型の表面処理等が重要である．

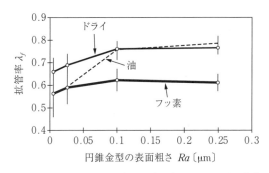

図 9.20 口広げ限界に及ぼす円錐金型の表面粗さおよび潤滑状態の影響 [26]

〔2〕 スピニング加工

マイクロチューブフォーミングにおいては，製作が困難な金型，工具を少なくした加工法が求められる．そのため**図9.21**に示すようなスピニングによる

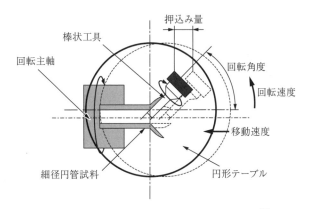

図 9.21 マイクロスピニングによる口広げ加工 [27]

口広げ加工が提案されている．マイクロスピニング加工は，逐次成形の一種であり，マイクロチューブを回転させ，棒状工具を押し付けることによって拡管する．専用の金型が不要であるため，棒状工具のみでさまざまな角度の拡管が可能である[27]．また金型が管内面全域で接触するのではなく，逐次的に接触して成形を行うため，延性の低いマイクロチューブでも，大きな拡管率を実現することができる．またスピニングを応用し，管胴体部に蛇腹形状を設け，ベローズ形状[28]を付与した事例も挙げられる．

〔3〕 ダイレスフォーミング

マイクロチューブフォーミングにおいて金型，工具を完全に排除した加工法としてダイレスフォーミングが挙げられる．マイクロチューブ自体を製作する一次加工で紹介したダイレス引抜きを応用することによって，マイクロテーパー管の製作が可能である．ダイレス引抜きにおける断面減少率は引抜き速度と供給速度の比によって決まる．そのため例えば供給速度を固定し，引抜き速度を可変させることで，断面減少率を引抜き中に可変させることができ，金型，工具をまったく使用することなくテーパー管を製作することができる[29]．また引抜きとは逆に局所加熱をしたマイクロチューブの一端を供給し，他端を圧縮することで，局所加熱部で生じる座屈の位置を制御することができる．このようにして連続的な座屈変形を引き起こし，外径 500 μm，肉厚 100 μm のマイクロチューブに対し，蛇腹形状を成形したダイレスベローズ成形が提案されている[30]．本加工法では，できるだけ局所加熱を実現するために，レーザーを使用した加熱方式が採用されている（**図 9.22**）．

〔4〕 スエージング加工

マイクロスエージング加工は，等分割した金型を回転させ，中にマイクロチューブを挿入し，周囲から叩くことで縮管する加工法である．特にテーパー管を製作するのに適した加工法である．テーパー部では，特に周方向の圧縮応力が加わるため，増肉あるいはしわが生じやすく，適切なテーパー角を選択する必要がある．徐々にテーパー角を増やしていくことで，しわを生じさせずに

9.2 マイクロチューブフォーミング

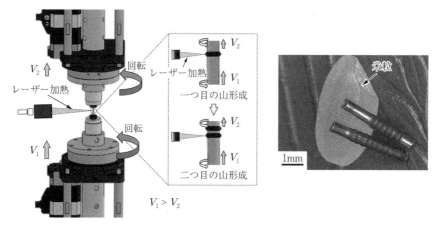

図 9.22 レーザーダイレスフォーミングの概略図とマイクロベローズの成形 [30]

大きなテーパー角を実現することが可能である．スエージング加工により，SUS 304 ステンレス鋼管における外径 618 μm，内径 490 μm の素管から外径 230 μm，内径 90 μm の縮径化の例が報告されている（**図 9.23**）[31]．

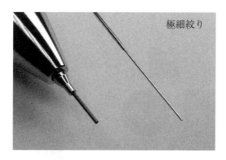

図 9.23 スエージング加工によって成形したマイクロテーパー管 [31]

〔5〕 ハイドロフォーミング

マイクロチューブハイドロフォーミングは，内圧を負荷してマイクロチューブを張り出させる加工であり，チューブの外側に金型を置くことにより，金型に沿った形状のマイクロ中空部品の成形が可能である．マイクロチューブハイドロフォーミングにおける課題として，成形に必要な負荷内圧がマクロスケールに比べて増大することが挙げられる．一般的に無限長薄肉円管の最大内圧

p^* は次式で表される.

$$p^* = C\left(\frac{t}{D}\right)\frac{4}{(\sqrt{3})^{n+1}}\left(\frac{n}{e}\right)^n$$

ここで C は強度係数，n は加工硬化指数を表す．すなわち，前述したように管寸法のマイクロ化に伴い，一般的に管外径に対する肉厚の比 t/D は増大する傾向にある．そのため，マイクロスケールでは，成形に必要な負荷内圧が大きくなる．またマクロスケールでは，軸押しパンチ等に穴をあけ，そこから圧力媒体を供給するが，直径が1mm以下のマイクロチューブの場合，非常に細い軸パンチにさらに小さな圧力媒体供給用の深穴加工を施す必要があり，非常に困難になる．これらの解決手法として，軸押しパンチ側面に溝を設け，圧力媒体を供給する方法等が提案されており，圧力媒体を漏らすことなく，外径500μm，肉厚100μmの非常に微細なマイクロチューブを用いて，**図9.24** に示すような十字形状の枝張出しハイドロフォーミングに成功した例がある[32]．そのほか，金型を固定せずに浮動させることによって，圧力媒体を漏らさずに管内部に供給する方法も提案されている[33]．

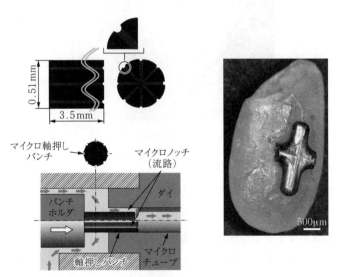

図9.24 マイクロチューブハイドロフォーミングの金型構造の概略図と十字成形[32]

〔6〕 シミュレーション

マイクロスケールでは，肉厚方向に存在する結晶粒の数がきわめて少なくなるため，結晶粒個々の特性がマイクロチューブフォーミングにおける変形挙動や成形性に影響を及ぼすようになる．そのため結晶粒単位の滑り変形を考慮した結晶塑性論を有限要素解析に応用した事例が報告されている．肉厚方向の結晶粒の数が 2〜3 個程度の外径 800 μm，肉厚 40 μm のマイクロチューブのチューブハイドロフォーミングの結晶塑性有限要素解析が行われ，拡管における結晶粒単位の不均一変形に起因するくびれの発生挙動について解明されている[34]．

9.3 工程設計事例

1章にも書かれているように，チューブフォーミングは管を素材とした複合的な二次加工であり，対象とする製品の形状，材質により適切な工法や中間形状の設計が必要である．このような工程設計は，多くの場合，中間形状の図面が残っている程度で，工法などの情報は失われていることが多い．さらに，中間形状や工法などの選定は，工程設計者の経験に基づく思考プロセスであり，その結果に至った理由などはわからない．旧版でも加工事例が掲載されているが，工程がわからないため再現することが難しい．そこで，チューブフォーミング分科会で工程設計の技術伝承に取り組んだ．後述するように，工程設計者にヒアリングを行い，それをグラフ形式で記述することにより，重要な視点や設計理由などが抽出できる手法を開発した．ここでは，ヒアリングした中から三つの事例を掲載する．なお，これらの事例の内容は，旧版やほかの資料などと異なるものがあるが，設計した本人からヒアリングした内容を正とした．

9.3.1 ねじりばね自動車サスペンション部品

図 9.25 に対象の部品の図面を示す．この部品は自動車のねじりばねとして用いられるサスペンション部品である．

実際に工程設計した熟練技術者によると，元は機械加工により形状をつく

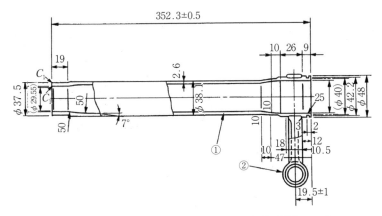

図9.25 ねじりばね自動車サスペンション部品 (単位:mm)

り，炭素量も多くボロン添加された鋼を熱処理して強度を出し，アームは溶接によりねじりばね本体に接合していた．そのため，溶接による変形を矯正する工程も必要で加工費，素材費とも高かった．これを塑性加工により成形し，加工硬化により強度を確保し，塑性結合により溶接，矯正をなくすことを目標として工程設計した．ヒアリングの結果をグラフに記述しクラスタリングすると，四つのおもなクラスターが現れ，その意味を解釈することによって①製品特性，②かしめ，③素管仕様，④加工後延性を重要と考えて工程設計していたことが得られた．①は，必要なねじりばねとしての性能が確保できることであり，そのための管径・肉厚分布の設計がおもな項目である．②はセレーションの形状だけでなく，弾性変形を許容するように金型を工夫し，自緊処理のように圧縮の残留応力を残している．③は必要な形状，肉厚となるように，また，加工硬化で強度を確保することから，強加工となるためシーム熱処理を指定している．工法は，所定の形状の加工ができるだけでなく，④を確保できることをポイントに選定している．

　図9.26に中間工程の図面を示す．丸を付けたところが当該工程での重要な箇所である．特に第2工程で径，肉厚をつくり込むところ（図(b))，および，かしめでのセレーション形状の形成と自緊作用をもたせた金型設計がポイントである．

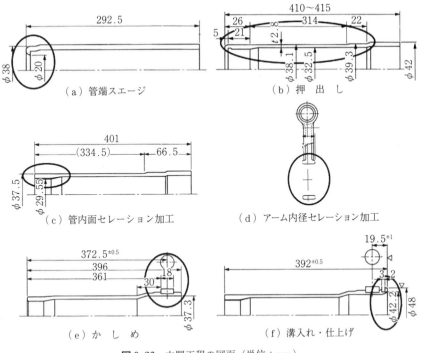

図9.26 中間工程の図面（単位：mm）

　素管寸法の決定は，加工硬化により強度を確保するため大きな塑性加工量がほしいが，一方で塑性変形量が大きいと割れ，しわといった加工不具合の原因となり，これらを両立できる寸法とする必要がある．経験から40％の減面率でこれらを両立できると判断している．熱処理により強度を出していた場合の管寸法は外径38.1 mm，肉厚2.6 mmであったので，これより2サイズ大きい外径42.7 mmを選定し，減面率40％となる肉厚4.0 mmを選定した．押出し（第2工程）前後で管の長さはほぼ1.4倍になっており，全体的に見て減面率40％となっていることが確認できる．また，この冷間加工により素管の降伏点が320 MPaであったものが830 MPaにまで上昇し，熱処理を省略できた．

9.3.2　真空バルブボディ[35]

　図9.27に真空バルブボディの図面と写真を示す．この部品は真空に引く装

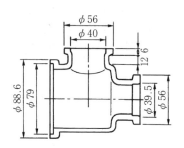

図 9.27 真空バルブボディ（単位：mm）[35]

置の部品であり，4 部品を溶接して製造していたものである．アルミ製（A 6030）であり溶接が難しく，溶接部のピンホールにガスが残って真空に引く際に問題となる．そのため溶接しないですむように一体成形することを目指した．

一見して一体成形が可能な形状には見えないが，ハイドロフォーミングの T 成形のように枝管を張り出し，母管部の両端の径の違いは縮径加工を行い，3 か所の管端加工を行えば一体成形できると判断している．**図 9.28** に真空バルブボディの加工工程を示す．第 1 工程の縮径加工と第 2 工程のバルジ成形の順

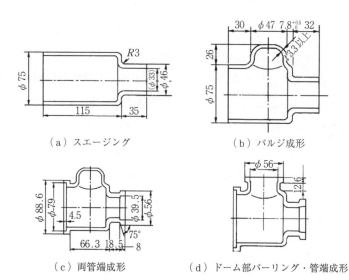

（a）スエージング　　（b）バルジ成形

（c）両管端成形　　（d）ドーム部バーリング・管端成形

図 9.28 真空バルブボディ[35]の工程図（単位：mm）

序は,スエージングによる縮径がバルジ成形されたドームがあると難しいので,スエージングを先に行い,バルジ成形のドームが薄くならないように加工条件を選定している.ドーム部のバーリング加工はドリルで下穴をあけるが,バーリング工具は入らないので着脱可能なバーリング工具を使って加工している.

9.3.3 フロントロアーアーム

図9.29にフロントロアーアームの加工工程および製品写真を示す.素管の両端を縮径加工した後,曲げ加工を行い,さらに液封成形を行うことにより抗張力780 MPaの高強度鋼管の成形を可能にしている[36].この工程のうち,工程設計から加工機の開発に至った曲げ加工について加工機メーカの熟練技術者にヒアリングを行った.

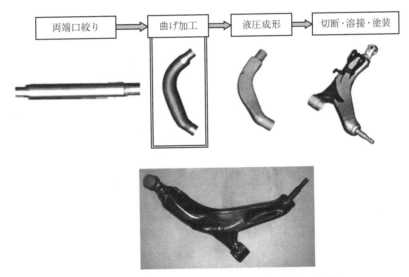

図9.29 フロントロアーアームの加工工程と製品写真[36]

厳しい曲げのため心金を使用したいが,両端が絞られていることから心金は使えない.後工程で液圧成形するため断面の崩れは許容されるので,曲げの孔型形状を工夫し,外面からの拘束を強くして曲げることを検討したが,2か所の曲げ半径が異なるため孔型設計が難しい.外面からの拘束を強くする曲げ

は，プッシュロータリーベンダーという曲げ機（図9.30）を実用化しており，プッシャーレールをフォーミングシューに押し付けながら曲げる加工法である．この曲げ方式で油圧シリンダーの偏心量を小さくすると，しわなどの不具合が低減するが，この方式で油圧シリンダーの偏心量をゼロにすると，曲げモーメントのモーメントアームがゼロになり曲げられない．そこで回転引曲げと組み合わせ，回転引曲げの回転で曲げ駆動力を与え，プレッシャーダイを押し付けるシリンダーを付加して，外面からの拘束を強くするPRB曲げ加工機（図9.31）を開発した．この新たな曲げ加工機は，外面拘束を孔型形状でなく押付け荷重で調整できるので，素管などの変動に対応しやすい．また，この曲げ方式は，周方向に圧縮し断面を塑性変形させることにより，管軸方向の曲げ

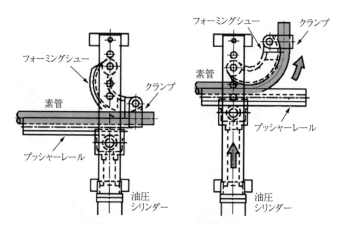

図9.30　プッシュロータリーベンダー

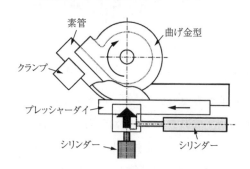

図9.31　PRB曲げ加工機

を容易にしていると解釈できる．

9.3.4 工程設計のグラフ記述による技術伝承

塑性加工は，機械加工に比べ歩留まりがよく，また，金属の場合3Dプリンタに比べ加工に要するエネルギーが少ない優れた加工法であるが，機械加工や3Dプリンタは製品図面があれば加工できるのに対し，塑性加工，特にチューブフォーミングは中間形状の設計や適切な工法の選定が必要となる．この工程設計は熟練の工程設計者の経験に基づく思考プロセスであり，その情報はうまく伝承されているとはいいがたい．そこで，本書の改訂作業に際し，工程設計技術者の技術を伝承する方法の開発を行い，その技術をアーカイブした．本節の工程設計事例は，この手法を用いて情報を抽出したものである．

設計知識の抽出に関しては，工作機械を対象にして図面をもとにしたグラフ化の検討が行われたが[37),38)]，工程設計では図面に現れない情報を抽出することが重要であり，別の手法が必要である．また，この検討ではノードが1種類で実体，属性，関係が分離されておらず，設計原理（design rationale）がわからない，またクラスタリングしても意味抽出できない．一方で，資料に直接現れない知識抽出の研究が行われており，自然言語処理で意味分析を行う研究が進展してきた．LSA（latent semantic analysis：潜在意味分析）[39)]は膨大なテキストデータを特異値分解し，小さな特異値を削ることによりトピックを抽出する手法である．トピック抽出法を分布のパラメータをベイズ推定することにより効率を上げたものがLDA（latent Dirichlet allocation）[40)]であり，ネット情報などの分析に用いられている．また，グラフを用いたトピック分析手法としてKeyGraph[41)]があるが，構造をもたないため，項目の近さはわかるが設計原理や重要な意味の抽出は難しい．これらの自然言語処理による意味分析を行うには膨大なデータが必要であり，工程設計者へのヒアリングから得られる情報量ではこれらの分析を行うには不足である．比較的少ない情報から知識を抽出する手法として，一定の知識や経験を有する人からの知識を抽出するGrounded Theory[42)]が開発され，社会科学の分野で質的調査に用いられている．この手

法は工程設計者へのヒアリングにも有効と考えられるが，結果が分析者の主観に左右される，設計者の判断の根拠がわからないといった課題がある．そこで，これらの課題を解決するため，工程設計者へのヒアリングで得られる程度の情報量でも意味抽出ができ，かつ，抽出した情報をグラフ記述することにより設計原理をたどることができ，また，結果として意味抽出ができる以下の手法を開発した[43)〜46)]．

図 9.32 に開発した手法の流れを示す．工程設計は思考プロセスであるためヒアリングにより言語化し，そのばらばらの言明をグラフ記述により構造化して，ノードのつながりにより設計原理（なぜそう設計したか），また，クラスタリングにより重要視していた事項が予断なしに抽出できる手法である．

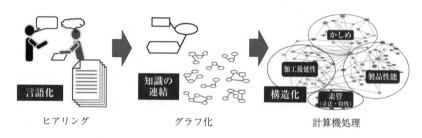

図 9.32　工程設計者の知識のグラフ記述による伝承

一つの工程設計事例について半日ほどヒアリングすると 100 程度の言明が得られる．ヒアリングなので質問とその答えにより話題が変遷し，体系だった言明とはならないが，思考プロセスを言語化することができる．その一つ一つの言明（文章）を実体（四角形），属性（楕円形），関係（六角形）という三つのノードで記述する．これらの部分グラフを，それに含まれるキーワードをもとに結合していく（図 9.33）．

このように部分グラフを結合して全体グラフを作成すると，ノードが少ない箇所やエッジのまばらな箇所が現れ，情報が欠落していることが見てとれ，熟練工程設計者が当然と思い，話していない情報がそこにあることが推定できる．そのような箇所を中心にヒアリングを 2，3 回繰り返すと得られるノードの数の増加は低下し，情報がほぼすべて抽出できたことがわかる．つぎに得ら

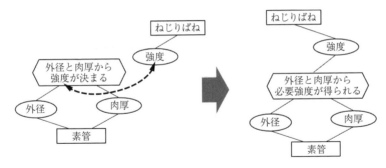

図 9.33　言明の部分グラフ化と部分グラフの結合

れた全体グラフを計算機を用いてクラスタリングすると，ねじりばね自動車サスペンション部品の場合，四つのクラスターが現れた．ヒアリングする側の技術者は，クラスターに含まれるノードの情報から，それぞれのクラスターの意味を解釈することができ，図 9.32 の場合「製品性能」「加工後延性」「かしめ」「素管」を重要と考えて工程設計していたことが結果として抽出できる．

この手法は，チューブフォーミングの工程設計だけでなく，塑性加工のほかの分野をはじめとして，さまざまな分野の知識の抽出・構造化に用いることができる手法である．

引用・参考文献

1) Domblesky, J.P., Shivpuri, R. & Painter, B.：Application of the finite-element method to the radial forging of large diameter tubes, J. Mater. Process. Technol., **49**（1995），57-74.
2) 長谷川翔一・北村憲彦・長谷川公太郎・森健一：第 65 回塑性加工連合講演会講演論文集，（2014），255-256.
3) Johnson, W.：Impact Strength of Materials,（1972），178, Edward Arnold Limited.
4) 北澤君義・小林勝・高橋建・山下修市：第 37 回塑性加工連合講演会講演論文集，（1986），399-402.
5) 斉藤好弘・高橋明彦・加藤健三：第 32 回塑性加工連合講演会講演論文集，（1981），315-320.
6) 真鍋健一・淵澤定克：塑性と加工，**52**-600（2011），36-41.

7) 日経BP社編：日経ものづくり5月号, (2005).
8) 上野行一・岸本篤典・岡田正雄・弓納持猛・上井清史・鈴木孝司：塑性と加工, **48**-563 (2007), 1055-1059.
9) 前野智美：素形材, **55**-11 (2014), 16-21.
10) 中村正信：パイプ加工法, (1982), 83-92, 日刊工業新聞社.
11) 例えば, 嶋林英：第31回塑性加工連合講演会講演論文集, (1980), 275-278.
12) 高木六弥：塑性と加工, **24**-274 (1983), 1101-1108.
13) 松本良・海野陽平・小坂田宏造・塩見誠規：塑性と加工, **46**-530 (2005), 239-243.
14) 村田眞・久保木孝：塑性と加工, **55**-637 (2014), 127-131.
15) 小山秀夫・斎藤司・金子遼太：第66回塑性加工連合講演会講演論文集, (2015), 331-332.
16) 清水徹英・楊明・真鍋健一：塑性と加工, **54**-626 (2013), 235-239.
17) Furushima, T., Tsunezaki, H., Manabe, K. & Alexandrov, S.：Int. J. Mach. Tools Manuf., 76 (2014), 34-48.
18) Engel, U. & Eckstein, R.：J. Mater. Process. Technol., **125**-126 (2002), 35-44.
19) 日本塑性加工学会編：引抜き加工, (1990), 22, コロナ社.
20) Yoshida, K. & Furuya, H.：J. Mater. Process. Technol., **153**-154 (2004), 145-150.
21) Yoshida, K., Onitsuka, Y. & Yamashita, S.：2nd ASMP (2009), CD-ROM.
22) Furushima, T. & Manabe, K.：J. Mater. Process. Technol., 191 (2007), 59-63.
23) 古島剛・白崎篤・真鍋健一：塑性と加工, **52**-602 (2011), 380-384.
24) 槌谷和義・中西直之・米田泰一・上辻靖智・森幸治・仲町英治：日本機械学会論文集 C編, **71**-702 (2005), 603-609.
25) Mirzai, M.A, Manabe, K. & Mabuchi, T.：J. Mater. Process. Technol., 201 (2008), 214-219.
26) Mirzai, M.A & Manabe, K.：J. Solid Mech. Mater. Eng., **3**-2 (2009), 375-386.
27) 小山秀夫・吉野かおり：第56回塑性加工連合講演会講演論文集, (2005), 645-646.
28) 高橋昴史・小山秀夫：第64回塑性加工連合講演会講演論文集, (2013), 275-276.
29) Furushima, T., Esaka, Y. & Manabe, K.：Proc. Int. Conf. Mater. Process. Technol., (2010), 68-71.
30) 古島剛・北村凌・古澤周作・真鍋健一：第65回塑性加工連合講演会講演論文集, (2014), 237-238.
31) 多田基史：平成27年度塑性加工春季講演会講演論文集, (2015), 81-82.
32) 森茂樹・佐藤英樹・板井謙太・真鍋健一：塑性と加工, **58**-672 (2017), 72-77.

33) Ngaile, G. & Lowrie, J. : J. Micro. Nano-Manuf., **2**-4（2014），041004.
34) Zhuang, W., Wang, S., Lin, J., Balint, D. & Hartl, C. : Eur. J. Mech. A/Solids., 31（2012），67-76.
35) 中村正信・丸山清美・久保田晶之・中村友信・大木康豊：パイプ加工法 第2版，(1982), 301-303, 日刊工業新聞社.
36) 上野行一・岸本篤憲・岡田正雄・弓納持猛・上井清史・鈴木孝司：塑性と加工，**48**-563（2007），1055-1059.
37) Ito, Y., Shinno, H. & Nakanishi, S. : Annals of the CIRP, 38-1（1989），141-144.
38) 伊原透・小川操・伊藤誼：精密工学会誌，**59**-3（1993），67-72.
39) Deerwester, S., Dumais, S.T., Furnas, G.W., Landauer, T.K. & Harshman, R. : J. Am. Soci. Inf. Sci., 41-6（1990），391-407.
40) Blei, D.M., Ng, A.Y. & Jordan, M.I. : J. mach. Learn. res., 3（2003），993-1022.
41) 大澤幸生・ベンソンネルスE.・谷内田正彦：電子情報通信学会論文誌 D-1,82-2（1999），391-400.
42) Glaser, B.G., Strauss, A.L. & Anselm, L. : The discovery of grounded theory : Strategies for qualitative research,（2009），Transaction publishers.
43) 栗山幸久・近藤伸亮・髙本仁志・白寄篤・吉田佳典：平成27年度塑性加工春季講演会講演論文集，(2015), 157-158.
44) 近藤伸亮・髙本仁志・栗山幸久・白寄篤・吉田佳典：平成27年度塑性加工春季講演会講演論文集，(2015), 159-160.
45) 近藤伸亮・髙本仁志・増井慶次郎・栗山幸久・白寄篤：機械学会論文集，**82**-842（2016）.
46) Iwasaki, K., Kuriyama, Y., Kondoh, S. & Shirayori, A. : Structuring engineers' implicit knowledge of forming process design by using a graph model, Proc. 11th CIRP Conf. Intell. Comput. Manuf. Eng.,（2017）.

索引

【あ】
アクスルハウジング　　152, 153
アンダードライブ方式　　150

【い】
異形管　　63
異方性　　37
インクリメンタル
　フランジ成形　　238

【う】
内向きピアシング　　141, 142

【え】
液圧拡管法　　265
液圧バルジ方式　　253
エキゾースト
　マニホールド　　152, 153
液中放電　　119
液封加工　　117, 141
エマルジョン液　　151
エルボ　　48, 55, 58
円弧工具　　170
エンジンクレードル　　152
延性破壊条件　　26

【お】
押付け曲げ　　52
押通し曲げ　　54
温間加工　　60

【か】
回転成形　　230

回転引曲げ　　49
カウンター　　117, 121
カウンターパンチ　　121
拡管式管継手　　272
加工限界　　190, 196, 198
加工硬化特性　　34
加工性試験　　29
加工精度　　141, 202, 205, 206
ガスタービン　　154, 156
形材　　66
型締め装置　　149
型締め力　　117, 145
型バルジ　　116, 127
可動金型　　120, 121, 138, 140
カーリング　　160, 168, 179
カーリング変形　　211
管楽器　　154
管端隆起　　130
管継手　　260
管細め　　283

【き】
機械特性　　20
技術伝承　　7, 305
キャリブレーション　　128
曲面加工　　209

【く】
口絞り　　164, 283
口絞り加工　　160, 173, 207
口広げ　　167, 283
口広げ加工　　160, 175, 211
屈服　　43, 84, 98
クラスタリング　　313
グラフ記述　　311

クロージング　　208
クロスピン方式　　254

【け】
形状凍結性　　86
軽量化効果　　5
結晶塑性　　305
限界曲げ角度　　46

【こ】
高圧発生装置　　149, 151
高圧法　　117, 118
高枝管張出し　　120
工具面圧　　212
交差型カウンターパンチ　　121
高周波誘導加熱曲げ　　62
構造締結　　259
高速加圧　　119
拘束金型　　211
拘束しごき加工　　177
剛体引抜き方式　　253
工程設計　　7, 305
降伏曲面　　24, 37
口部成形　　182
コーナーR　　128, 129
コーナーR限界　　130
ゴムバルジ　　124

【さ】
サイクルタイム
　　117, 118, 148
最終内圧　　128
最小曲げ半径　　46
サブフレーム　　151, 152
三次元曲げ　　102

索　引

【し】

シェービング接合	285
軸押し	117, 120, 125,
	128, 129, 130, 132,
	135, 138, 139, 151
軸押し装置	149, 151
軸押しパンチ	120, 145
自在押通し曲げ	55
自転車用継手	108, 124,
	154, 155
自由バルジ	
	110, 115, 125, 126
熟練技術者	7
初期内圧	127
し　わ	43, 86, 99, 128, 129
しわ限界	130
心　金	91
心金せん断法	246
新生面	259

【す】

スイングアーム	154, 156
ステアリングコラム	
	152, 154
スピニング	173, 218
スプリングバック	
	43, 86, 89, 129
スラスト力	144, 145, 146
寸法効果	297

【せ】

製　缶	182
成形荷重	166
成形可能範囲	130, 131,
	132, 135
成形限界	20, 25
成形限界線	130
成形限界線図	27
成形余裕度	132, 134
正方形拡管	134
設計原理	311
接　合	259

センターピラー	135, 136,
	152, 154
せん断曲げ	60

【そ】

塑性不安定	37
塑性流動	259
外向きピアシング	141, 142

【た】

ダイレス引抜き	299
ダイレスフォーミング	302
ダイレス曲げ	89
多軸応力	22
ダブルフレア加工	177
ダブルプレス式管継手	270
段付き加工	175, 283

【ち】

逐次バーリング方式	255
知識抽出	311
チタン	19
チタン合金	19
中空化による軽量化	5
中空軸の結合	280
チューブエキスパンダー	261
長方形拡管	127, 135

【つ】

継目無管	10
突切り切断法	244
つぶし加工	139, 140
つぶし曲げ	98

【て】

低圧法	117, 118
テーパー加工	208
テーパー管	136, 138
テーラード管	136, 137
電磁成形	284
電縫管	10

【と】

銅	18
銅合金	18
トーションビーム	151, 152
トップドーム成形	182
トップドライブ方式	149

【な】

内径増加率	263
なじみ性	84
ナット埋込み	142, 143

【に】

肉厚減少率	263
逃げありダイ	195
二次加工性	33
二軸バルジ試験	23, 125, 126
二重管	179
——の曲げ	50

【ね】

熱間加工	46
熱間バルジ	122
熱間プレス曲げ	48
熱間曲げ焼入れ	64
燃焼器	154

【は】

配管用継手	108, 154, 155
ハイドロトリミング	142
ハイドロバーリング	142, 143
ハイドロパンチ	119
ハイドロピアシング	141, 142
ハイドロフランジング	
	142, 144
爆発圧着	120
はぜ折りかしめ	
	（ロックシーミング）	273
破　断	85, 97
バテッド管	292
バーリング加工	251

【は】

破裂 125, 126, 128, 129, 137, 139
破裂限界 130
破裂内圧 128
反転加工 168, 179
ハンブルグ曲げ 56
ハンマリング制御 119

【ひ】

引抜き 298
引張試験 21
引張曲げ 53
ピンチング 139

【ふ】

ファジィ制御 133
フォーミングプレス 175
負荷経路 119, 130, 132, 133, 137
複合組織鋼 11
複動式 151
普通炭素鋼 11
プッシュロータリー曲げ 51
プラグ 91
フランジ 123, 124, 142
フランジ加工 174
フレア加工 175
プレス式パイプベンダー 48
プレス曲げ 47
フロントピラー 152, 153

【へ】

ベローズ 121
偏心口広げ 200
偏心口広げ加工 176
偏心プラグ曲げ 59
偏肉 43, 97
偏肉率 97
へん平変形 43, 95
へん平変形分力 95
へん平率 94

【ほ】

保持内圧 130, 132
ボトル缶 180

【ま】

マイクロ口広げ加工 300
マイクロスエージング加工 302
マイクロスピニング加工 302
マイクロチューブ 296
マイクロチューブハイドロフォーミング 303
巻締め（シーミング） 274
マグネシウム 20
曲げ加工法 43, 45
曲げ加工力 80
曲げ型 89, 94
曲げ半径 164

【み】

曲げモーメント 80, 81, 82, 83
摩擦圧接 285
摩擦係数 133, 134, 135, 136
マンドレル 91

【め】

メカニカル形管継手 268
メカロック方式 150
メタルシール 148

【や】

焼入れ 122

【れ】

冷間ハンブルグ曲げ 58

【ろ】

ロータリースエージング 173, 224
ローラー拡管法 260
ロール押込み切断法 242
ロール曲げ 53

【わ】

ワイパーダイ 89, 93, 94
割れ 43, 85

【英字】

CD曲げ 48
CNC制御 45, 50, 56, 62, 63, 64
n値 34, 112, 113, 133, 134, 135
r値 37, 133, 134, 135
T成形 116, 133

チューブフォーミング──軽量化と高機能化の管材二次加工──
Tube Forming —for Light Weighting and High Functionality—

© 一般社団法人 日本塑性加工学会　2019

2019 年 7 月 22 日　初版第 1 刷発行

検印省略	編　者	一般社団法人 日本塑性加工学会
	発行者	株式会社　コロナ社 代表者　牛来真也
	印刷所	萩原印刷株式会社
	製本所	有限会社　愛千製本所

112-0011　東京都文京区千石 4-46-10
発行所　株式会社　コロナ社
CORONA PUBLISHING CO., LTD.
Tokyo Japan
振替 00140-8-14844・電話 (03) 3941-3131 (代)
ホームページ　http://www.coronasha.co.jp

ISBN 978-4-339-04383-9　C3353　Printed in Japan　　　　（三上）

本書のコピー，スキャン，デジタル化等の無断複製・転載は著作権法上での例外を除き禁じられています。
購入者以外の第三者による本書の電子データ化及び電子書籍化は，いかなる場合も認めていません。
落丁・乱丁はお取替えいたします。

機械系教科書シリーズ

(各巻A5判, 欠番は品切です)

■編集委員長　木本恭司
■幹　　　事　平井三友
■編集委員　青木　繁・阪部俊也・丸茂榮佑

配本順				頁	本体
1.	(12回)	機械工学概論	木本　恭司 編著	236	2800円
2.	(1回)	機械系の電気工学	深野 あづさ 著	188	2400円
3.	(20回)	機械工作法(増補)	平井三友・和田任弘・塚本晃久 共著	208	2500円
4.	(3回)	機械設計法	朝比奈奎一・黒田孝春・山口健二 共著	264	3400円
5.	(4回)	システム工学	古荒雄三・吉浜誠・保井誠己 共著	216	2700円
6.	(5回)	材料学	久保井徳洋・樫原恵蔵 共著	218	2600円
7.	(6回)	問題解決のための Cプログラミング	佐中藤村次郎・理一男 共著	218	2600円
8.	(7回)	計測工学	前田良一・木村昭郎・押田至啓 共著	220	2700円
9.	(8回)	機械系の工業英語	牧野雅秀・生水橋之雄 共著	210	2500円
10.	(10回)	機械系の電子回路	高阪晴俊・丸本佑司 共著	184	2300円
11.	(9回)	工業熱力学	木榮恭・本忠 共著	254	3000円
12.	(11回)	数値計算法	藪伊司田悍男 共著	170	2200円
13.	(13回)	熱エネルギー・環境保全の工学	井田本崎山坂民恭友紀雄彦 共著	240	2900円
15.	(15回)	流体の力学	坂田光雅紘夫誠 共著	208	2500円
16.	(16回)	精密加工学	明口石村内山靖 共著	200	2400円
17.	(30回)	工業力学(改訂版)	吉来 共著	240	2800円
18.	(31回)	機械力学(増補)	青木　繁 著	204	2400円
19.	(29回)	材料力学(改訂版)	中島　貴 著	216	2700円
20.	(21回)	熱機関工学	越老吉阪飯正敏智固本部田川明一光也 共著	206	2600円
21.	(22回)	自動制御	早樔矢潔隆俊賢恭弘明順一弘彦男 共著	176	2300円
22.	(23回)	ロボット工学	重大野松高敏 共著	208	2600円
23.	(24回)	機構学	小池 勝 著	202	2600円
24.	(25回)	流体機械工学	丸矢牧榮医佑秀 共著	172	2300円
25.	(26回)	伝熱工学	境茂尾田野彰芳 編著	232	3000円
26.	(27回)	材料強度学	本位田川光健重多郎 共著	200	2600円
27.	(28回)	生産工学 ―ものづくりマネジメント工学―		176	2300円
28.		CAD／CAM	望月達也 著		

定価は本体価格+税です。
定価は変更されることがありますのでご了承下さい。

図書目録進呈◆

塑性加工全般を網羅した！

塑性加工便覧

CD-ROM付

日本塑性加工学会 編

B5判／1 194頁／本体36 000円／上製・箱入り

編集機構

- 出版部会 部会長　　近藤　一義
- 出版部会 幹事　　　石川　孝司
- 執筆責任者　　　　青木　勇　　小豆島　明　　阿髙　松男　　池　　浩
  （五十音順）　　　井関 日出男　上野　恵尉　　上野　　隆　　遠藤　順一
  　　　　　　　　川井　謙一　　木内　　學　　後藤　　學　　早乙女康典
  　　　　　　　　田中　繁一　　団野　　敦　　中村　　保　　根岸　秀明
  　　　　　　　　林　　　央　　福岡 新五郎　　淵澤　定克　　益居　　健
  　　　　　　　　松岡　信一　　真鍋　健一　　三木　武司　　水沼　　晋
  　　　　　　　　村川　正夫

塑性加工分野の学問・技術に関する膨大かつ貴重な資料を，学会の分科会で活躍中の研究者，技術者から選定した執筆者が，機能的かつ利便性に富むものとして役立て，さらにその先を読み解く資料へとつながる役割を持つように記述した．

主要目次

1. 総論
2. 圧延
3. 押出し
4. 引抜き加工
5. 鍛造
6. 転造
7. せん断
8. 板材成形
9. 曲げ
10. 矯正
11. スピニング
12. ロール成形
13. チューブフォーミング
14. 高エネルギー速度加工法
15. プラスチックの成形加工
16. 粉末
17. 接合・複合
18. 新加工・特殊加工
19. 加工システム
20. 塑性加工の理論
21. 材料の特性
22. 塑性加工のトライボロジー

定価は本体価格＋税です．
定価は変更されることがありますのでご了承下さい．

図書目録進呈◆

新塑性加工技術シリーズ

(各巻A5判)

■日本塑性加工学会 編

配本順			(執筆代表)	頁	本体
1.		塑性加工の計算力学 ―塑性力学の基礎からシミュレーションまで―	湯川 伸樹		
2.	(2回)	金属材料 ―加工技術者のための金属学の基礎と応用―	瀬沼 武秀	204	2800円
3.		プロセス・トライボロジー ―塑性加工の摩擦・潤滑・摩耗のすべて―	中村 保		
4.	(1回)	せん断加工 ―プレス切断加工の基礎と活用技術―	古閑 伸裕	266	3800円
5.	(3回)	プラスチックの加工技術 ―材料・機械系技術者の必携版―	松岡 信一	304	4200円
6.	(4回)	引抜き ―棒線から管までのすべて―	齋藤 賢一	358	5200円
7.	(5回)	衝撃塑性加工 ―衝撃エネルギーを利用した高度成形技術―	山下 実	254	3700円
8.	(6回)	接合・複合 ―ものづくりを革新する接合技術のすべて―	山崎 栄一	394	5800円
9.	(8回)	鍛造 ―目指すは高機能ネットシェイプ―	北村 憲彦	442	6500円
10.	(9回)	粉末成形 ―粉末加工による機能と形状のつくり込み―	磯西 和夫	280	4100円
11.	(7回)	矯正加工 ―板・棒・線・形・管材矯正の基礎と応用―	前田 恭志	256	4000円
12.	(10回)	回転成形 ―転造とスピニングの基礎と応用―	川井 謙一	274	4300円
13.	(11回)	チューブフォーミング ―軽量化と高機能化の管材二次加工―	栗山 幸久	336	5200円
		圧延 ―ロールによる板・棒線・管・形材の製造―	宇都宮 裕		
		板材のプレス成形 ―曲げ・絞りの基礎と応用―	桑原 利彦		
		押出し ―基礎から高機能付加成形まで―	星野 倫彦		

定価は本体価格+税です。
定価は変更されることがありますのでご了承下さい。

図書目録進呈◆